Archéologie

une histoire sans fin

Pour Imogène et Gaston

Gallimard jeunesse/Giboulées
Sous la direction de Colline Faure-Poirée
Sur une idée d'Anne Rose de Fontainieu
Édition : Diane Costa de Beauregard
Assistant édition : Edouard Jacquemoud
Conception graphique & direction artistique : Syndo Tidori
Iconographie : Perrine Dragic
Correction : Lorène Bucher et Emmanuel de Saint Martin
Fabrication : Nadège Grézil

Anne Rose de Fontainieu
illustré par **Aurore Callias**
Avec la participation de Oriane de Cotton et de Yann Potin

Archéologie
une histoire sans fin

GALLIMARD JEUNESSE GIBOULÉES

CET OUVRAGE PROPOSE DE SUIVRE PAS À PAS les plus grandes découvertes archéologiques, tout en resituant historiquement et géographiquement les grandes étapes de notre passé. Par les articles retenus, les thèmes abordés et surtout l'actualité des données archéologiques, il offre un tour du monde des civilisations depuis la Préhistoire jusqu'au XXIe siècle. Organisé en deux parties, l'une partant sur les traces des découvreurs, l'autre se présentant sous la forme d'un abécédaire, il est question de rendre accessible l'enquête archéologique, en ce qu'elle constitue à la fois un savoir et une approche critique. Souvent animés par une volonté scientifique, les dictionnaires ou encyclopédies archéologiques croulent sous le poids, chaque jour plus important, d'un savoir érudit où l'histoire des découvertes n'est qu'à peine effleurée. Ici, dans le cadre d'un dictionnaire initiatique, la démarche est inverse. Nous avons choisi de traiter certaines grandes découvertes plutôt que d'autres parce qu'elles nous semblaient plus à même de mettre en lumière des moments clés de notre histoire commune. Par leur biais, nous aborderons ce que l'archéologie a de plus merveilleux, à savoir l'impression que procure le premier contact avec des populations, parfois inconnues du grand public, qui vivaient bien avant nous. Ce sera également un formidable moyen pour tenter d'évoquer la façon dont se forge peu à peu la réflexion archéologique.

IL N'Y A RIEN DE PLUS FORMATEUR que de comprendre non seulement le contexte historique dans lequel une découverte archéologique a eu lieu, mais aussi ce qu'elle a pu avoir de révolutionnaire en son temps. Quoi de plus excitant que de pénétrer, pour la première fois, avec Howard Carter dans le tombeau du pharaon Tout Ankh Amon ou avec Ruz Lhuillier dans celui du plus grand roi maya de Palenque ? Comment mieux appréhender l'histoire de Rome qu'en suivant la découverte de la grotte de Romulus et Remus sur le Palatin, qui remit en question le lien ténu pouvant exister entre histoire véridique et récit mythologique ? Et que dire encore du fossile de l'homme de Florès, petit homme vivant il y a 18 000 ans sur une île d'Indonésie, qui fit chavirer l'idée que nous nous faisions du dernier homme préhistorique ayant vécu sur terre ? L'une des meilleures façons de transmettre l'héritage des archéologues consiste ainsi à revivre au plus près les émotions qu'ils ont ressenties sur le terrain, au moment de leurs découvertes. Moins didactique et plus sensuelle, cette autre approche de leur travail permet de donner un aperçu de l'évolution des méthodes de fouilles et des idées qui ont structuré la discipline au fil des siècles.

POURTANT, IL NE S'AGIT PAS SIMPLEMENT ICI de constituer une somme de connaissances, mais plutôt de développer le regard critique sur l'histoire et sa perpétuelle (ré)écriture. Si l'archéologie est en partie un travail qui s'appuie sur la recherche de vestiges enfouis, elle est aussi — et peut-être avant tout — une discipline qui consiste à interpréter et à écrire l'histoire d'avant l'Histoire, l'histoire des peuples justement sans histoire. Loin de la propagande officielle et des grandes constructions éternelles, elle se présente donc comme une magnifique fenêtre ouverte sur la façon dont vivait le commun des mortels, des siècles, voire des millénaires, avant nous. Une sorte d'investigation policière où chaque indice a de l'importance et peut tout aussi bien modifier la conception que l'on avait d'une époque ou d'un groupe de gens, que faire vaciller une idée ou un fait tenus jusque-là pour acquis.

DE A À Z, LA SECONDE PARTIE DE CET OUVRAGE fait le tour des petits comme des grands savoirs de l'archéologie. Pour ce faire, les deux parties se renvoient l'une à l'autre, par l'intermédiaire d'astérisques dans la partie « découvertes » et par les numéros de pages dans la partie « abécédaire ». La mappemonde au départ et la frise chronologique à la fin permettent de situer géographiquement et historiquement les grands sites et les grandes problématiques archéologiques abordés.

Les astérisques rencontrés tout au long des quatorze chapitres renvoient au dictionnaire.

Histoires de l'archéologie

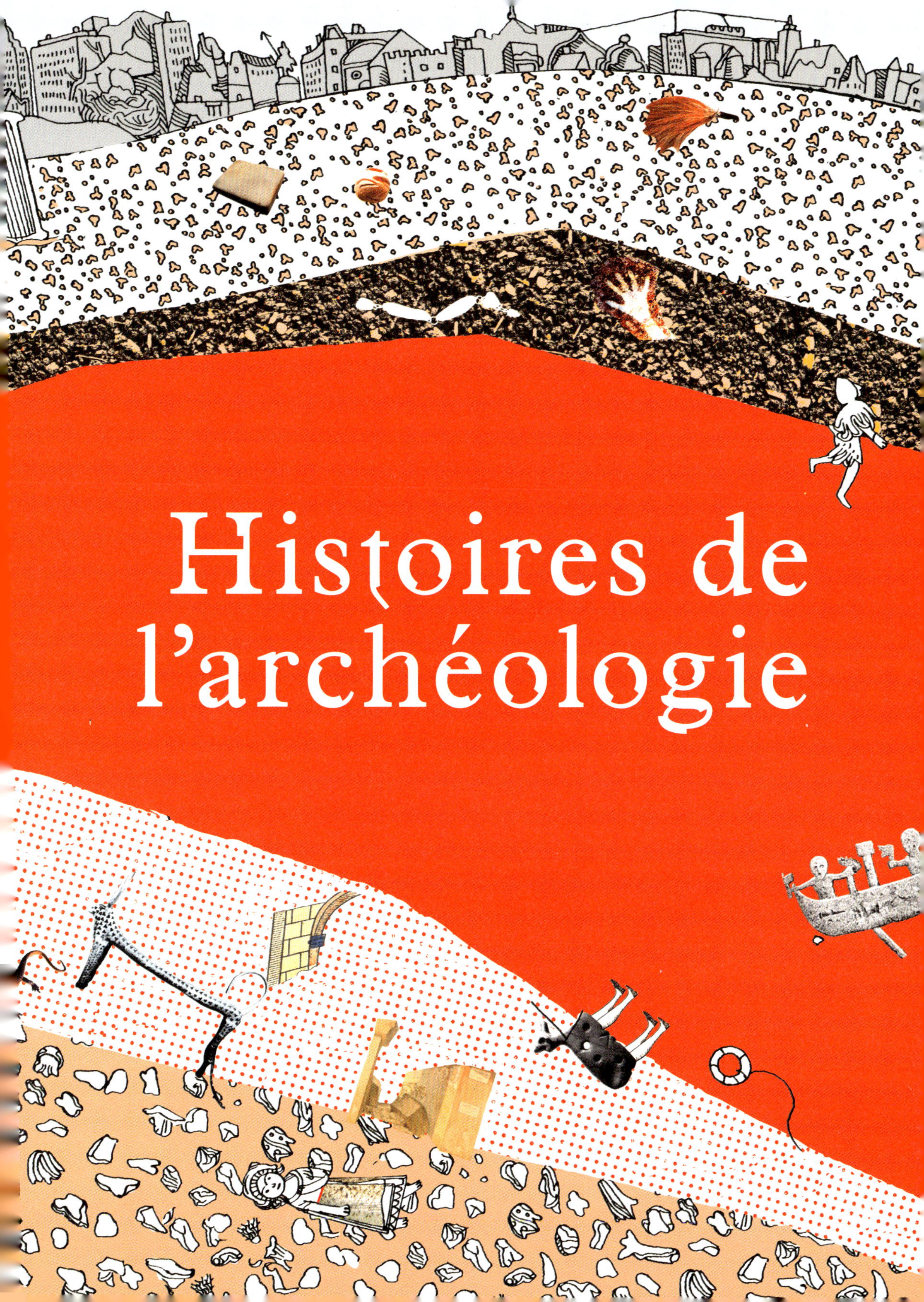

L'évolution de l'archéologie au fil des siècles

La curiosité pour le passé, une des dimensions de l'esprit humain

Déjà l'homme de Neandertal ramène au campement des fossiles, des cailloux ou des cristaux aux formes peu communes. Il fait ainsi une séparation entre l'ordinaire, qu'il ne ramasse pas, et l'extra-ordinaire, qu'il collecte parce que ces objets, sans doute, le fascinent. Cet intérêt pour les vestiges des temps révolus apparaît dans toutes les sociétés. On sait par exemple que le dernier roi de Babylone, Nabonide, entama des fouilles archéologiques dans le sol de la cité de Larsa, où il découvrit un temple construit plus de 1 500 ans auparavant par le grand roi Hammourabi. Il raconta ensuite cette découverte émouvante sur une tablette qu'il fit sceller dans un mur du temple. Elle décrit les techniques anciennes qu'il employa pour restaurer ce monument, afin d'inscrire son règne dans une histoire millénaire.

Un tel souci de restauration est une première pour l'époque. D'autant plus que, si les hommes se sont toujours intéressés à leur passé, ils n'ont pas toujours cherché à le conserver. Au Moyen Âge, la plupart des bâtiments antiques sont squattés, transformés, voire même détruits pour laisser place à de nouvelles constructions.

La Renaissance, miroir de l'Antiquité

Avec la Renaissance, un tournant décisif s'opère. L'Antiquité revient sur le devant de la scène. On commence alors à « fouiller » le sol des cités antiques et de Rome en particulier. Ce regain d'intérêt pour l'Antiquité se retrouve particulièrement aux XVe et XVIe siècles, qui puisent toute leur inspiration artistique dans les vestiges de l'architecture gréco-romaine. Il n'est qu'à se promener dans les rues ou dans les musées de Florence pour en avoir le tournis. Les colonnades, qui ornaient autrefois les temples grecs ou romains, ont servi de modèles aux architectes de la Renaissance pour décorer les façades de nombreux bâtiments. Le nombre d'or, qui est une proportion géométrique idéale dont on attribue l'origine aux anciens Grecs, est également réutilisé et répété partout à l'infini dans les différents arts : sculpture, peinture, architecture…

Le temps des inventaires

Du XVIe au XVIIIe siècle apparaissent les cabinets de curiosités, ancêtres de nos musées, où des collectionneurs entassent des objets du monde entier et

de toutes les époques : fossiles, animaux empaillés, plantes inconnues, mais également outils préhistoriques, tablettes gravées, poteries antiques… C'est à la fin de cette période que naît la volonté de classifier tout ce qui a existé. Il ne s'agit plus seulement de collectionner, mais de comprendre et d'organiser le savoir. C'est ainsi que l'archéologie, la botanique ou encore la zoologie enregistrent toutes les données en vue de les comparer, de les situer dans l'espace et le temps. La première fouille archéologique réalisée dans ce but a lieu à Pompéi, au milieu du XVIIIe siècle.
La mise en place de cet inventaire intervient dans un contexte d'expansion coloniale majeure menée par les grandes puissances européennes. Les pays prospectés sont d'abord ceux de l'est de la Méditerranée. Vient ensuite le tour du Proche-Orient, car il est le pays biblique. Puis les fouilles sont menées de plus en plus loin, comme en Inde ou au Mexique. En 1846, la France fonde l'école d'Athènes, destinée à l'étude de la civilisation grecque. En 1856, elle ouvre le premier service des Antiquités égyptiennes, pour sauver du pillage le patrimoine du pays disputé par les autres pays européens comme le Royaume-Uni ou l'Allemagne. Le musée de Saint-Germain-en-Laye, qui deviendra le haut lieu de la Préhistoire française, est fondé en 1867 par la volonté politique de Napoléon III.

L'archéologie devient une discipline à part entière

Dans la seconde partie du XXe siècle, l'archéologie s'émancipe des autres disciplines scientifiques pour prendre le visage qu'on lui connaît aujourd'hui. On apprend à lire les couches de sédiments et les objets qu'elles contiennent. Ces strates superposées les unes sur les autres, de la plus ancienne à la plus récente, deviennent un objet d'étude à part entière. Cela s'appelle la stratigraphie, qui est au fondement de tout travail archéologique. Dans les années 1940, un Américain qui travaille sur la bombe atomique met au point la datation par le carbone 14. Celle-ci va permettre de dater plus précisément tous les éléments organiques, c'est-à-dire ayant appartenu au monde vivant.
Plus tard, on met au point une méthode appelée archéologie expérimentale*, qui consiste à retrouver et à reproduire les anciens gestes des tailleurs de pierre, des potiers, des constructeurs de bateaux. À peu près au même moment se développe l'ethnoarchéologie, qui cherche, quant à elle, à vérifier les interprétations archéologiques en les comparant aux modes de fonctionnement des sociétés vivant encore selon des modèles ancestraux.

Ces deux dernières approches ont donné naissance à ce que l'on appelle la « New Archeology ». Par l'élaboration progressive de ces nouvelles méthodes, l'archéologie devient une discipline à part entière. Désormais, son objectif n'est plus seulement de vérifier l'authenticité des textes ou d'accumuler des objets en tout genre, mais de découvrir et d'analyser toutes les traces matérielles laissées par les populations anciennes.

L'archéologie préventive

Si l'homme continue à rêver, à découvrir des trésors ou des squelettes qui remettent en cause bon nombre de théories ou d'idées reçues, les enjeux sont différents pour l'archéologie actuelle. L'expansion démographique sur la planète entraîne chaque jour de nouveaux besoins pour les populations. La construction d'immeubles, de parkings, d'autoroutes entraîne la destruction systématique de tout ce qui se trouve dans le sous-sol, y compris les vestiges des anciennes civilisations. C'est pour cette raison qu'ont été mis en place, dès les années 1960, des services d'archéologie préventive dans les pays européens. Ce type d'archéologie ne vise pas à collecter des objets ou à comprendre comment ils se sont déposés sur un sol, pas plus qu'il ne cherche à répondre à des problématiques précises. Son but est, au contraire, de sauver en un temps record le maximum de données sur des surfaces généralement très grandes, avant la mise en œuvre de grands travaux. Cette autre façon de faire de l'archéologie permet, paradoxalement, de mieux comprendre l'implantation des hommes dans un territoire donné, d'en comprendre les ressorts et de mesurer l'évolution de l'action humaine sur l'environnement.

Sapiens
Neandertal
chim pan zé
gorille
Erectus
Heidelbergensis
Ergaster
Habilis
Rudolfensis
Abel
Lucy
Toumaï
Orrorin

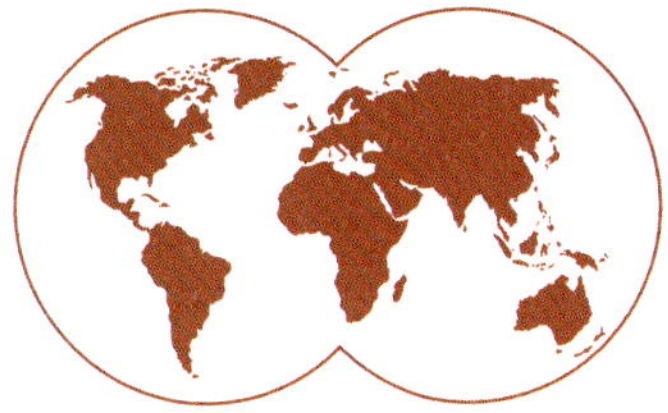

De 7 millions d'années
à 18000 avant notre ère

Les origines de l'Homme

La paléoanthropologie* est la discipline qui étudie les origines de l'Homme. Elle est née au XIXe siècle grâce aux découvertes d'ossements humains ou **préhumains**. Elle demeure aujourd'hui en constant renouvellement, car chaque nouvelle découverte est susceptible d'ébranler les hypothèses précédentes et de soulever de nouvelles questions. Elle est donc une science toujours en devenir.

Les **préhumains** sont ceux que les chercheurs considèrent comme les ancêtres potentiels de l'Homme.

Des préhumains bouleversent toutes nos connaissances

Au XIXe siècle, des découvertes d'ossements des premiers humains, ou préhumains, choquent et révolutionnent les mentalités. Pourquoi ? Parce qu'elles remettent directement en cause ce qui était écrit dans la Bible. Pendant des siècles, on avait étudié ce texte au pied de la lettre ; on l'avait considéré comme un véritable récit historique décrivant les origines de

l'humanité. Or voilà que ces ossements humains, apparemment très anciens, semaient la pagaille au milieu de toutes les croyances de l'époque. Ils semblaient indiquer que les premiers hommes étaient apparus à une date bien plus ancienne que celle dont parlait l'Ancien Testament*. Mais ce n'est pas tout, puisqu'ils révélaient aussi que ces « hommes » avaient une apparence très différente de la nôtre, à mi-chemin entre l'homme et le singe.

Un grand mythe, le Déluge

Avant ces découvertes, on pensait que les premières communautés humaines étaient apparues après le Déluge, un mythe que l'on retrouve dans de très vieux textes du Proche-Orient et dont la Bible s'est très largement inspirée. Ce phénomène de pluies et d'inondations catastrophiques aurait notamment exterminé toutes les créatures vivant sur la terre, c'est-à-dire des êtres mi-hommes, mi-dieux et certains animaux. Seul un couple par espèce allait survivre et repeupler la terre. Cet événement fondateur avait pu être daté de 4000 avant notre ère, en calculant la succession des générations depuis Noé et son arche jusqu'à Jésus, en passant par Abraham. D'après ces calculs tirés de l'Ancien Testament, il était donc admis que l'humanité avait tout au plus 6000 ans.
Mais tout bascule au XIXe siècle, lorsque les premiers archéologues découvrent des outils taillés par l'homme et associés à des os de grands mammifères depuis longtemps disparus. Cela signifiait que des hommes avaient dû vivre à la même époque qu'eux, et donc à une date bien plus ancienne que ce que nous enseignait la Bible. Les fouilles se multiplièrent et confirmèrent très vite les résultats de ces premières découvertes. Il fallut donc admettre, petit à petit, l'existence d'un véritable homme antédiluvien, c'est-à-dire datant d'avant le Déluge.

Des êtres « mi-hommes, mi-singes »

Ce qui bouleversa peut-être plus encore les esprits, ce n'était pas tant que l'Homme soit plus ancien que ce que l'on pensait, mais surtout qu'il n'ait pas toujours eu l'apparence que nous lui connaissons… En effet, en 1856, on découvrit en Allemagne un être « mi-homme, mi-singe », assez vite daté entre 40000 et 80000 avant notre ère, qu'on appela l'homme de Neandertal. Mais cet « homme » à l'air dégénéré pouvait-il vraiment être notre ancêtre ?

Des « ancêtres » apparaissent encore et toujours

En 1891, de nouveaux fossiles* encore plus anciens sortent de terre. Ils ont plusieurs centaines de milliers d'années. Ils nous ressemblent chaque fois moins mais semblent assez proches de Neandertal*. On les nomme ***Homo erectus***. Au début du XXe siècle, les archéologues découvrent deux nouvelles espèces, les Australopithèques et les *Homo habilis*. Ces fossiles sont encore plus anciens que ceux découverts au XIXe siècle. Ils remontent à des millions d'années avant nous. Ils sont de plus en plus petits et se rapprochent encore davantage du singe. Au début du XXIe siècle, le nombre d'hominidés* connus a doublé. En plus des Paranthropes, dits aussi Australopithèques robustes, des Australopithèques et des *Homos**, on découvre de nouveaux genres comme Toumaï*, dit aussi *Sahelanthropus tchadensis*, qui feraient remonter notre lignée à plus de 7 millions d'années.

L'***Homo erectus*** a été surnommé ainsi car on imaginait à l'époque que c'était le premier préhumain à se tenir debout. On était alors à la fin du XIXe siècle.

Les questions encore en suspens

Deux questions demeurent au cœur de l'enquête paléoanthropologique :

- Lequel de ces préhumains peut être considéré comme ancêtre de l'homme ? Est-ce celui qui « se tient debout », « celui qui marche » ou plutôt « celui qui taille des outils » ?
À chaque découverte, on change de critère pour déterminer pourquoi telle ou telle espèce pourrait entrer dans notre lignée.

- Ces préhumains se sont-ils succédé ? Si oui, comment cette succession s'est-elle accomplie ?

Les **hominidés** ou grands singes sont une famille de primates regroupant l'homme, ses ancêtres, le chimpanzé, le bonobo, le gorille et l'orang-outan. Les homininés forment une sous-famille des hominidés et ne regroupent que les grands primates africains que sont les humains, les chimpanzés et les gorilles.

Notre arbre généalogique est en constante évolution, les cartes d'identité des différents types d'**hominidés** ont encore beaucoup de zones d'ombre. Mais un cliché de nos connaissances actuelles permet de poser la base d'une discussion... C'est ainsi qu'avance la recherche archéologique.

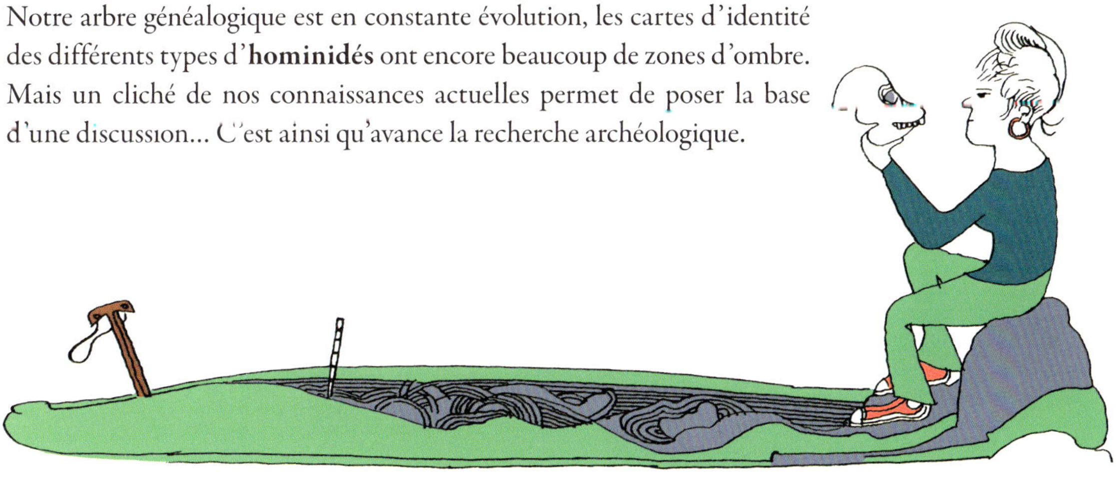

L'Australopithèque : un ancêtre de l'Homme ?

AL 288-1, mieux connu sous le nom de Lucy

Une découverte majeure dans la recherche de nos plus lointains ancêtres est sans aucun doute celle de Lucy*.

En 1974, une équipe franco-américaine découvre le squelette d'un Australopithèque, vieux de trois millions d'années, dans le **Rift*** éthiopien. Le 30 novembre au matin, Donald Johanson et Tom Gray, deux anthropologues, quittent, comme à leur habitude, le camp où la mission est installée pour une nouvelle prospection*. Après avoir visité un site* dont on leur a parlé et qui leur paraît sans intérêt, ils sont prêts à remonter en voiture, lorsque l'œil de Donald est attiré par un morceau d'os suspect. En s'approchant, ils relèvent de multiples ossements sur une quinzaine de mètres carrés qu'ils identifient comme appartenant à un hominidé. Petit à petit, la joie les gagne. Le soir, autour du feu, l'équipe célèbre l'événement et écoute les Beatles. Une chanson en particulier retient l'attention des chercheurs : « Lucy in the sky with diamonds ». Le nouveau squelette est ainsi surnommé Lucy. Ce nom restera à jamais gravé

Le **Rift** est un fossé d'effondrement qui révèle au grand jour les couches* anciennes sur lesquelles vivaient, entre autres, des hominidés. Il traverse des milliers de kilomètres et se forme depuis plus de cinq millions d'années, ce qui donne aux archéologues une fenêtre d'observation inégalable.

dans les annales de la paléoanthropologie et remplacera le nom officiel AL 288-1, qui n'apparaîtra plus que sur l'inventaire des fossiles ramassés cette année-là. C'est une découverte essentielle pour deux raisons, d'abord parce que l'on n'avait jamais vu un squelette aussi ancien, ensuite parce ce que Lucy est le premier squelette retrouvé aussi complet.

3 millions d'années !

L'étude stratigraphique* va permettre de dater ces ossements. Et… oh, surprise ! elle met en évidence l'existence d'un lac qui recouvrait la région il y a 3,18 millions d'années, lac dans lequel il ou elle, l'être qui gît à leurs pieds, s'est probablement noyé. Le squelette de Lucy a donc environ trois millions d'années. Avant sa découverte, on avait bien trouvé quelques os épars d'Australopithèques en Afrique, mais aucun squelette n'était suffisamment complet pour nous donner plus d'informations. Lucy, elle, allait se dévoiler et nous en dire un peu plus sur l'espèce d'hominidés à laquelle elle appartenait. On sait que Lucy était une femme grâce aux os de son bassin, qu'elle mesurait 1,10 mètre environ et qu'elle devait peser 30 kg. Ses dents de sagesse, encore non usées, permettent de dater sa mort entre 14 et 20 ans. Enfin, sa boîte crânienne ne dépasse pas 500 cm^3 (la nôtre mesure en moyenne 1 350 cm^3), sa mâchoire est très volumineuse et elle était plutôt une grimpeuse. Ces caractéristiques l'inscrivent dans la lignée des Australopithèques du type *Australopithecus afarensis* (de la région afar). D'autres Australopithèques ont également été découverts en Afrique de l'Est et du Sud, tous datés entre 4,5 et 1 millions d'années.

Découvertes d'un autre genre

Après Lucy, d'importantes découvertes d'hominidés ont permis d'établir que l'on pouvait remonter plus loin encore que les Australopithèques, sans pour autant pouvoir très bien identifier ces nouvelles recrues. En 1995, une équipe conduite par Michel Brunet, un anthropologue français, découvre la mâchoire d'un être ayant vécu à la même époque que Lucy, mais au nord du lac Tchad, à des milliers de kilomètres à l'ouest du Rift. Il s'appelle Abel. Puis, en octobre 2000, au Kenya, une nouvelle mâchoire ainsi que d'autres ossements apparaissent. Ils font remonter l'âge du plus ancien hominidé retrouvé à 6 millions d'années. On l'appelle *Orrorin tugenensis*. Enfin, le 19 juillet 2001, la mission franco-tchadienne toujours dirigée par Brunet met au jour un crâne vieux de sept millions d'années en un lieu désertique, autrefois baigné par les eaux d'un lac. Baptisé Toumaï, « espoir de vie » en tchadien, le crâne appartient à un être que l'on ne sait pas encore où placer au sein des hominidés. On l'appelle *Sahelanthropus tchadensis*, « l'homme du Sahel tchadien ». Homme ou gorille, la question reste ouverte dans l'attente d'un fémur qui pourrait démontrer que Toumaï était un bipède, comme Orrorin. Mais pour Michel Brunet, la base de son crâne prouve qu'il l'était. Il ferait donc partie de notre arbre généalogique. Par la suite, nous verrons que la bipédie est, en effet, un facteur important pour notre classement, surtout à des périodes* aussi reculées. En tout état de cause, la découverte de ces espèces pose deux questions principales : comment sont-elles apparues et lesquelles peuvent être considérées comme des ancêtres de l'Homme ?

Découvertes d'Australopithèques en Afrique.

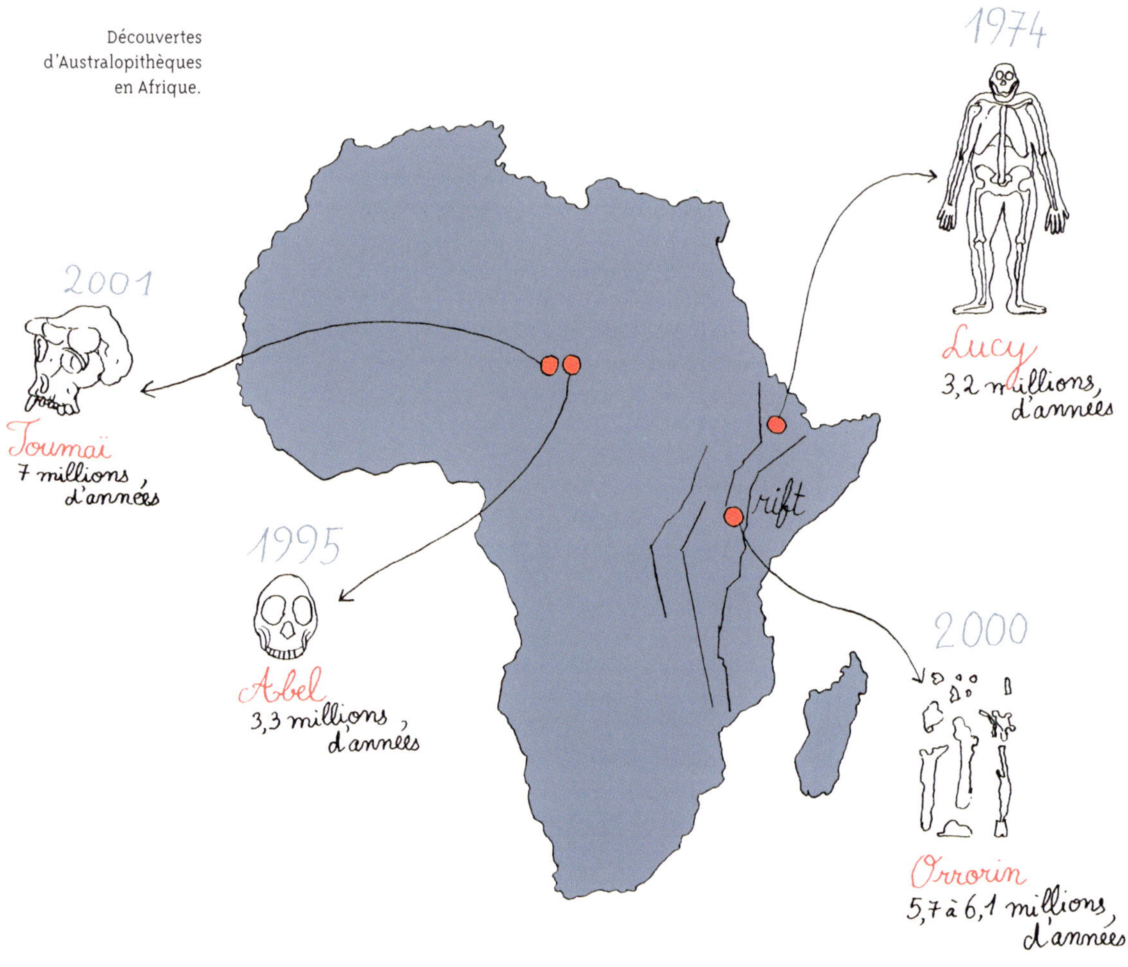

Une première hypothèse : l'« East Side Story »

Yves Coppens, codirecteur de la mission, arrive très rapidement sur place lors de la découverte de Lucy. Selon lui, les Australopithèques pourraient être les ancêtres de l'homme. Ils seraient devenus bipèdes pour voir au loin dans un environnement broussailleux. En effet, la barrière montagneuse créée par les mouvements géologiques du Rift a progressivement empêché le passage des nuages entre l'ouest et l'est. La végétation est ainsi restée humide et boisée à l'ouest, tandis qu'à l'est elle s'est peu à peu asséchée et transformée en savane. Pour Coppens, cette différence climatique majeure aurait alors entraîné l'apparition de deux espèces différentes à partir d'un ancêtre commun : celle vivant à l'ouest du Rift aurait abouti aux grands singes arboricoles, tandis que celle vivant à l'est aurait donné les hominidés comme Lucy.

Selon l'« East Side Story », l'apparition de la bipédie chez certains Australopithèques serait donc due à une adaptation à la savane. Elle aurait permis au muscle situé à l'arrière du crâne et reliant la tête au corps de se rétrécir et de laisser plus de place au cerveau pour se développer. On sait aujourd'hui que cela est faux, car d'autres hominidés ont été découverts à l'ouest du Rift, dans des environnements boisés. Mais Coppens ne pouvait pas le savoir. Son hypothèse a quand même aidé les chercheurs à avancer sur ce terrain mouvant.

Pourquoi l'Australopithèque n'est-il pas notre ancêtre ?

On a longtemps pensé que les Australopithèques, apparus sur le continent africain il y a environ 4,5 millions d'années, étaient les ancêtres de l'Homme. Ils sont d'ailleurs toujours inscrits dans notre arbre généalogique et bon nombre de personnes considèrent encore Lucy comme notre ancêtre. En effet, l'étude de ses caractères anatomiques a révélé que nous avions un certain nombre de points communs avec elle, comme la dentition. Mais ce n'est pas le cas de tous les Australopithèques : les *Anamensis* ont, par exemple, de grandes canines et une mâchoire bien plus proche de celle du singe. Par ailleurs, le fait que la locomotion de la plupart des Australopithèques soit mixte, c'est-à-dire alliant marche et grimpette, a d'abord laissé croire que nos ancêtres étaient des Australopithèques ayant évolué vers la seule bipédie. Néanmoins, il n'en est rien. Deux raisons principales permettent de l'affirmer. La première est liée à la découverte que la bipédie, c'est-à-dire le redressement des hominidés sur leurs deux pattes, date d'avant l'apparition des Australopithèques et des grands singes. L'hypothèse la plus plausible serait donc que l'homme et l'Australopithèque descendent d'un ancêtre bipède commun, mais que l'homme et ses ancêtres ont continué à marcher, tandis que l'Australopithèque et le singe ont évolué vers plus de grimpette. Si l'on veut aller plus loin dans cette démonstration, on pourrait dire que l'Australopithèque et le singe descendent de l'homme ou de l'un de ses ancêtres, et non l'inverse. Les dernières découvertes de préhumains — comme Orrorin ou Toumaï — nous rapprochent d'ailleurs sans cesse de cet ancêtre commun, plutôt que de l'Australopithèque.

Des pieds plus ou moins spécialisés selon les espèces :

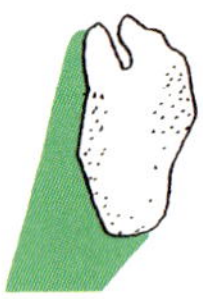

Australopithèque

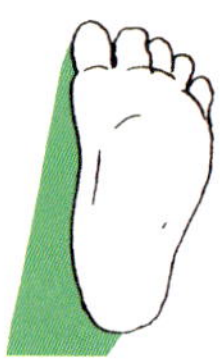

Homme

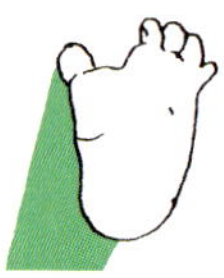

Chimpanzé

La seconde raison permettant de démontrer que les Australopithèques ne sont pas nos ancêtres découle de l'irréversibilité de l'évolution : une fois qu'elle est en marche, elle ne revient jamais en arrière. En effet, des spécificités qui caractérisent l'Australopithèque ne nous ont pas été transmises, comme en témoignent ses pieds et ses mains qui ne sont pas faits pour la bipédie mais pour la grimpette. Il a notamment un pied spécialisé dont le gros orteil s'écarte davantage des autres doigts, globalement plus longs et plus agiles que les nôtres, de façon à pouvoir monter aux arbres. Par conséquent, s'il était notre ancêtre, nous aurions dû hériter de cette spécialisation. Mais ce n'est pas le cas. Il est donc impossible que de bipèdes, nos ancêtres soient devenus grimpeurs, puis repassés à la bipédie. Cela ne fonctionne pas comme ça.

Épilogue australopithéquien

En conséquence, on peut dire que l'Australopithèque est au mieux notre cousin. L'hypothèse actuelle est qu'il fait partie de la même lignée que nous, mais s'est séparé du tronc commun il y a environ 8 millions d'années pour créer une nouvelle espèce qui s'est éteinte depuis. Il existe probablement un ancêtre commun aux Australopithèques, aux singes et aux hommes, qui, selon les calculs actuels, aurait 15 millions d'années. Il devait notamment avoir des membres non spécialisés comme, par exemple, un pied pouvant évoluer soit vers la grimpette, soit vers la bipédie. Cette spécificité est due au fait qu'il devait posséder obligatoirement toutes les potentialités d'évolution de ses descendants. Aujourd'hui, on compte huit espèces d'Australopithèques, plus ou moins distinctes, distribuées entre l'Afrique du Sud, l'Afrique de l'Est et le Tchad, d'où ils ont disparu entre quatre et un millions d'années.

Lucy in the
sky with
diamonds

Homo habilis: le premier à tailler des outils?

Localisation de la Tanzanie sur le continent africain.

À la recherche du tailleur d'outils

Depuis 1931, Louis Leakey* et sa femme, Mary, tous deux primatologues, paléontologues et archéologues, fouillent l'un des sites les plus époustouflants de la planète, les canyons d'Olduvai*, en Tanzanie, dans la vallée du Rift. Ils y découvrent de nombreux ossements d'hommes modernes, mais aussi des outils très anciens qui ne peuvent pas leur être attribués. Ils recherchent désespérément un squelette d'hominidé ancien qui pourrait en être l'auteur, mais rien n'apparaît.

Homo habilis, celui qui taille

Le 19 juillet 1959, après presque trente ans de recherches, Louis Leakey, malade et découragé, se résout à abandonner et s'endort sous sa tente. Mary s'obstine ; elle tient à terminer la fouille entamée et ne veut pas croire qu'ils vont rentrer bredouilles. Alors que la fouille est en train de fermer, un crâne inclassable surgit, puis d'autres ossements. Une espèce inconnue vient de sortir de terre ! Folle de joie, Mary le nomme Zinjanthrope ou « homme du pays de Zinj », là où a lieu la mission. Il ressemble tellement à un singe que l'appeler « homme », c'était aller un peu vite en besogne. Louis Leakey le classe chez les Australopithèques, car il ne semble pas être celui qui a taillé les outils retrouvés. Mais si ce n'est pas lui, qui d'autre peut en être l'auteur ?

La solution se manifeste en 1961. Cette année-là, Louis Leakey, de retour sur le terrain, poursuit sa fouille quelques centaines de mètres plus loin, lorsqu'un nouveau fossile se détache sur le sol. Il lui semble étonnamment moderne par rapport au Zinjanthrope. Pour lui, cela ne fait aucun doute, il s'agit bien d'un nouveau spécimen et c'est lui qui doit forcément être à l'origine des fameux outils. Il le nomme *Homo habilis*, c'est-à-dire « habile », car il taille des outils. Mais il reste à savoir s'il est le premier en son genre à tailler des outils et s'il peut être considéré comme un homme, du fait qu'il maîtrise cette technique.

Est-il le premier à tailler des outils ?

Homo habilis est en tout cas contemporain de la plus ancienne industrie de pierres taillées retrouvées à ce jour. Appelée oldowayenne, du nom du canyon d'Olduvai où elles ont été découvertes, celle-ci est composée d'objets simples, taillés sur une seule face pour obtenir un outil ou des éclats tranchants. Ces outils ont pu permettre à *Homo habilis* de dépecer des morceaux de viande ou de décaper des os. En effet, contrairement à la plupart de ses prédécesseurs, il est carnivore ; ce qui demande une organisation des tâches plus élaborée, dont fait partie la fabrication d'outils. Mais il est aussi contemporain des Australopithèque, puisqu'il vit en Afrique du Sud ou en Afrique de l'Est entre 2,5 et 1,5 millions d'années. Certains scientifiques envisagent que, malgré leurs mains malhabiles, des Australopithèques ont également été capables de tailler des outils. Aujourd'hui, on ignore encore si *Habilis* fut le premier tailleur de pierres.

Est-ce un homme ?

La capacité de tailler des outils suffit-elle pour le qualifier d'homme ? La communauté scientifique répond non lorsque Leakey en défend l'hypothèse. En effet, à cette époque, l'idée que seuls les hommes font des outils est déjà controversée. Il n'est qu'à regarder les chimpanzés pour s'en convaincre. Les chercheurs vont même plus loin car ils considèrent que le fait de se concentrer pour tailler contribue sans aucun doute au développement du cerveau et n'a donc pu que précéder l'apparition de l'Homme. Ce critère n'est donc pas suffisant pour qualifier d'homme ce tailleur de pierres. Mais Leakey s'accroche à cette qualification, d'autant qu'*Habilis* possède d'autres spécificités qui permettent de le rattacher au genre *Homo*. Non seulement il est doté d'une capacité crânienne supérieure à celle des Australopithèques, mais son volume endocrânien prend aussi une place plus importante par rapport à la taille du reste de son corps. D'autre part, il se tient sur ses deux pieds et se déplace presque uniquement en marchant. La bipédie s'imposant tout à fait, elle entraîne le développement de nouvelles caractéristiques comme, par exemple, le rétrécissement du bassin, responsable de grossesses plus courtes chez les femmes. L'accouchement d'enfants moins matures aurait alors eu une conséquence notable sur l'organisation du groupe et sur l'évolution de notre espèce : il est ainsi probable que depuis *Erectus* nous soyons devenus **monogames**, au moins le temps d'élever des enfants qui nécessitent plus de soins, à la naissance. Aujourd'hui, même si les *Habilis* conservent leur place au sein du genre *Homo*, les chercheurs estiment que ce dernier émerge plutôt avec *Homo ergaster*, dit *Erectus*, vers 1,9 million d'années.

Monogame vient du grec *monos*, « un seul », et *gamos*, « mariage ». Pour une espèce, cela signifie que chaque individu n'a qu'un seul partenaire.

Homo erectus: l'homme qui sort d'Afrique

L'« homme de Java » en Indonésie

L'épopée érectusienne débute au cours des années 1880, époque où Eugène Dubois, un médecin hollandais, se prend de passion pour la préhistoire*. Il est influencé par les recherches d'un anatomiste allemand qui rapproche les ancêtres de l'homme de ceux de l'orang-outan. Ce dernier vivant encore aujourd'hui en Asie du Sud-Est, Eugène Dubois est

La **calotte crânienne** désigne la partie supérieure du crâne.

alors convaincu que le chaînon manquant entre le singe et l'homme se trouve en Asie. Il entreprend des fouilles en Indonésie et découvre effectivement une **calotte crânienne** humaine inconnue, dont le volume se situe entre 800 et 900 cm^3. On appelle « homme de Java » le fossile auquel elle appartient. La publication de ce fossile déchaîna les foules : il était le premier ancêtre de l'homme reconnu comme tel, puisque ni Australopithèque ni *Habilis* n'avaient encore été découverts à cette époque. Toutefois, on était incapable de le rattacher à quoi que ce soit. Qui pouvait bien être cet individu ?

Des fossiles d'*Erectus* en Chine

Les archéologues se sont ensuite intéressés à la Chine comme lieu de prospection. En effet, en 1899, on avait trouvé des dents et des fragments d'os n'appartenant à aucune espèce connue dans les officines des apothicaires chinois. Les Chinois accordaient des vertus curatives à ce matériel provenant, disaient-ils, d'os de dragon. Les fossiles, une fois réduits en poudre et associés à d'autres ingrédients tout aussi farfelus, entraient dans la fabrication de potions destinées à guérir tous les maux, y compris sexuels. Ces fossiles se vendaient évidemment très cher et étaient fort recherchés. Les archéologues savaient donc qu'en fouillant les collines des « os de dragon », ils avaient peut-être des chances de trouver des fossiles d'hominidés.

Le **calcaire** a pour particularité de se dissoudre facilement dans l'eau et donc de former des grottes sous l'effet de l'érosion. Il est aussi peu acide, ce qui favorise la conservation des restes organiques et plus particulièrement des ossements. C'est pourquoi les grottes sont de magnifiques pièges archéologiques.

En 1921, c'est chose faite. Dans un site au nord de Pékin, surnommé Choukoutien, on découvre des fossiles d'*Erectus* au fond d'une grotte creusée par l'eau dans une colline **calcaire**. Cette grotte est remplie de couches de sédiments* déposées par strates successives, sur 55 mètres de haut. En nettoyant la coupe, des archéologues aperçoivent très vite les niveaux dans lesquels l'homme a fait son apparition sur le site. Ils sont datés entre 460 000 et 230 000 avant notre ère. Les recherches se poursuivent partout en Asie, mais la Seconde Guerre mondiale éclate et les fouilles s'arrêtent. Les fossiles de Choukoutien, en particulier, sont placés dans deux grandes caisses et partent par voie de mer en direction des États-Unis... où ils n'arriveront jamais. Le bateau a manifestement été coulé. Les caisses disparaissent pour toujours. La grotte, ouverte, subit de grands dommages et les fouilles ne reprirent jamais. Par la suite, d'autres spécimens ont été trouvés dans les mêmes régions d'Asie, attestant, si besoin était, la présence répandue d'*Erectus* dans cette partie du monde.

Erectus en Afrique et en Europe

Dans la seconde moitié du XXe siècle, les archéologues ont découvert d'autres fossiles d'*Erectus*. En Afrique, on l'appelle *Homo ergaster*, l'« artisan » ; en Europe, *Homo heildebergensis*, du nom du site allemand où il a été mis au jour pour la première fois (Heildeberg). Le plus ancien fossile de ce genre, découvert en Géorgie, est daté de 1,7 millions d'années. En France, le plus ancien squelette d'hominidé retrouvé a 450 000 ans. Il provient du sol d'habitation d'un campement situé sur la colline de Tautavel*, à 20 km de Perpignan.

La découverte d'*Erectus* suscite plusieurs questions. Est-il originaire d'Afrique, d'Europe ou d'Asie ? Quel rôle a-t-il joué dans la domestication du feu ? Et où l'inscrire dans notre arbre généalogique ?

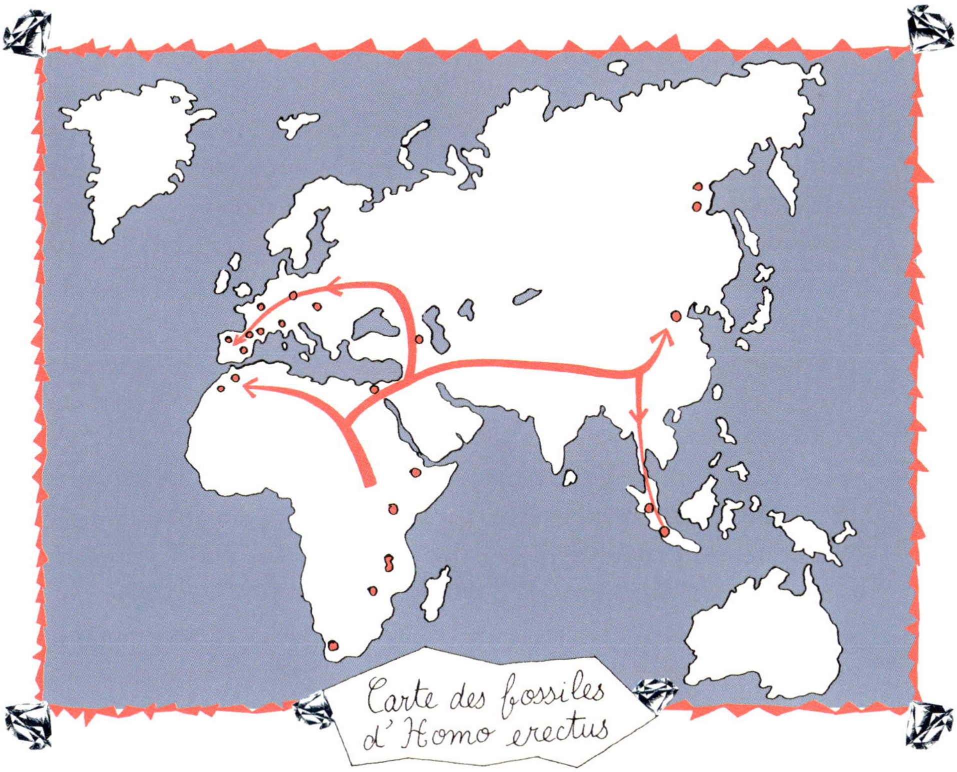

Erectus, le premier globe-trotteur de la planète !

Le fait d'avoir trouvé des fossiles d'*Erectus* en Afrique, en Europe et en Asie pousse à s'interroger sur son lieu d'origine. On considère aujourd'hui que le plus ancien fossile d'*Erectus* est africain et apparaît sur ce continent il y a 2 millions d'années. Il serait le plus ancien hominidé à avoir quitté le berceau africain. Les fossiles d'Australopithèques et d'*Homo habilis* n'ayant été découverts qu'en Afrique, on suppose qu'ils n'ont pas migré ailleurs sur la planète. Lui, en revanche, aurait commencé sa migration vers le Proche-Orient il y a 2 millions d'années. De là, il aurait peuplé toute la planète à l'exception de l'Australie et de l'Amérique. En Europe, les spécimens les plus tardifs sont datés aux alentours de 300 000 avant notre ère. *Erectus* se présente donc comme le seul hominidé capable de survivre à toutes les latitudes, tandis que les autres espèces d'hominidés, restées dans le giron africain, s'éteignent peu à peu. On peut ainsi qualifier *Erectus* de premier globe-trotteur !

Erectus ou la révolution du feu

Les plus anciennes traces d'utilisation du feu remontent à 1,5 million d'années. Néanmoins, l'Homme n'aurait su l'allumer que depuis un demi-million d'années. En effet, on sait que depuis 500 000 ans, le feu est maîtrisé partout sur la planète, pratiquement en même temps. Des datations* qui remontent à 700 000 ans viennent d'être publiées pour un site israélien, mais il est encore difficile de les prendre en compte en l'absence de nouvelles données. *Erectus* serait-il donc celui qui a domestiqué le feu ? Cela semble assez probable aujourd'hui, mais il l'aurait d'abord apprivoisé avant de le créer par lui-même. Voulant certainement reproduire les feux causés par la foudre, il aurait frappé un bloc de pyrite sur un silex* ou frictionné un bâton sur une planchette. Cette domestication du feu est une avancée technologique révolutionnaire. Elle permet à *Erectus* de cuire sa viande, empêchant la prolifération des parasites ; de mastiquer les aliments plus facilement, entraînant une diminution des muscles masticateurs de la face ; de se réchauffer ; de s'éclairer la nuit ou dans les grottes ; d'éloigner les animaux sauvages et de faire des veillées... Discutait-il avec ses semblables et, si oui, de quoi, reste une question sans réponse. En tout cas, il avait tout pour y arriver.

D'*Habilis* à *Erectus*

À l'heure actuelle, on pense qu'*Erectus* (*Ergaster, Heildebergensis*) est probablement le fils de certains *Habilis*. Cependant, on a découvert, en 1980, que cette évolution ne s'est pas faite de manière linéaire. En effet, cette année-là, on met au jour des fossiles d'*Homo ergaster* sur le site de Koobi

La veillée des Erectus

Fora, en Tanzanie, à proximité de leurs ancêtres *Habilis* découverts précédemment. Tout nous incite à considérer qu'ils ont dû cohabiter, il y a quelque 2 millions d'années. On en a donc déduit que différentes espèces pouvaient coexister, certains individus évoluer vers l'homme moderne et d'autres s'éteindre. Ainsi, certains *Habilis* se sont éteints des milliers d'années plus tard, alors que d'autres ont évolué en donnant *Erectus*.

D'*Erectus* à nous ?

S'il descend probablement d'*Habilis*, *Erectus* en est toutefois très différent. Il nous ressemble beaucoup plus que tous les autres hominidés précédents. En somme, vers 2 millions d'années, un homme unique en son genre fait son apparition au milieu des *Habilis* et des derniers Australopithèques. Il les dépasse tous en taille et en carrure. Il ne monte pas aux arbres. Il donnera à son tour naissance à l'homme de Neandertal et à l'*Homo sapiens*. Affaire à suivre…

Homme de Neandertal : le premier véritable Européen

Des découvertes en Europe et au Proche-Orient

La première découverte de Neandertal remonte à 1856, en Allemagne, près de Düsseldorf. C'est le premier homme préhistorique* différent de nous que l'on reconnaît comme tel. Depuis, d'autres découvertes tout au long du XXe siècle sont venues confirmer l'existence de cet homme fossile. Il aurait vécu en Europe et au Proche-Orient de 250000 à 28000 avant notre ère. Il est donc, en partie, contemporain du début de notre histoire d'homme moderne, puisque *Sapiens* (c'est-à-dire nous) serait apparu il y a 40 000 ans. Les liens qui unissent Neandertal à *Sapiens* sont aujourd'hui au cœur des débats paléoanthropologiques.

Neandertal aurait-il pu passer inaperçu dans le métro ?

Neandertal était-il si dissemblable de nous ? Sa physionomie étant bien différente de la nôtre et de ce qui était alors connu, elle poussa les scientifiques à le classer dans un premier temps du côté des singes. En effet, l'homme de Neandertal a un nez très épaté, fort peu seyant il est vrai, qui lui donne un faciès relativement bestial. Néanmoins, ce nez est remarquablement adapté aux milieux glaciaires européens dans lesquels il vit : l'air entré par cet orifice peut se réchauffer et s'humidifier avant d'atteindre les poumons, ce qui lui permet de respirer normalement. Malgré son visage bestial, Neandertal reste proche de nous pour plusieurs raisons :

• Il est, certes, plus petit que nous (1,65 mètre contre 1,75 mètre pour *Sapiens*) mais a une capacité crânienne plus importante que la nôtre (1 600 cm^3 contre 1 350 cm^3).

• Neandertal partage aussi avec *Sapiens* un **gène** qui joue un rôle essentiel dans la formation des régions du cerveau liées à l'apprentissage du langage. Pour autant, on ne sait pas s'il parlait.

Les **gènes** sont des éléments héréditaires de l'homme qui contrôlent des caractères particuliers.

• Neandertal enterrait ses morts, parfois même avec un certain rituel, et peignait peut-être dans les grottes. Il devait donc avoir une conception élaborée de l'au-delà.

• Une étude de la structure osseuse des Néandertaliens montre que, contrairement à une idée reçue, ils ne sont pas couverts d'une épaisse toison de poils et n'ont pas non plus la peau sombre. En effet, la densité de leurs os témoigne d'une bonne fixation du calcium et du phosphore. Or, pour fixer le calcium, le corps a besoin de la vitamine D, qui ne se synthétise que sous l'action des rayons du soleil. Sous un soleil européen, un homme à la peau sombre ou très poilu ne pourrait donc pas élaborer des quantités suffisantes de vitamine D et donc de tels os.

En conclusion, si sa physionomie a d'abord poussé les scientifiques à le classer parmi les singes, l'étude de ses autres caractéristiques anatomiques et culturelles suggère qu'il est finalement assez proche de nous. Si bien qu'en 1939 un anthropologue américain prétend que, bien rasé, coiffé et habillé, un Néandertalien passerait inaperçu dans le métro de New York. Si les réflexions autour de Neandertal et *Sapiens* passionnent autant, c'est parce qu'elles suscitent deux interrogations. D'abord, ont-ils pu se reproduire entre eux ? Ensuite, quelle place Neandertal occupe-t-il dans notre arbre généalogique ?

Sommes-nous les enfants de Neandertal ?

Sapiens et Neandertal ont cohabité entre 40 000 avant notre ère — période à laquelle *Sapiens* apparaît en Europe — et 28 000 avant notre ère — période à laquelle disparaît Neandertal. Pourtant, il est probable que cette cohabitation n'ait véritablement duré que quelques milliers d'années. Ils

partagent les mêmes territoires, chassent le même gibier, évitent les mêmes dangers, recherchent les mêmes points d'eau et se protègent tous les deux du froid dans des abris sous roche. Ils se sont forcément rencontrés, mais on ignorait s'ils avaient échangé ou communiqué, voire s'ils s'étaient reproduits entre eux. On a d'abord cru cela impossible, jusqu'à ce que de nouvelles recherches prouvent que cela a pu avoir lieu au début de leur histoire commune, au Proche-Orient, il y a plus de 60 000 ans.
Pour autant, Neandertal est-il notre ancêtre ? Est-il notre cousin ? Est-il un descendant d'*Erectus* ? Dans la seconde partie du XIXe siècle, ce questionnement a provoqué de virulents débats. Neandertal ayant été classé parmi les singes, admettre un lien de parenté avec lui, c'était admettre un lien de parenté avec les singes. Ceci constituait un véritable choc pour les mentalités. En effet, à cette époque, accepter que l'Homme soit un fils ou un cousin du singe plutôt que d'Adam et Ève n'était pas facile pour tout le monde.
On a ensuite longtemps pensé que les *Erectus* européens avaient donné naissance à ces deux espèces ou sous-espèces : *Sapiens* et Neandertal. Eh bien, non ! D'après des analyses génétiques et anatomiques, on est à présent sûr que tous les *Erectus* européens sont devenus des hommes de Neandertal. Nous savons donc que Neandertal descend des *Erectus* européens, tandis que *Sapiens* descend des *Erectus* africains.
En conclusion, si Neandertal ne peut-être notre ancêtre, il pourrait être en quelque sorte un cousin éloigné. Sa position dans notre arbre généalogique reste un sujet de débat.

Pourquoi Neandertal disparaît-il ?

Les plus anciens fossiles indéniablement néandertaliens remontent à un peu plus de 200 000 ans. Il y a 28 000 ans, il n'apparaît plus qu'aux marges de l'Europe, au Portugal et en Croatie. Que s'est-il passé pour qu'il disparaisse en si peu de temps ? Lui, a priori si adapté à son environnement et le seul à avoir survécu à ce milieu glaciaire qu'était l'Europe à cette époque ? Alors qu'on sait aujourd'hui qu'il n'était pas une brute épaisse incapable d'évoluer, pourquoi a-t-il disparu ?

Adaptabilité et concurrence

De récentes études sur le climat de l'Europe montrent de grandes variations de température entre 20000 et 40000 avant notre ère. Si elles ont eu de fortes conséquences sur la faune et la flore, elles ont, bien entendu, aussi eu un impact important sur les populations d'hominidés. La disparition de Neandertal découlerait ainsi de ces oscillations climatiques. L'hypothèse la plus couramment admise est que, devant l'avancée de la glace, Neandertal est contraint d'émigrer vers le sud de l'Europe, où il rencontre les premiers *Homo sapiens*. Ce contact avec *Sapiens* fait naître une concurrence, car les ressources alimentaires ne sont pas infinies. Ces premiers *Homo sapiens* européens, qu'on appelle Aurignaciens*, du nom de leur industrie lithique, reconnue pour la première fois à **Aurignac**, en Haute-Garonne, semblent plus avancés technologiquement et plus polyvalents. Cela est peut-être dû au fait qu'ils viennent d'ailleurs et ont su s'adapter plusieurs fois. Quoi qu'il en soit, en des temps difficiles, la polyvalence est une clé de la survie. Ils fabriquent des sagaies pour mieux chasser, des filets de pêche pour attraper plus de poissons, des vêtements en fourrure et en textile tissé pour se couvrir. Ils sont plus aptes à supporter les vagues de froid et leurs pratiques de chasse sont plus productives. *Sapiens* supplante alors Neandertal, car il est mieux préparé que lui. Ce n'est donc pas une différence biologique mais culturelle qui a permis à nos ancêtres de gagner, sans d'ailleurs livrer bataille.

Aurignac est le site éponyme* des premiers hommes modernes européens, les Aurignaciens.

Rencontre entre *Sapiens* et Neandertal.

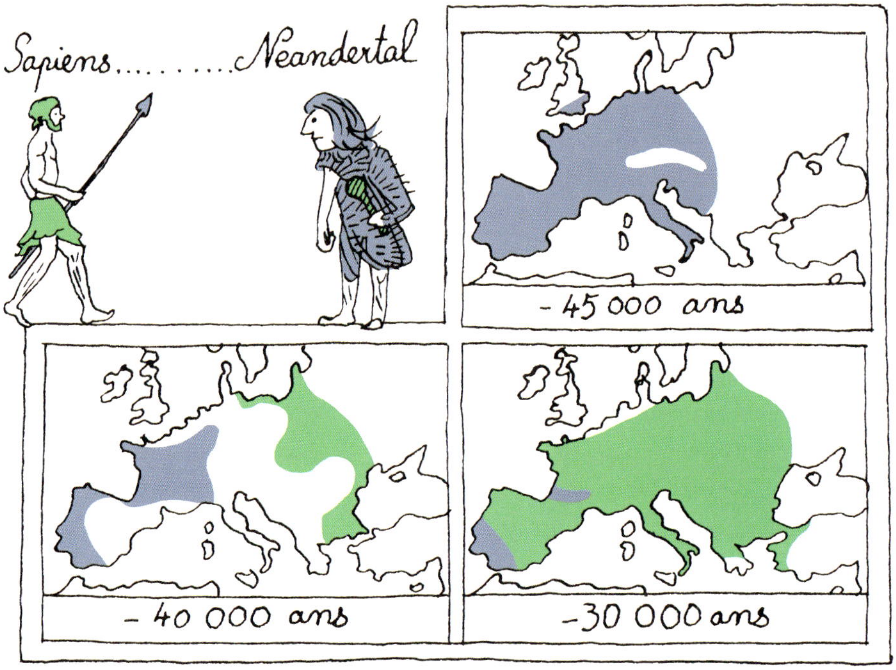

Homo sapiens: nous

L'« homme de Cro-Magnon »

Sapiens est tout d'abord appelé « homme de Cro-Magnon* », du nom de l'abri-sous-roche où il a été découvert pour la première fois, en 1868. Cette découverte a lieu sur le site des Eyzies-de-Tayac, en Dordogne. En construisant le chemin de fer entre Périgueux et Agen, des ouvriers sont tombés nez à nez avec des os humains. Petit à petit, on se rend compte que le sol de l'abri-sous-roche contient quatre squelettes, celui de deux hommes, d'une jeune femme et d'un bébé, ainsi que des outils. Ils ont trente mille ans. Comment allait-on pouvoir reconstituer leur histoire ?

Les archéologues ont commencé par se demander si *Sapiens*, qui a donc été découvert en Europe, en était pour autant originaire. Comme pour Neandertal, on a d'abord cru que *Sapiens* descendait lui aussi des *Erectus* européens. Or, nous savons aujourd'hui qu'il n'en est rien et que tous les *Erectus* européens sont devenus des hommes de Neandertal. Les découvertes se multipliant, on comprend alors que les *Homo sapiens*, descendants des *Erectus* d'Afrique, apparaissent sur le continent africain il y a 200 000 ans. Ce n'est que 100 000 ans plus tard, profitant de circonstances climatiques favorables, qu'ils entament une migration vers le nord et l'ouest de la planète. Générations après générations, les *Homo sapiens* progressent d'une région **giboyeuse** à une autre, en perfectionnant leurs

On dit d'une région qu'elle est **giboyeuse** lorsqu'elle abonde en gibier.

techniques. Il y a une centaine de milliers d'années, ils atteignent d'abord le Proche-Orient et plus particulièrement la Palestine, où ils côtoient des Néandertaliens venus d'Europe. Il y a plus de 45 000 ans, ils s'installent en Europe, où ils vont progressivement supplanter Neandertal. Bien plus tard, ils conquièrent l'Amérique et l'Australie. Il y a 10 000 ans, *Sapiens* habite tous les coins de la terre, à l'exception des déserts chauds ou glacés. L'homme moderne ou *Homo sapiens* a ainsi réussi à coloniser l'ensemble de la planète.

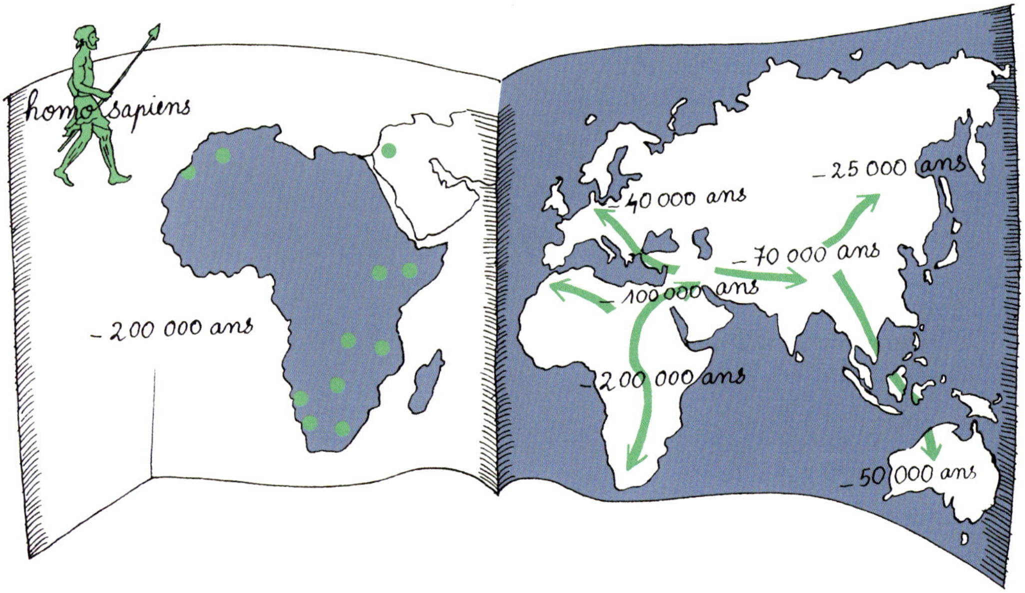

La grande migration de l'*Homo sapiens* depuis l'Afrique jusqu'au reste du monde.

Liens entre les préhumains

La question de savoir si l'homme est apparu tel quel ou descend de préhumains provoque un débat particulièrement virulent dans la seconde moitié du XIXe siècle. Avec la découverte de Neandertal, en 1856, les partisans des thèses de Darwin* défendent la seconde hypothèse. Ce célèbre naturaliste venait de formuler la théorie de l'évolution selon laquelle toutes les espèces vivantes ont évolué au cours du temps, à partir d'un ou de plusieurs ancêtres communs, et ce à travers une sélection naturelle. C'est-à-dire que seuls les plus adaptés à leur milieu survivent et donc évoluent. Cette théorie pourrait s'appliquer à l'Homme, qui descendrait du singe et aurait progressivement évolué selon ce processus de sélection naturelle. Neandertal constituerait une espèce dans cette longue évolution. La découverte de l'« homme de Cro-Magnon », 12 ans plus tard, rassure les adversaires des thèses de Darwin. En effet, les squelettes exhumés à Cro-Magnon sont « politiquement corrects », c'est-à-dire parfaitement au goût des conservateurs. Pour eux, ils témoignent de ce que les êtres humains ont toujours ressemblé à l'homme actuel. Depuis, on sait que *Sapiens* descend des *Erectus* africains et qu'il a effectivement évolué comme toutes les espèces vivantes.

Évolution ou révolution ?

• Avec Abel, Orrorin et Toumaï, apparaît l'idée que l'homme est resté debout, à l'image de ses ancêtres, alors que les autres hominidés sont devenus grimpeurs. Avec cette belle image du singe qui descend de l'homme et non plus l'inverse, on est encore en pleine révolution.

• Avec l'Australopithèque, le lien de parenté s'éloigne davantage. Il serait au mieux notre cousin. L'hypothèse actuelle est qu'il ferait partie de la même lignée que nous, mais se serait séparé du tronc commun il y a des millions d'années pour créer une nouvelle espèce, différente de celle des hommes.

*• Avec l'*Homo habilis*, le lien de parenté est encore au goût du jour, mais nous ne sommes pas à l'abri d'une découverte bouleversante. On le considère comme le premier du genre* Homo*, d'après des critères qui ont compté en leur temps, comme la taille d'outils, la bipédie…*

*• Avec l'*Homo erectus*, on se rapproche sacrément. Il voyage, il domestique le feu, il engendre Neandertal et* Sapiens.

• Avec Neandertal, il existerait un lien de parenté éloigné, toujours sujet à caution. Il y aurait certainement une souche d'origine commune, puisqu'il descend des Erectus *européens et que nous descendons, jusqu'à preuve du contraire, des* Erectus *d'Afrique.*

Sapiens est-il le dernier hominidé présent sur la planète ?

Jusqu'en 2003, on pensait pouvoir le dire. Mais la découverte de l'homme de Florès, au nord de l'Océanie, vint tout remettre en cause. Comme à chaque fois, il fut difficile de l'intégrer à notre beau modèle. En effet, voilà que sort de terre, sur une petite île indonésienne, une femme qui vivait là il y a 18 000 ans et qui ne ressemble pas à une femme moderne… Nous sommes alors dans la grotte de Liang Bua, fouillée depuis quelques années par une équipe australienne. L'individu est de petite taille et son cerveau ne mesure que 380 cm³. Cette caractéristique le distingue de ses contemporains *Homo sapiens*, qui évoluaient dans la région à la même époque et dont le cerveau était 3 à 4 fois plus gros.

L'« homme des bois »

Selon les travaux des ethnologues, cet « homme des bois » aurait vécu parmi nous jusqu'à il y a quelques centaines d'années... On s'aperçoit, en effet, que les populations locales le connaissaient et l'évoquaient régulièrement à la veillée. Les ethnologues ont ainsi recueilli une foule de légendes parlant de petits hommes à la peau noire, qui descendaient de la montagne pour chiper des légumes et des fruits. Ils considèrent d'ailleurs ces récits sur les « ancêtres de la forêt » si précis, qu'ils leur attribuent tout au plus une quinzaine de générations... Mieux encore, des archivistes ont exhumé, il y a quelques mois, des récits de navigateurs espagnols du XVIIe siècle, qui dépeignent de petits hommes noirs vivant dans la forêt... De quoi faire chavirer toutes nos idées sur l'évolution de l'homme.

Nanisme insulaire ?

Les personnes atteintes de **nanisme** sont des gens de petite taille, qu'on appelle aussi les nains.

S'agit-il d'*Homo sapiens* atteints de **nanisme** insulaire ou de descendants de préhumains ? Selon différents chercheurs, il ne peut s'agir d'hommes modernes. De récentes études semblent démontrer que ce sont plutôt des descendants d'*Erectus*, peut-être même d'*Habilis*. Mais alors, quand auraient-ils quitté l'Afrique et sous quelle forme ? Le débat reste ouvert.

Sapiens, un artiste esseulé ?

Si Neandertal a pu peindre dans des grottes, on considère toutefois aujourd'hui *Sapiens* comme le premier à avoir laissé des œuvres artistiques tangibles. La créativité dont il fait preuve sur les murs des grottes où il peint va de pair avec une relation existentielle à son entourage. Depuis 35000 au moins, il a besoin de représenter son environnement sur les murs, qu'il soit effrayant, appétissant ou en référence à ses croyances. Les grottes peintes, retrouvées essentiellement en Espagne et en France, témoignent ainsi de sa capacité d'abstraction et plus largement encore de son développement intellectuel. *Sapiens* peint selon des règles strictes qui évoluent au fil du temps. Mais ces peintures, que l'on verra plus en détail au chapitre suivant, révèlent aussi et avant tout son désir de communication. Et c'est peut-être cela la plus importante caractéristique de l'*Homo sapiens*, le besoin de communiquer et d'extérioriser ce qu'il ressent. Cependant, on sait que Neandertal a eu lui aussi des exigences artistiques, que l'on décèle dans certains de ses rites funéraires*. Mais pour l'instant, rien n'est encore très parlant.

On peut conclure en disant que l'Homme est le dernier représentant de sa lignée dite des homininés. Au sein de la famille des hominidés, seuls restent les trois grands singes africains (les chimpanzés, les bonobos, les gorilles) et nous. Des grands singes asiatiques de la famille des Pongidés, il ne reste que les orangs-outans. Des grands singes européens, il n'en reste plus aucun depuis des millions d'années. L'émergence de l'Homme s'inscrit dans le cadre du déclin des grands singes hominoïdes, au profit des petits singes à queue. Comme le dit très joliment le paléoanthropologue Pascal Picq : d'une certaine manière, nous sommes les derniers survivants sur la planète des singes.

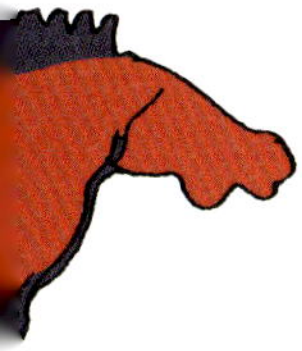

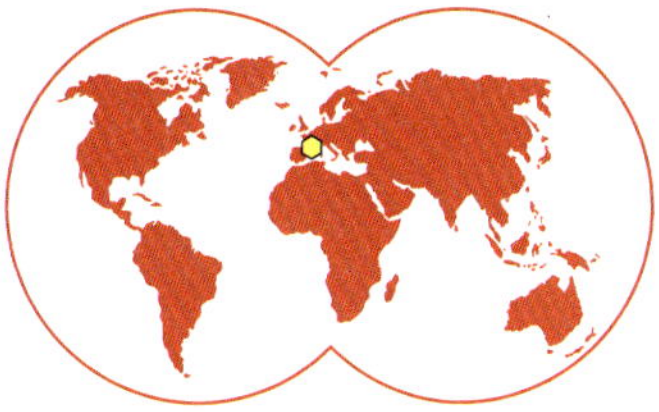

De 35000 à 11000 avant notre ère

Les grottes ornées
Lascaux, Cosquer et Chauvet

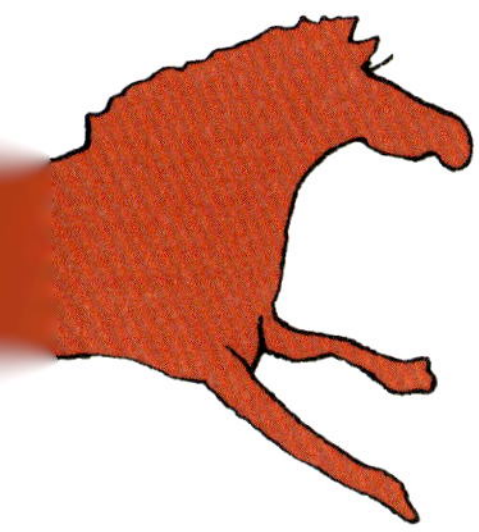

LE PLUS SOUVENT, LES PREMIERS HOMMES ONT PEINT sur les parois de grandes falaises incurvées, où ils avaient coutume de vivre et de s'abriter. On appelle ainsi art pariétal, l'art peint ou gravé sur les parois des abris-sous-roche et des grottes. Sur ces tableaux protégés du vent, de la pluie et du soleil, l'homme a représenté toutes sortes de choses.
Mais si les peintures d'extérieur sont présentes dans le monde entier, comme en Afrique ou en Amérique du Sud par exemple, on constate que l'homme n'a que très rarement peint à l'intérieur des grottes. Par ailleurs, ce type de peintures n'est presque exclusivement visible qu'en France et en Espagne. Pourquoi ? on ne le saura sans doute jamais. Toujours est-il que chaque découverte de grotte ornée est une pénétration dans l'imaginaire des hommes préhistoriques et fait partie du fantasme archéologique.

Lascaux

Quatre jeunes garçons en 1940

La grotte de Lascaux est découverte le 12 septembre 1940, à Montignac, un petit village de Dordogne. Nous sommes au début de la Seconde Guerre mondiale et la moitié nord de la France est déjà occupée par les Allemands. Ce matin-là, quatre adolescents, âgés de 15 à 18 ans, se préparent à l'exploration d'un trou, laissé par un arbre déraciné. C'est à cet endroit que, quelques jours plus tôt, le chien de Marcel s'est engouffré entièrement. Les cailloux qu'ils ont jetés à l'intérieur ont roulé très longuement, laissant présager une profonde galerie. Très excités par leur trouvaille, les garçons se promettent de revenir très vite l'explorer plus avant. Une rumeur prétend qu'il s'agit de l'entrée d'un souterrain du Moyen Âge ; souterrain qui mènerait tout droit au château de Lascaux, situé à quelques lieues de là...

La découverte de la grotte

Marcel Ravidat, l'aîné du groupe, est le seul à être en possession d'une lampe ; c'est donc lui qui initie l'aventure. Il décide de se faufiler dans le trou et se rend compte qu'il rampe sur un gigantesque éboulement ; éboulement qui, il y a fort longtemps, a dû obstruer l'entrée de la grotte qui se dessine devant lui. Les autres le rejoignent et tous, intrigués, se mettent à explorer la caverne. Au fur et à mesure de leur progression vers le centre de la terre, des figures animales apparaissent dessinées sur les parois. Partout des vaches rouges, des chevaux jaunes, des taureaux, un homme à tête d'oiseau, une licorne... Ils n'ont pas tout de suite conscience d'avoir découvert un trésor inestimable, d'avoir sorti d'une nuit plusieurs fois millénaire ces animaux aux mouvements désordonnés, qui sont suspendus là, dans les airs. Ils décident finalement d'avertir leur instituteur. Celui-ci, au début, doute de l'authenticité de la grotte. Il les connaît ses « p'tits gars ». S'il y avait une grotte préhistorique sous la colline de Lascaux, ça se saurait. Les garçons réussissent pourtant à le convaincre de les suivre et, une fois en bas, il reste bouche bée. Il n'a jamais rien vu de tel.

Le chef-d'œuvre de l'art préhistorique

L'abbé Breuil*, un des grands préhistoriens de l'époque et spécialiste de l'art rupestre, arrive sur place dès le 21 septembre. Il est installé dans le coin pour fuir Paris, occupé par les nazis, et décide alors de consacrer tout son temps à Lascaux. Il prévient la communauté scientifique et fait aussitôt classer le site « monument historique ». Pendant des années, il étudiera les peintures de la grotte, ce qui fera de lui le spécialiste des grottes ornées. Lascaux restera, pour lui, le chef-d'œuvre de l'art préhistorique.

Les découvreurs de Lascaux font visiter la grotte à l'abbé Breuil.

Datation de Lascaux

En ce milieu de XXe siècle, on met au point la datation au carbone 14*, qui permet d'établir une chronologie* relative, c'est-à-dire de comparaison, pour l'ensemble de l'art pariétal. Lascaux est le premier gisement préhistorique à en bénéficier. Les peintures ne sont pas datées directement, mais sont d'abord associées aux objets retrouvés au pied des parois. Ceux-ci sont solutréens* (entre 22 000 et 17 000 ans) et surtout magdaléniens* (entre 17 000 et 11 000 ans). Si depuis 1902 on était d'accord pour imaginer que les grottes peintes puissent être l'œuvre d'hommes préhistoriques, en 1950 les chercheurs pensaient toutefois que les fresques avaient tout au plus quelques milliers d'années. La datation de Lascaux collait donc mal. Il allait encore falloir reculer l'ancienneté de l'art pariétal et, de ce fait, reculer tout autant l'idée d'hommes primitifs, barbares et inhumains, qui colle encore aujourd'hui à la peau de nos très lointains ancêtres. Les grottes ornées les plus célèbres de cette époque, dite magdalénienne, sont Rouffignac*, en Dordogne, le Roc-aux-Sorciers, dans la Vienne, Niaux*, dans les Pyrénées, et Altamira*, en Espagne. Mais si on a longtemps associé Lascaux à cette période, il faut avouer qu'elle partage beaucoup de caractères avec des grottes datées du Solutréen, donc plus anciennes encore, comme celle du Roc-de-Sers, en Charente…

La reconnaissance de l'art préhistorique

Depuis 1901, l'art pariétal, ou l'art des parois, est reconnu par le monde savant comme étant l'œuvre d'hommes préhistoriques. Jusqu'à cette date, les fresques semblaient incompatibles avec les connaissances que l'on avait des hommes dits primitifs. Mais les découvertes se multipliant, le style bien particulier des peintures et les thèmes qu'elles abordaient, réussirent à convaincre les plus sceptiques.

Un réalisme maîtrisé

À Lascaux, les peintures et les gravures se comptent par milliers et sont impressionnantes de réalisme. La mise en scène des figures y est particulièrement réussie. Les hommes du Paléolithique* ont profité des irrégularités naturelles de la grotte, c'est-à-dire des creux et des reliefs, pour composer leurs panneaux. Cela donne un jeu de lumière et une impression de mouvement extraordinaire. Les aurochs ou taureaux de la Rotonde mesurent parfois jusqu'à 5 mètres de long. Dans une des cavités, les chevaux et les vaches sont figurés tellement en hauteur que, pour les dessiner, les artistes ont forcément fabriqué… des échafaudages. Des trous dans la paroi à 2 mètres de haut semblent confirmer cette hypothèse. Enfin, comme dans toutes les grottes ornées, le sujet est animal, mais contrairement à ce que l'on pourrait penser, il ne s'agit pas d'animaux chassés pour être mangés. Devenue, depuis, le cœur de l'activité touristique de cette région de France, la grotte est pourtant fermée au public dès 1963. Les visiteurs en mal d'images préhistoriques peuvent toutefois en visiter une reconstitution construite en 1985, non loin de là. Malgré les merveilleuses découvertes de nouvelles grottes ces dernières années, Lascaux ne perd pas son statut de chapelle Sixtine de la Préhistoire.

Cosquer

Une grotte peinte, sous la mer

Nous sommes le 9 juillet 1991, lorsqu'une main en négatif, peinte au pochoir, vient d'apparaître dans le halo de lumière produit par la torche du plongeur Henri Cosquer. Il ne le sait pas encore, mais cette main aux doigts écartés a 27 000 ans. Il pense d'abord à des plongeurs qui auraient tagué leurs signatures sur la paroi. En réalité, il est le premier homme depuis des millénaires à pénétrer dans cette caverne immergée aux deux tiers, près du cap Morgiou, entre Cassis et Marseille*. Henri Cosquer s'est enfoncé dans un boyau de 150 mètres qui remonte dans la falaise et débouche ensuite dans une grande salle hors de l'eau. Oubliée de tous, c'est la seule voie d'accès menant à cette poche à l'intérieur de la roche. Sur le mur, le pouce et l'index sont entiers mais les autres doigts sont comme coupés ; peut-être gelés ou juste repliés. Est-ce un signe de reconnaissance ? un signe pour les chasseurs ? Difficile à dire. Quoi qu'il en soit, Henri Cosquer ne réalise pas encore où il se trouve ; sans doute le pressent-il. Il ne reviendra sur les lieux que quelques jours plus tard.

Main au pochoir retrouvée sur une paroi de la grotte.

Des pingouins sur la Côte d'Azur

À son retour, il découvre une quarantaine de mains ainsi qu'une centaine de gravures et de peintures figurant des bisons, des cerfs, des bouquetins, une tête de félin et une trentaine de chevaux. Plus loin, et c'est là le plus extraordinaire, il observe des peintures d'animaux marins très surprenants pour une grotte préhistorique de la Côte d'Azur : des phoques et des pingouins ! Il vient alors de découvrir une magnifique grotte ornée, uniquement accessible par une voie sous-marine. À quelques kilomètres de Marseille, dans une Provence qu'on pensait connaître dans ses moindres recoins, l'aventure semble donc encore possible !

C'est la première fois que l'on découvre des pingouins dessinés dans une grotte de cette période.

Une grotte peinte au pic de la dernière glaciation

Les peintures sont attribuées au Gravettien* pour les mains et les tracés digitaux (entre 28000 et 22000), typiques de cette période, et au Solutréen pour la plupart des animaux (entre 22000 et 17000). Les principales grottes datant de l'époque gravettienne sont Gargas*, dans les Pyrénées, Pech-Merle*, dans le Lot, et Arcy-sur-Cure*, en Bourgogne. Celles de l'époque solutréenne sont majoritairement situées sur des terres au climat globalement plus doux : Roc de Sers en Charente, Laugerie-Haute ou le Fourneau du Diable, en Dordogne, Cueva de Ambrosio, en Espagne… Nous sommes alors au pic de la dernière glaciation. À cette époque, les hommes de Cosquer rentraient dans la grotte sans être gênés par la mer. Ils vivaient sur une plaine herbeuse plantée de bouleaux et peuplée de bouquetins, de chamois, de chevreuils, de cerfs et d'ours des cavernes. Il y avait bien la mer à quelques kilomètres de là, qui leur fournissait son lot de nourriture, mais son niveau était plus bas qu'aujourd'hui. L'eau de la planète était alors stockée par les grands glaciers qui couvraient une surface beaucoup plus grande sur la terre. Le nord de l'Europe ainsi que les Alpes étaient, par exemple, sous les glaces… Quelques milliers d'années plus tard, la planète se réchauffant, la fonte des glaces fit remonter le niveau des eaux. Finalement, la mer a protégé la grotte en condamnant ses accès, ce qui a permis une conservation exemplaire des peintures. Conservation exemplaire, oui, mais seulement de la partie supérieure de la grotte. En effet, il est plus que probable que les peintures et les gravures se poursuivaient aussi dans le bas de la grotte, qui est aujourd'hui immergé. Bien entendu, si le climat continue à se réchauffer, on peut imaginer que, dans 10 000 ans, la poche hors d'eau que constitue Cosquer sera engloutie sous la Méditerranée.

Périodes glaciaire et interglaciaire

L'ère quaternaire est divisée en deux périodes : l'Holocène, ou période interglaciaire, dans laquelle nous sommes actuellement ; le Pleistocène, ou période glaciaire, qui débute il y a 2,4 millions d'années et se termine il y a 11 000 ans.*

Des animaux chassés

Les peintures de Cosquer sont, certes, plus anciennes que celles de Lascaux, mais si les mises en scène y sont moins spectaculaires, les peintures en elles-mêmes sont tout autant remarquables. L'art gravettien est caractérisé, entre autres, par les « Vénus », petites statuettes d'ivoire figurant le plus souvent des femmes aux formes excessivement féminines, comme les seins lourds, le ventre très rond. Caractères que l'on attribue à la fécondité. Le foyer originel de ces figurines est l'Europe centrale, mais on les retrouve des Landes à la Sibérie. Contrairement au Magdalénien, les bêtes représentées à cette époque sont surtout des animaux chassés : chevaux, bisons, cerfs et autres bouquetins.

La Vénus de Willendorf est une statuette en calcaire conservée au musée d'histoire naturelle de Vienne en Autriche.

Chauvet

Un monde oublié des vivants

Le 18 décembre 1994, trois spéléologues* décident de retourner inspecter le réseau souterrain du cirque d'Estre, en Ardèche, qu'ils ont, disent-ils, négligé. Le fait que ce côté du vallon soit orienté au sud, donc ensoleillé en ce matin d'hiver, facilite leur recherche. Une fois parvenus au pied de la falaise, ils remarquent très vite une petite cavité donnant sur un vestibule en pente, au bout duquel, à travers un éboulis, passe un courant d'air. L'excitation les prend, elle ne les lâchera plus : pour des spéléologues, quoi de plus excitant, en effet, que de trouver un nouveau point de contact avec le monde d'en dessous ? Ils décident d'enlever les cailloux qui obstruent visiblement l'entrée d'un trou et constatent l'existence d'un puits naturel. Avec leurs cordes, ils descendent doucement et sont émerveillés. Tout est éclatant, éblouissant, les galeries sont vastes et belles. À leurs pieds des crânes et des dents d'ours, sur les murs des traits à l'ocre rouge. Ils continuent leur prospection* pendant plusieurs heures. Les peintures, chaque fois plus fortes et plus violentes les unes que les autres, parsèment les salles et les galeries. Un monde vivant, oublié du commun des mortels, les attendait là depuis des millénaires. Un peu comme sur la scène d'un crime dont il ne faudrait pas effacer les indices, ils font attention de ne pas s'approcher trop près des peintures et des gravures, car le sol est meuble et pourrait contenir de précieuses informations. Mais le temps passe, et ils commencent à manquer de lumière. Ils doivent regagner la sortie. Après quelques heures passées dehors, ils retournent dans la grotte, sans parvenir à s'habituer à l'émotion ressentie devant ces peintures.

Une grotte ignorée depuis 30 000 ans

Les peintures noires réalisées au charbon de bois sont datables par la méthode du carbone 14 ; elles ont 31 000 ans. C'est donc aujourd'hui la plus ancienne grotte ornée du monde. Quelle première ! Son état de préservation est, en outre, exceptionnel. Tout est en place, comme si les occupants avaient quitté les lieux quelques heures auparavant : des restes de feux, des traces de pas, de griffes, des ossements d'animaux et principalement d'ours... Une coupe naturelle de 5 mètres de haut montre toute la stratigraphie ; c'est-à-dire tout le remplissage de la grotte avec les différentes phases d'occupation ou d'abandon figées à l'intérieur. Les hommes vivant en général sur les mêmes endroits, les sols sont remaniés, modifiés, érodés. Là, après les visites des peintres de Chauvet il y a plus de 30 000 ans, rien ni personne n'est venu bouleverser les couches* de sols accumulés. Tout est intact comme dans un livre qui n'aurait jamais été ouvert et qui n'attendrait plus que quelqu'un vienne en raconter l'histoire.

Un art abouti

L'art de la grotte Chauvet nous apparaît exceptionnellement abouti pour plusieurs raisons : le choix des thèmes représentés, la variété des figures peintes et les procédés stylistiques utilisés.

Une grande variété de figures peintes

À Chauvet, on dénombre plus de quatre cents peintures et gravures. Quinze espèces différentes sont représentées : cheval, rhinocéros, lion, bison, ours, aurochs, hyène, panthère, bouquetin, cerf, hibou, des mains positives et négatives et des signes géométriques. La hyène, le hibou et la panthère y sont pour la première fois dessinés ; on ne les retrouvera nulle part ailleurs. Une telle variété de figures est donc extraordinaire.

Les artistes à l'œuvre

Des animaux dangereux

Plus encore que par leur variété, ces représentations sont exceptionnelles par le choix des thèmes. Ici, les animaux le plus souvent figurés ne sont pas des animaux chassés mais des animaux dangereux. On retrouve cette même caractéristique dans le sud de l'Allemagne, où plusieurs sites de la même époque ont fourni des statuettes en ivoire figurant des mammouths, des félins et même une tête de lion sur un corps d'homme. Les thèmes choisis par les artistes de la grotte Chauvet sont donc différents de ceux de Lascaux ou même de Cosquer. Ils affirment la maturité de l'art aurignacien.

L'estompe et la perspective, techniques maîtrisées

Par ailleurs, deux procédés stylistiques ont été employés avec brio. L'un est l'estompe : l'artiste a étalé la peinture avec la main ou avec un outil pour donner du relief aux animaux représentés. Il a joué avec la matière de ses pigments. Pour accentuer le relief, un savant raclage a permis de faire ressortir, à l'occasion, telle ou telle silhouette. L'autre procédé est la recherche de la perspective. En superposant en décalé les silhouettes d'animaux d'une même espèce, les Aurignaciens (entre 35000 et 28000) ont su créer un effet de troupeau et de mouvement… Du grand art !

Les Aurignaciens : les premiers *Sapiens* européens

La découverte de Chauvet remet en cause nos connaissances de l'art aurignacien. Jusque-là, on pensait qu'il se limitait à des statuettes ou à des gravures représentant des attributs sexuels, essentiellement féminins. On supposait alors qu'il s'agissait de l'œuvre de premiers artistes découvrant la métaphore, c'est-à-dire l'emploi de signes pour laisser leur message. Or, l'on sait maintenant qu'il est beaucoup plus riche que cela.

La maîtrise exceptionnelle de cet art soulève une question de première importance : au vu de ces peintures d'une rare puissance, comment considérer les Aurignaciens comme de jeunes premiers ? comment croire qu'ils peignent pour la première fois, avec une telle justesse, des émotions si fortes ? Mais si ce ne sont pas eux, qui peuvent être les précurseurs de cet art correspondant, à peu de chose près, à l'arrivée de l'homme moderne en Europe occidentale ? Nos Aurignaciens pratiquaient, en tout cas, un art trop élaboré pour en être les inventeurs. Est-il possible que l'homme de Neandertal lui ait enseigné ce savoir ? De nouvelles datations très anciennes (-42000 ans) faîtes dans une grotte espagnoles vont dans le sens de cette hypothèse. Elles restent toutefois à confirmer.

Rencontres entre Neandertal et *Sapiens*

Neandertal est le véritable Européen. Il s'est adapté seul sur ce continent glacé pendant des dizaines de milliers d'années, et ce jusqu'au début du Paléolithique supérieur, il y a 45 000 ans. À cette époque, Sapiens *arrive d'Afrique en passant par le Proche-Orient. Certains sites européens montrent alors qu'ils cohabitent. Mais, peu à peu, Neandertal s'éclipse. On ne le trouve plus qu'aux marges du continent. Puis il disparaît carrément de notre paysage. Pourquoi ? on imagine des raisons culturelles. Ils ont forcément dû communiquer d'une manière ou d'une autre. Au Proche-Orient, des chercheurs viennent de prouver qu'ils ont même copulé... L'énigme reste entière.*

Dans l'intimité des grottes

L'art préhistorique

La découverte de Lascaux a permis de montrer que les hommes préhistoriques étaient capables de maîtriser un art aussi abouti que l'art pariétal. Si cette idée était encore scientifiquement remise en cause au début du XXe siècle, Lascaux mit fin aux doutes persistants.

L'art des grottes ne progresse pas, il varie

La découverte de grottes ornées plus anciennes encore que Lascaux, bouleverse une deuxième idée toute faite, celle de penser l'art selon une progression linéaire. Ainsi, on avait tendance à croire que l'art le plus ancien était le plus primitif et que les techniques et représentations évoluaient et se perfectionnaient avec le temps. Or l'art de Chauvet et de Cosquer est tout aussi abouti que celui de Lascaux. La maîtrise remarquable de l'estompe et de la perspective dans la plus ancienne grotte connue en est le meilleur témoignage.

Un art coupé du réel, une singularité franco-espagnole

Caché et secret, l'art des cavernes n'a existé pratiquement qu'en Europe occidentale. La France et l'Espagne regroupent à elles seules 90 % des 280 sites pariétaux et cela ne représente que quelques milliers de peintures et gravures. Contrairement à l'art peint sur les parois rocheuses à l'extérieur des cavernes, que l'on retrouve partout dans le monde à des époques plus récentes, l'art des grottes est coupé du réel. Il est là où l'on ne peut pas vivre. Il occupe des sites difficilement accessibles et souvent éloignés des lieux d'habitation. Les hommes n'ont jamais vécu dans les grottes, parce qu'il y fait froid, humide et sombre. Pour se protéger, ils se sont plutôt installés à l'entrée des grottes, dans des abris-sous-roche ou en plein air.

Un art symbolique

En France et en Espagne, cet art des cavernes n'est pas narratif. Les fresques n'illustrent pas directement des scènes de la vie. Au contraire, en Namibie ou au Brésil, les sujets figurés sur les parois des abris-sous-roche sont plutôt des hommes que des animaux et ils sont mis en scène pour raconter des histoires ; histoires que l'on dessine encore parfois aujourd'hui sur les parois rocheuses, comme au Malawi. Mais l'art des grottes, lui, ignore le paysage et ces scènes de la vie. C'est un art exclusivement symbolique, c'est-à-dire qu'il représente des figures ou des sujets de façon abstraite.

Si l'on regarde les fresques des grottes dans leur ensemble, on se rend compte qu'elles ne sont pas du tout disposées au hasard : sur les panneaux centraux, plusieurs couples d'animaux comme le mammouth-auroch et le bison-cheval sont souvent représentés. Ils sont parfois associés à une troisième espèce telle que le cerf ou le bouquetin. À l'exception de la grotte Chauvet, les animaux les plus dangereux, comme les lions ou les ours, sont rejetés en périphérie. On y trouve aussi des associations fréquentes d'animaux mâles et femelles, sans doute pour exprimer l'idée de fécondité, qui semblait beaucoup préoccuper les hommes à cette époque. Mais si cette dernière explication peut paraître satisfaisante, elle n'est toutefois pas suffisante.

Pourquoi peindre dans les grottes ?

Pourquoi avoir choisi des sites si difficilement accessibles et pourquoi avoir peint des animaux qui, si les motivations évoluent au fil du temps et selon les régions, montrent toujours le même type de dessins ?

Première hypothèse : L'art pour l'art

La plus ancienne tentative d'explication remonte au XIXe siècle, au moment des premières découvertes de grottes ornées. C'est la théorie de l'art pour l'art, c'est-à-dire que les hommes auraient mis au point l'art pariétal simplement parce qu'ils avaient un besoin fondamental de création artistique. Parce que le beau serait nécessaire à l'Homme.
Cette interprétation paraît contestable, tant les artistes ont créé leurs œuvres dans des sites périlleux et éloignés, au fond des galeries souterraines où l'ours des cavernes régnait en maître.
De plus, des études ethnologiques vont très vite la remettre en question en montrant que les œuvres d'art des peuples primitifs actuels présentent des aspects magiques et religieux...

Deuxième hypothèse : Des pratiques liées à la chasse ?

Les animaux étant le sujet principal de ces fresques, les archéologues se mirent alors à interpréter l'art pariétal comme nécessaire aux pratiques magiques liées à la chasse. Mais, des trois grottes découvertes, seule celle de Cosquer révèle une majorité d'animaux destinés à être chassés. Cet argument est donc un peu court... Par ailleurs, il n'explique ni la présence de figures humaines, ni la rareté des rennes — gibier pourtant très abondant à ces époques —, ni, enfin, l'absence de scènes de chasse.

Troisième hypothèse : Des animaux totems ?

Plus tard, les chercheurs ont imaginé que les hommes préhistoriques pourraient avoir des systèmes de croyances comparables à ceux des peuples de Sibérie, des Bushmen d'Afrique du Sud ou des aborigènes d'Australie, qui vivent encore traditionnellement aujourd'hui. Chez ces populations, les clans choisissent pour ancêtre et protecteur un animal qui devient leur totem et qui fait ensuite l'objet de rituels et de tabous. On appelle cette pratique le totémisme. Mais aucune grotte ne montre un type d'animal unique et, hormis quelques exceptions comme le pingouin ou le hibou, ce sont globalement les mêmes animaux qui sont représentés sur les parois. Cette théorie n'explique pas non plus l'association très commune d'animaux, à l'image du mammouth-auroch et du bison-cheval.

Quatrième hypothèse : Des pratiques chamaniques ?

Il y a quelques années, les anthropologues ont tenté de ressusciter l'hypothèse des pratiques chamaniques. Ces rituels, liés aux conceptions du monde des sociétés traditionnelles, servent à communiquer avec les esprits de la nature. Le chamane, pour se rapprocher du maître des animaux et obtenir ainsi des faveurs pour son groupe, cherche à se transformer lui-même en animal. Il se couvre alors de peaux de bêtes. Les anthropologues ont donc supposé que les peintures d'êtres mi-hommes mi-animaux pouvaient représenter des chamans, à l'image du « sorcier » découvert dans la grotte des Trois Frères, en Ariège. Cette hypothèse enthousiasma beaucoup les chercheurs, mais si de tels rituels ont pu exister, ils étaient loin d'être universels. Autrement dit, rien ne permet d'affirmer que les hommes préhistoriques les ont réellement pratiqués.

L'art, reflet de l'esprit humain

Quoi qu'il en soit, l'art des grottes a certainement eu des motivations magiques ou religieuses. La présence des peintures et des gravures dans les profondeurs des grottes en fait des sanctuaires* qui ont pu être utilisés pour des cérémonies, des liturgies, des rites d'initiation ou pour être le théâtre de toutes sortes de pratiques d'envoûtement. Néanmoins, avec plusieurs millions d'images dites préhistoriques, réparties sur les parois d'abris et de grottes du monde entier, il serait très étonnant que toute cette créativité n'ait eu qu'un seul but.

Extérioriser ce qu'il ressent au fond de lui, communiquer avec l'autre et éclairer l'inconnu, tel semble être le propre de l'Homme. Admettons donc simplement que l'art des cavernes reflète peut-être l'esprit des premiers hommes et leurs principales préoccupations. Il nous arrive parfois d'en saisir le sens, mais à force de trop vouloir l'expliquer, on finit par ne plus écouter les émotions qu'il fait résonner en nous.

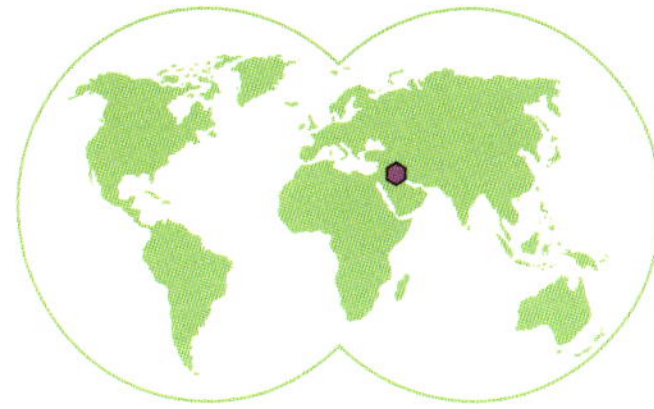

IIIe millénaire avant notre ère

Ur, en Mésopotamie

UR* EST UNE CITÉ BIBLIQUE, construite tout au plus vingt-trois siècles avant notre ère. On avait totalement perdu sa trace depuis des millénaires. Seule la Bible en avait conservé la mémoire, en particulier dans le livre de la Genèse*. C'est de cette antique cité, dit-on, qu'Abraham partit vers le pays de Canaan (Israël, Palestine et une partie de la Syrie actuels) pour le peupler de sa descendance. La légende la situait à quelques kilomètres de l'Euphrate*, dans le sud de la Mésopotamie* et de l'Irak actuel. De la ville d'Ur, on ne savait rien d'autre. C'était déjà beaucoup pour faire naître les fantasmes des archéologues. Mais ce qu'ils allaient découvrir dépasse de loin l'imagination.

La découverte du site d'Ur

Une colline artificielle

Le site d'Ur est enfin retrouvé en 1854, en pleine période romantique. À cette époque, on se passionne pour les ruines des civilisations disparues,

surtout en France, en Angleterre et en Allemagne, où l'intérêt pour les antiquités est particulièrement fort. La découverte du site d'Ur revient à J. E. Taylor, vice-consul en place dans la région et passionné d'archéologie*. À en croire les spécialistes, la région aurait été, il y a longtemps, florissante et très peuplée. Pourtant, lorsque le British Museum l'envoie explorer la colline de Mugayar, il ne semble pas très motivé. En effet, à première vue, la colline artificielle n'est faite que de sable et d'une accumulation de morceaux d'argile en tout genre, érodés par le vent. C'est pourtant de là, au beau milieu d'un désert, que proviendrait une brique* retrouvée deux siècles plus tôt et gravée d'inscriptions dans une langue inconnue.

La tour de la Lune

Très vite, la chance sourit au vice-consul britannique. De ce désert chaotique, un monticule plus haut que les autres attire son attention. Après quelques semaines de fouilles, un édifice sort de terre. Taylor est convaincu qu'il s'agit d'une ziggurat, une de ces fameuses tours à plusieurs étages, typiques de la région, qui formaient autrefois le centre des villes principales. Son intuition se révèle juste. Mais contrairement aux ziggurats rondes qu'on pouvait voir peintes sur les tableaux au XIXe siècle, celle-ci était carrée. Ces tours, qui se dressaient vers le ciel, étaient dédiées à un dieu qui protégeait la cité. Elles lui servaient alors de lieux de séjour sur terre. Très vite, une dédicace apprend à Taylor que la ziggurat qu'il a sous les yeux était dédiée à **Nanna**, dieu de la Lune et protecteur... d'Ur. Il exulte : il vient de découvrir la célèbre cité biblique, à quelques kilomètres de l'Euphrate, qui baignait ses murailles dans l'Antiquité*.

Nanna (ou Sîn), le dieu-lune. Tout le calendrier mésopotamien était rythmé par le cycle lunaire, d'où l'importance de ce dieu.

Une ziggurat restaurée il y a 2 500 ans

Quatre inscriptions apparaissent chacune à un angle de la ziggurat d'Ur. Elles portent toutes le nom de Nabonide, le dernier roi de Babylone*, qui régna de 555 à 538 avant notre ère. Grâce à elles, on apprend qu'il a fait restaurer ce monument, construit bien des siècles avant lui. Déjà à cette époque, les hommes éprouvaient le besoin de conserver et même de restaurer les vestiges* du passé. Mais, plus encore, elles nous apprennent que l'histoire est depuis toujours un objet de propagande politique. Si Nabonide a bien restauré ce monument ancien, il y a également accolé son nom. Il s'associe ainsi à une histoire très ancienne, qui légitime sa lignée et son pouvoir royal.

Le Déluge, de la Mésopotamie à la Bible

Une tablette d'argile nous raconte le mythe du Déluge

Les fouilles se poursuivent et des tablettes* d'argile gravées sortent par centaines. La plupart ne sont que de petits fragments érodés sur lesquels on ne lit plus rien, mais d'autres sont encore lisibles. Et... surprise ! sur l'une d'elles, un texte incomplet, écrit en akkadien — une langue sémitique, comme l'arabe ou l'hébreu —, raconte une grande inondation. Voici le texte, tel qu'il se révéla après la traduction :

« Un certain temps après que les hommes, les plantes et les animaux eurent été créés, alors que la royauté existait déjà dans cinq cités, les dieux décidèrent de provoquer une grande inondation pour détruire*

> *l'humanité. Enki, dieu sage et compatissant "Seigneur des profondeurs de l'eau", qui régnait à Éridu, avertit un roi obéissant et respectueux des dieux et lui conseilla de construire un bateau et d'y abriter sa famille, son bétail et ses animaux des champs [...]. Après que l'inondation eut balayé les terres pendant 7 jours et 7 nuits, que le bateau géant eut été secoué par les tornades et les grands flots, Outou* (dieu du Soleil), *qui répand la lumière dans le ciel et sur la terre, apparut.* »

Ce texte, gravé sur une tablette de terre, est bouleversant. En effet, plus de 1000 ans avant que la Bible ne soit écrite, il raconte déjà le mythe du Déluge et de l'arche de Noé. Comment est-ce possible ? Ce qui frappe les mentalités au moment de la découverte de ces tablettes et de plusieurs autres, comme dans la bibliothèque d'Assurbanipal* à Ninive* — un site plus au nord —, c'est que la Bible reprendrait des récits plus anciens. Elle ne serait donc pas, comme on l'a toujours cru, le premier texte de l'humanité dicté par Dieu, mais s'inspirerait d'une vieille légende mésopotamienne consignée dans la célèbre épopée de Gilgamesh*. Autrement dit, il allait peut-être falloir relire le récit de la Genèse sous un angle différent.

L'épopée de Gilgamesh

L'épopée de Gilgamesh raconte les aventures d'un roi sumérien d'Uruk*, à la fois historique et légendaire, qui voit mourir son double et décide de devenir immortel. Il se veut, ainsi, l'égal des dieux. Ce récit montre à quel point cette quête d'immortalité est vaine et dérisoire. Il est le plus ancien texte littéraire retrouvé à ce jour, dont l'influence se retrouve dans la Bible et indirectement dans toute la culture judéo-chrétienne.

Dans le sol…

La terre n'a pas fini de se livrer. Les fouilles continuent jusqu'au siècle suivant. En 1922, sous l'épaisse couche* de terre entamée par Taylor, Leonard Woolley*, également agent britannique au service de Sa Majesté, creuse jusqu'à ce qu'il croit être un sol vierge de tout vestige humain. Pourtant, la couche d'argile est trop haute par rapport au niveau du fleuve. Il ne peut s'agir d'**alluvions**. Mais alors, de quoi s'agit-il ?

Les **alluvions** sont une sorte d'argile laissée par les fleuves quand ils sont en crue.

… les traces archéologiques du Déluge

Poursuivant ses fouilles, Leonard Woolley creuse encore 3 mètres sous terre et s'interrompt soudain : de nouvelles traces d'occupation humaine apparaissent. Il découvre des silex* taillés ainsi qu'une céramique* montée simplement à la main et non à l'aide d'un **tour** ; sûrement les vestiges d'un peuple plus ancien et plus archaïque. Ils sont tous recouverts d'une épaisse couche d'argile qui pouvait bien être l'empreinte laissée dans la terre par le Déluge, ou plutôt par un raz de marée qui était survenu des centaines d'années avant que la Bible n'en parle. Celui-ci avait, certes, recouvert une partie de la terre, mais il ne s'agissait que de la Mésopotamie. Ailleurs, la vie avait suivi son cours normal. Consigné dans les premiers textes mésopotamiens, le fameux Déluge raconté dans la Genèse avait donc un fondement historique. Comme toujours, on s'aperçoit que les mythes et les légendes s'inspirent souvent de faits réels…

Un **tour** est un mécanisme permettant de façonner un objet en le faisant tourner sur un plateau horizontal.

Sous le Déluge, l'humanité

Grâce aux fouilles successives, on venait ainsi de découvrir que l'homme et la civilisation existaient bien avant le Déluge. En effet, le site d'Ur permit de montrer dans son ensemble que la civilisation mésopotamienne prenait ses racines dans des temps très reculés et avait continué d'exister même après le « déluge » biblique. Selon les Mésopotamiens, il fut une erreur des dieux dont les effets purent être limités grâce à l'astuce du dieu Enki et de quelques sages. Quoi qu'il en soit, il n'était donc pas l'événement fondateur de l'humanité, comme on le croyait encore au début du XXe siècle, mais une simple catastrophe naturelle telle que l'histoire en a connu tant d'autres. On voit ici l'usage différencié que les textes fondateurs ont fait des événements historiques pour raconter, chacun à leur manière, l'origine de la civilisation.

Le Déluge, la Bible et les fouilles archéologiques

Le déluge est un phénomène de pluies et d'inondations catastrophiques. Il y en avait eu un, il y a 4000 ans, dans le sud de la Mésopotamie. La Bible, par l'intermédiaire des légendes mésopotamiennes, s'en était manifestement inspirée pour en faire l'événement fondateur de notre humanité: les «premiers hommes» auraient été détruits par le Déluge et seuls avaient survécu Noé et ses fils. Ils auraient ensuite formé les diverses nations du monde. Par la volonté de Dieu, Noé était notre père à tous. Or, les fouilles prouvèrent qu'il y avait bel et bien eu des hommes, comme nous, avant le Déluge. Nous n'étions donc pas sortis de rien, ni juste descendus du bateau. L'humanité était logiquement beaucoup plus ancienne. Mais les mythes ont la dent dure et si l'on considère que le Déluge n'a été qu'un simple incident local, certains écriront, pourtant, que «la Bible avait dit vrai».

Les Sumériens, un peuple inconnu

Sur les tablettes gravées qui continuaient à sortir du sable, il y avait non pas une, mais deux langues écrites: l'akkadien et le sumérien. Si la première était déjà connue, en revanche on ne savait absolument rien du sumérien. Ni sémitique ni indo-européenne, cette langue était différente de toutes les autres. D'où provenait-elle? Quel pouvait être le peuple qui l'avait parlée, puis gravée sur ces tablettes très anciennes? Plus les recherches avançaient, plus le nombre de questions augmentait. Finalement, on comprit qu'il avait existé un peuple dans le sud de la Mésopotamie, les Sumériens*, qui avait inventé l'écriture* et connu une unité culturelle telle qu'on put parler, pour la première fois, d'une véritable civilisation. Mis à part ça, on ne sait toujours pas à quand remontent les origines de ce peuple, ni même pourquoi il se laissa absorber par l'empire d'Akkad*, son voisin du nord. Cela reste une des grandes énigmes de l'archéologie.

Un cimetière spectaculaire

Enfin dégagée, la ziggurat d'Ur apparaît dans son entier avec ses trois étages. Elle est haute de 18 mètres et couverte par plusieurs volées d'escaliers : d'immenses marches pour que les dieux atteignent le ciel. Sur son sommet se trouvent les vestiges d'une pièce que l'on disait dédiée à leurs ébats. Hormis cela, il n'y a rien d'autre, pas même une toute petite cachette. La ziggurat n'est qu'un socle, mais elle est une nouvelle preuve de la capacité des anciens à réaliser des travaux « pharaoniques* » pour satisfaire les dieux.
Leonard Woolley continue les fouilles au sud-ouest de la ville. Il découvre plus de 1 800 tombes dont 16 qui sont recouvertes d'édifices en pierre ou en brique. Il les dégage aussitôt. Au milieu des tombes certes exceptionnelles mais pillées pour la plupart, il se rend compte que l'une d'entre elles demeure intacte. Pénétrant à l'intérieur, une rampe d'accès le mène ensuite dans une salle remplie de mobilier luxueux. Il s'agit de toute une cour qui gît là, pétrifiée, autour d'un roi et d'une reine : des dizaines de guerriers en armes, des musiciennes couvertes de bijoux et tenant encore leurs harpes incrustées de pierres précieuses, des hommes tombés à terre aux côtés de leurs chars tirés par des animaux. Partout au sol, il y a de la vaisselle et des objets enchevêtrés. Pourtant, aucune trace de violence n'est visible. Mais des coupes de poison semblent encore rouler aux pieds des personnages et suggèrent une mort, si ce n'est choisie, du moins acceptée afin de rester éternellement auprès de leurs maîtres. C'est un sacrifice rituel qui est unique en son genre en Mésopotamie. Sa découverte a inspiré beaucoup d'auteurs dont le plus connu est **Agatha Christie**.
Au-delà des matériaux et des objets, ce cimetière constitué de tombes riches et pauvres montre que la société sumérienne était sans doute hiérarchisée. Certaines tombes étaient même si riches que des vies humaines servaient à les « décorer ». Ensuite, si cette société était hiérarchisée, elle devait aussi être diversifiée, c'est-à-dire suffisamment organisée pour qu'il puisse y avoir des spécialistes comme des gens d'armes, des musiciens... Enfin, si elle avait développé des rites aussi complexes que le sacrifice, cela signifie qu'elle devait, elle aussi, être complexe à sa manière.

Agatha Christie, dont le célèbre roman *Meurtre en Mésopotamie* s'inspire de cette découverte, épousera par la suite le jeune assistant de Woolley, Max Mallowan, qu'elle suivra sur ses fouilles au Proche-Orient.

Un cimetière spectaculaire

Un carrefour florissant

La naissance des villes

La ziggurat et le cimetière sont impressionnants, mais la découverte de la ville d'Ur a été encore plus riche d'enseignements. Si les musées sont remplis de trésors*, les villes, les poubelles et les tombes du commun des mortels sont des trouvailles encore plus spectaculaires. En effet, la naissance des villes est l'une des grandes étapes de l'histoire de l'humanité. Pour qu'un village devienne une ville, cela implique avant tout que les ressources alimentaires de la région soient suffisantes et qu'il y ait un groupe ou une administration capable de gérer les stocks de nourriture, de façon qu'il y en ait pour tout le monde et toute l'année. En outre, alors que certains s'occupent de fournir aux autres de quoi manger, il faut aussi que les hommes aient un intérêt commun d'ordre économique, militaire ou religieux à vivre à proximité les uns des autres. L'apparition des villes dénote donc un changement dans les modes de vie ainsi qu'une nouvelle manière de voir le paysage et de l'aménager. Ce que nous enseigne la ville d'Ur est d'autant plus important qu'elle constitue la plus ancienne ville fouillée dans son ensemble.

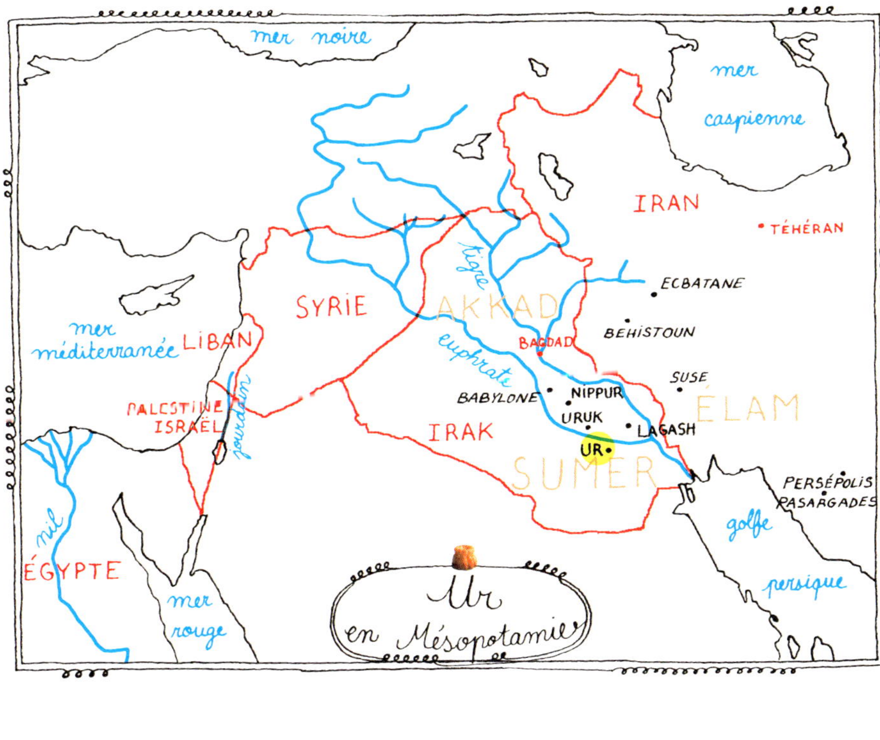

Canaux d'irrigation à la sortie des villes sumériennes, permettant l'agriculture en ces terres désertiques.

Le choix du site

Pourquoi les Sumériens ont-ils choisi cet emplacement pour fonder Ur, l'une des plus anciennes villes mésopotamiennes ?

• Ur se trouve sur les bords de l'Euphrate. À l'époque, il n'y a pas de route en dur ; la voie de circulation privilégiée pour les marchandises est l'eau. De plus, elle se situe au cœur du pays de Sumer, un carrefour géographique entre l'Indus* et la Méditerranée, les plateaux iraniens et la vallée du Nil, qui deviendront respectivement la Turquie et le golfe Persique.

• Ur se trouve sur une terre particulièrement fertile, une terre bénie des dieux et arrosée par le Tigre* et l'Euphrate. Le delta que forment les deux fleuves offre une grande variété de poissons, d'oiseaux aquatiques et permet une agriculture abondante. Les céréales qui y poussent, comme le blé, l'orge ou le seigle, ne nécessitent pas une grande transformation pour être consommées ou améliorées en vue d'une plus grande rentabilité.

L'agriculture génétiquement modifiée

Les premières greffes viennent, en effet, de Mésopotamie. On ne parlait pas encore à l'époque d'organisme génétiquement modifié (OGM). Il n'y avait pas de laboratoire, mais c'est bel et bien là que l'homme commence à intervenir sur l'évolution des plantes.

Naissance de l'écriture

Pour preuve de cette circulation des produits, on retrouve, dès les couches les plus anciennes d'Ur, de petites boulettes d'argile que l'on appelle des « calculi » et qui servaient à enregistrer les livraisons et les échanges. Elles étaient mises dans des sachets d'argile fermés puis authentifiés. Le produit comptabilisé était dessiné dessus. Très vite apparaissent d'autres tablettes, sur lesquelles figurent des rapports comptables et des biens. Elles révèlent un important réseau d'échanges dont Ur était manifestement le carrefour. Consigner ces échanges devint rapidement une nécessité, et c'est ainsi que l'écriture se développa.

Évolution du signe de l'âne dans l'écriture cunéiforme.

Administration centrale

Au début du IIIe millénaire, la région commence à s'assécher pour devenir finalement le désert que nous connaissons aujourd'hui. La mise en place d'une agriculture irriguée s'impose. Or, celle-ci implique une coordination des populations et nécessite ce que l'on appelle communément une administration centralisée. C'est sans doute la raison pour laquelle Ur, qui devient le cœur de ce pouvoir central, a connu un tel développement dont témoigne l'existence de bâtiments publics.

Architecture hiérarchisée : Quartiers spécialisés et bâtiments publics

Mais ce qui fait une ville, ce n'est ni le nombre de ses habitants ni l'étendue de ses constructions (plus de 200 hectares à Uruk, une autre ville sumérienne), ni même l'existence d'un réseau d'échanges, si complexe soit-il. C'est plutôt l'existence d'une architecture hiérarchisée, avec des quartiers qui montrent que la société s'est différenciée. Dans la ville d'Ur, comme dans celle d'**Uruk** ou de **Lagash***, on retrouve de grands bâtiments auxquels on attribue un caractère public. Dotés de lieux de réception, ils sont considérés comme des « quartiers officiels ». Ce qui permet aux archéologues de valider cette hypothèse, c'est que les tablettes retrouvées dans ces quartiers sont d'ordre administratif ou comptable. En plus, elles sont presque toutes retrouvées uniquement dans cette partie de l'agglomération. L'écriture semble alors réservée à une certaine classe de la population, celle qui s'occupe de politique ou de religion. En périphérie de la ville, où presque aucune tablette n'est découverte, des rues étroites et un bâti serré laissent supposer la présence de quartiers d'habitation. Par ailleurs, des écarts de qualité dans la fabrication ou sur les décors de la vaisselle retrouvée sur place révèle l'existence de différentes classes sociales au sein des cités sumériennes.

Uruk et **Lagash** étaient, avec Ur, les plus importantes cités-États sumériennes.

Au cœur d'un système de cités-États

Chaque ville sumérienne constitue un micro-État et a sous sa coupe un certain nombre de bourgs. Dans les fouilles, de nombreux **sceaux***, sur lesquels sont gravés les symboles des principales cités-États, montrent qu'elles sont liées entre elles et forment une ligue qui contrôle la circulation des produits. Les plus beaux produits des contrées lointaines sont manifestement captés

Un **sceau** est un tampon en relief laissant une empreinte dans une matière molle : cire, argile…

Empreinte de sceau-cylindre représentant à gauche le dieu Sîn d'Ur sur un croissant de lune, au centre deux prêtres, à droite le dieu Marduk de Babylone sur son dragon.

par les élites sumériennes. Celles-ci fondent ainsi une partie de leur pouvoir sur la détention de ces biens coûteux, comme ceux retrouvés dans les tombes royales du cimetière d'Ur.

Ur tombe dans l'oubli

Si un delta peut être une source de richesses, sa surexploitation peut aussi devenir dangereuse. Vers la fin du IIIe millénaire, mêlée à l'avancée inexorable du delta et à d'autres facteurs d'ordre démographique, cette surexploitation finit par ruiner Ur et les villes du Sud. Les centres plus protégés et plus peuplés du Nord, comme Babylone ou Assur en territoire akkadien, prennent la relève. Ur tombe dans l'oubli. Seuls quelques textes, dont la Bible, allaient conserver sa mémoire.
L'identification d'Ur est considérée comme l'une des plus grandes découvertes archéologiques. Elle a permis, entre autres, de visiter l'une des plus anciennes villes du monde, de mieux connaître les Sumériens et de pouvoir dater l'apparition de l'écriture.

Fouille d'Ur, 1930.

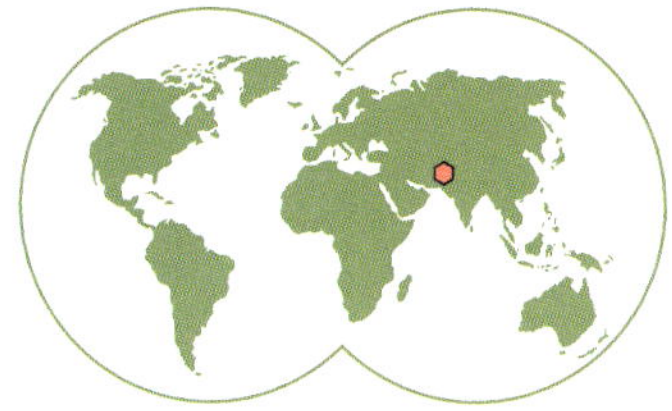

IIIe et IIe millénaire avant notre ère

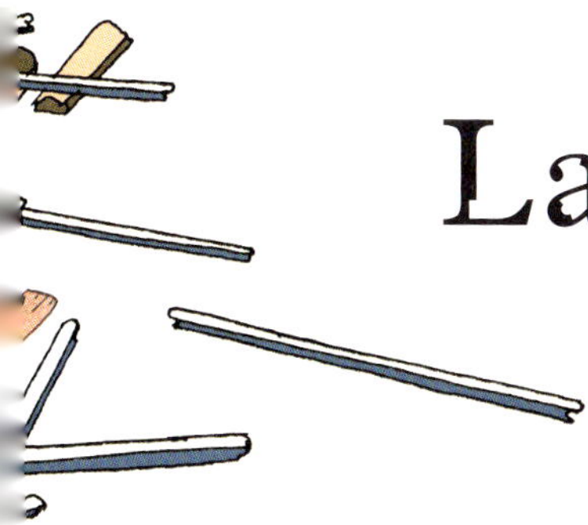

La civilisation de l'Indus

LA CIVILISATION DE L'INDUS*, appelée ainsi parce qu'elle s'est développée autour de ce grand fleuve qu'est l'Indus, est l'une des premières civilisations définies par l'apparition des villes, la gestion de l'agriculture et l'invention de l'écriture*. C'est une civilisation aussi importante que celle du Nil ou de la Mésopotamie*, mais oubliée par l'histoire. Ses origines, son écriture et sa langue restent, encore aujourd'hui, une énigme à résoudre.

De très anciennes villes sur l'Indus

Harappa

On est au milieu du XIXe siècle, la région appartient à l'empire colonial britannique des Indes qui décide de construire une ligne de chemin de fer pour joindre deux grandes villes, aujourd'hui au Pakistan : Karachi et Lahore. Mais, très rapidement, un problème difficile allait se poser aux constructeurs. Le tracé des voies ferrées passait par une immense plaine

marécageuse résultant de siècles d'inondation de l'Indus. Il fallait absolument stabiliser cette zone si l'on voulait espérer y faire circuler un train. Des villages abandonnés servirent alors de carrière pour les matériaux de construction. Tout y passa jusqu'au jour où l'on se rendit compte qu'au milieu des briques* que l'on ramassait sans scrupule, il y avait des morceaux de poteries décorées. En outre, un officier des Indes britanniques venait de trouver, entre les mains d'un ouvrier, un sceau gravé d'un animal fantastique et légendé par une écriture inconnue... Il supposa que l'on se trouvait sur le site d'une ville antique. Un monde inconnu aurait pu s'ouvrir là. Néanmoins, les intérêts économiques et stratégiques l'emportèrent et Harappa*, c'était le nom de la ville construite à cet emplacement il y a 4 500 ans, continua d'être démontée brique après brique. Plus de soixante ans passèrent sans qu'aucune recherche archéologique y soit lancée. Des fouilles commencèrent finalement en 1921.

Mohenjo-Daro et toute la vallée de l'Indus

Cette même année 1921, à 600 km de là, un archéologue pakistanais trouvait, sous les fondations du monument bouddhique qu'il était censé étudier, les ruines d'une ville ancienne. Très vite il s'aperçut qu'elle avait un jour été très étendue. Des murs surgissaient de toutes parts. Il ne s'en doutait pas encore mais il venait de retrouver l'autre grande ville de la civilisation de l'Indus, Mohenjo-Daro. Englouties dans la vase depuis trois mille cinq cents ans, les deux villes réapparaissaient ensemble à la surface de la terre. Les fouilles débutèrent au même moment. Rapidement, les archéologues prospectèrent toute la vallée de l'Indus. En moins de dix ans, ils répertorièrent, de part et d'autre du fleuve, plus d'une centaine de villages et de villes. Et chose plus significative encore, tous ces sites avaient vécu en contacts étroits. Ainsi fut mise au jour une civilisation très élaborée dont on savait bien peu de chose.

Distribution et évacuation de l'eau dans les villes de l'Indus.

Les énigmes à résoudre

Des villes sorties de rien

Ce qui interpella les chercheurs, c'est que nulle part n'apparaissaient les traces d'une évolution urbaine. Il n'y avait aucun vestige d'un éventuel stade primitif, comme si la ville était apparue subitement à son stade le plus évolué. À Mohenjo-Daro comme à Harappa, la ville donnait l'impression de s'être construite d'emblée selon un plan prédéfini. Les hommes semblaient avoir eu conscience de tout ce dont ils auraient besoin pour bien vivre ensemble. Rues, places, quartiers d'habitation et même évacuation des eaux usées... tout avait été prévu. On considère aujourd'hui que cette apparition a été le résultat d'un effort délibéré et planifié. Même si aucun bâtiment ne semble pouvoir faire office de palais ou de temple* — lieu collectif, s'il en est —, les archéologues pensent avoir identifié des greniers, ce qui implique l'existence d'un surplus agricole à gérer et donc d'une administration centralisée. Par ailleurs, les deux cités ont été construites exactement sur le même plan, avec une ville haute, sorte d'acropole* religieuse, et une ville basse réunissant les quartiers d'habitation. La citadelle* ressemble davantage à un bastion protégé des crues de l'Indus qu'à un château fort pour lutter contre d'éventuels envahisseurs. En effet, si l'Indus pourvoit aux besoins de ses populations riveraines en poisson et en limon fertile, il est aussi un fleuve impétueux et potentiellement destructeur. Ainsi, Harappa a sans doute fini par accueillir la population de Mohenjo-Daro, trop exposée aux inondations provoquées par l'Indus. On pense que les deux villes ont été fondées pendant le IIIe millénaire avant notre ère, puis abandonnées l'une après l'autre au milieu du IIe millénaire.

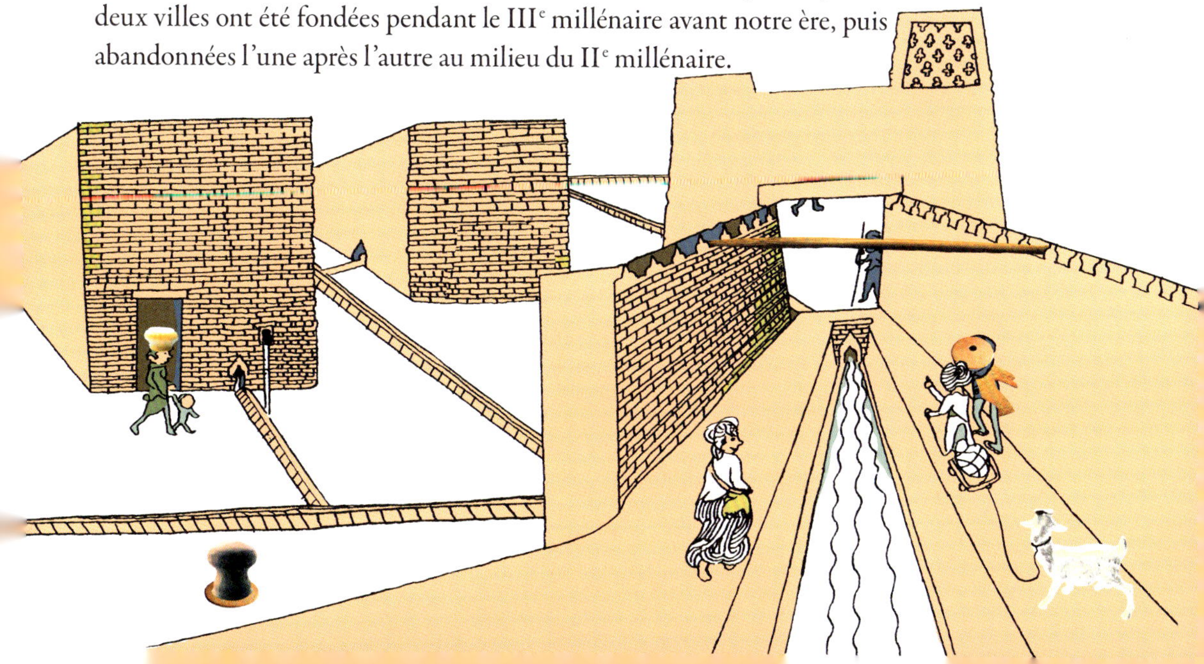

Une société peu inégalitaire ?

Trois arguments font supposer que la société indusienne était assez peu inégalitaire. Le premier réside dans le fait qu'aucun palais n'a été retrouvé dans les villes de l'Indus. Ensuite, la fouille des tombes n'a pas révélé une grande disparité de richesses, ce qui signifie soit qu'elles étaient bien réparties au sein de la société, soit que les individus ne ressentaient pas le besoin d'extraire du monde des vivants leurs objets précieux pour les enterrer avec eux. Enfin, le troisième argument est encore plus surprenant : des « **HLM** » constituaient la trame des villes basses ! Ces habitations standardisées étaient dessinées selon un plan en damier, aux rues droites et longées par un système d'égouts. Les rues ou avenues séparaient des blocs de constructions dans lesquels les modules d'habitation étaient identiques. Les « HLM » allaient du studio au cinq pièces avec salle de douche. Les plus spacieuses de ces habitations possédaient une cour intérieure. Elles étaient toutes complètement fermées sur l'extérieur et donnaient sur une ruelle, loin de l'agitation des avenues principales. Ces constructions étaient aussi toutes réalisées selon les mêmes techniques et avec les mêmes matériaux. Elles étaient fabriquées en bois durci et en briques séchées ou cuites. Similaires dans leurs proportions aux briques cuites actuelles, celles-ci étaient produites en série et avaient donc toutes la même taille. De plus, ces habitations s'inséraient dans des quartiers spécialisés révélés par la présence de fours de potiers, de cuves de teinturiers, d'ateliers de métallurgistes, de fabrication de perles ou de travail sur coquillages, de bistrots et de boutiques en tout genre. Ces trois arguments ne sont peut-être pas suffisants pour parler d'une société égalitaire, mais ils permettent de se questionner sur sa véritable structure.

Bien entendu, nous ne connaissons pas le marché de l'immobilier dans la civilisation de l'Indus, mais ces petites maisons toutes construites sur le même modèle font étonnamment penser aux **HLM** (habitations à loyer modéré) de nos villes.

Une société sans dieux ?

Aucun temple n'a été retrouvé dans les villes de l'Indus. Il est pourtant probable que le grand bassin retrouvé dans la citadelle n'ait pas eu qu'un usage de loisir. En effet, il est fort à parier que les bains avaient une valeur rituelle, comme c'est encore aujourd'hui le cas chez les populations hindoues. Par ailleurs, une statuette représentant un personnage barbu portant un bandeau sur le front et un châle sur les épaules a été nommé le « roi-prêtre » de Mohenjo-Daro. Mais rien ne permet d'attester qu'il s'agisse effectivement d'un personnage à caractère religieux. Un autre, coiffé de cornes et assis dans la position du yogi, évoque des traits que l'on

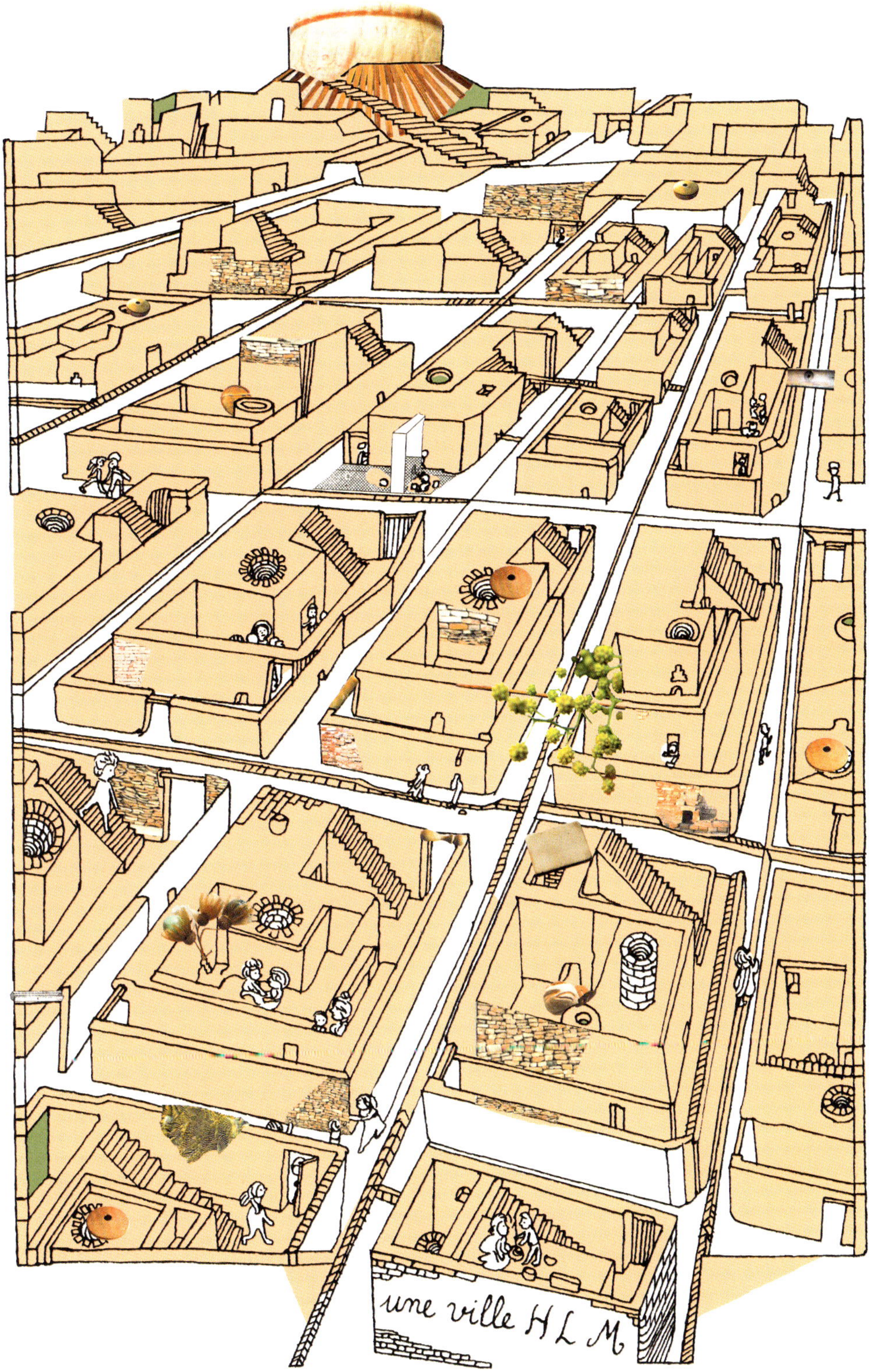
une ville HLM

retrouve chez Shiva, l'un des dieux de la triade hindoue. Mais si l'on évoque tour à tour des ressemblances avec le monde indien ou avec le Moyen-Orient, rien ne va dans le sens d'une religion ou d'un culte particulier. Quant aux tombes, elles ne sont pas chargées d'évocations rituelles. De là plusieurs hypothèses se présentent aux chercheurs :

- La civilisation de l'Indus était assez peu ritualisée.
- Elle l'était, mais sans lieu rituel particulier.
- Elle l'était, mais sans culte des images défini.

La triade hindoue

La mythologie hindoue se fonde sur une trinité: Brahma, responsable de la création, Vishnu, responsable du maintien, et Shiva, responsable de la destruction et du recommencement. Disons qu'avec ces trois dieux-là tout le monde s'y retrouvait à l'époque. Or, cette triade s'est petit à petit mise en place à partir de récits légendaires circulant entre ce qui est aujourd'hui l'Inde, l'Iran et le Pakistan. Il est donc évident qu'à des périodes anciennes les différentes populations vivant sur ces territoires aient eu des croyances communes.

Bain à usage collectif à Mohenjo-Daro.

Une écriture à déchiffrer

Les inscriptions dont on dispose sont en majorité fournies par les sceaux, retrouvés par milliers dans la région de l'Indus. Ils sont toujours gravés de signes, parfois eux-mêmes accompagnés d'un animal fabuleux ou réel. Au total, on dénombre ainsi plus de 400 signes, ce qui exclut a priori la possibilité d'une écriture alphabétique ou même syllabique. Malgré des tentatives répétées de déchiffrement, l'écriture de l'Indus demeure énigmatique et on ignore même à quelle langue la rattacher. Elle n'est donc pas une source d'informations potentielles, du moins pas dans l'état actuel de nos connaissances. Aujourd'hui, les recherches devraient se poursuivre, mais les conflits politiques et religieux de la zone empêchent la conduite de plus amples fouilles archéologiques.

Sceau-cylindre et
empreinte de l'Indus.

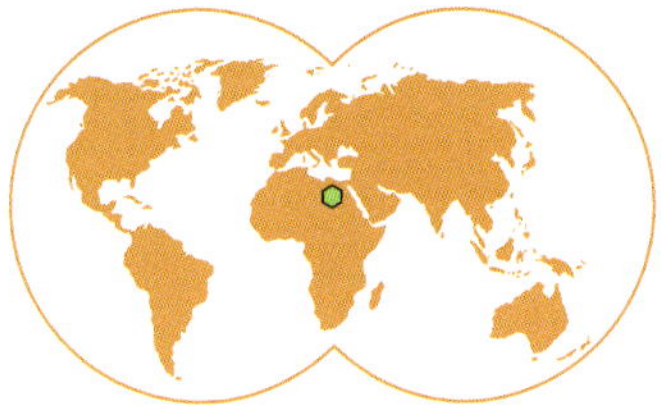

Au milieu du IIe millénaire avant notre ère

L'Égypte des archéologues

AU MILIEU DU XIXe SIÈCLE, avant l'arrivée des archéologues, une grande partie du patrimoine pharaonique* avait été pillé. Sans que l'on sache trop à quoi elles correspondaient, les ruines ensablées avaient suscité la convoitise de collectionneurs. Les premières fouilles véritables permettront de mettre un frein à ce pillage systématique, même s'il ne s'arrêtera jamais complètement. Elles seront en partie dues à Auguste Mariette*, un chercheur français qui, par sa sensibilité et son acharnement, réussira à transformer l'Égypte pharaonique en un terrain d'étude. Un autre archéologue, au parcours assez fascinant, est Howard Carter*. Il est anglais et découvrira après des années de fouilles infructueuses la tombe de Tout Ankh Amon*, la seule inviolée de la Vallée des Rois. Deux parcours jonchés de découvertes extraordinaires, fruits de leur persévérance et de leur travail, et surtout assez remarquables pour qu'on les choisisse ici comme porte d'entrée de la civilisation pharaonique.

Mariette et la découverte du Serapeum

Les **coptes** sont aujourd'hui les habitants chrétiens d'Égypte. Le copte, qui est leur langue liturgique, est issu de l'égyptien ancien. Ils se considèrent de fait comme les héritiers directs de cette civilisation ancestrale. Quand on parle de manuscrits coptes, on fait référence à des documents originaux qui remontent, pour les plus anciens, aux premiers temps de la chrétienté, à savoir les IIIe et IVe siècles de notre ère. L'église égyptienne est, en effet, une des plus anciennes du monde. Le christianisme s'y est développé dès le Ier siècle de notre ère et y a perduré.

Auguste Mariette, le père de l'égyptologie

Auguste Mariette, passionné d'archéologie*, s'était fait embaucher par le musée du Louvre pour aller étudier les manuscrits **coptes***. Ceux-ci étaient conservés dans de très anciens monastères aux abords de la mer Rouge, dans l'est de l'Égypte. C'est en attendant l'accord des moines pour se mettre en route qu'il découvre, le 27 octobre 1850, un site oublié qu'avait décrit un auteur antique. Dès lors, plus rien ne l'arrêtera. Il ne quittera plus le monde pharaonique, fondera le premier département des Antiquités égyptiennes et le musée de Boulaq, ancêtre de l'actuel musée du Caire. Grâce à son opiniâtreté, beaucoup d'objets échapperont au pillage systématique opéré par les Français, les Anglais et les Allemands en terre égyptienne. Avec lui, l'aventure archéologique a pu réellement commencer et l'étude de la civilisation pharaonique occuper le devant de la scène.

Le Serapeum ou le temple dédié à Apis

Nous sommes dans la région de Memphis*, qui fut la capitale des pharaons. En visitant la nécropole* de Saqqarah*, Auguste Mariette aperçoit un sphinx* à demi enterré. Il se souvient alors d'un texte de Strabon*, un géographe grec, qu'il connaît par cœur. Celui-ci décrit un temple* grandiose bordé d'une allée de sphinx et dédié à Apis*, le dieu taureau. La localisation de ce temple sujet aux tempêtes de sable avait été perdue sous les dunes, dès la fin de l'Antiquité*. Vient-il de retrouver le Serapeum* de Strabon ? Il en est convaincu et oublie aussitôt ce qui l'amène en Égypte. Seulement, Mariette est peu connu et sa mission officielle ne lui donne accès qu'à peu d'argent. Quand il commence les fouilles, il est obligé d'y mettre de sa poche. Qu'importe, le démon de l'égyptologie* s'est emparé de lui voilà déjà quelques années. Pour preuve cette jolie phrase retrouvée dans ses notes :

« Le canard égyptien est un animal dangereux : un coup de bec, il vous inocule le venin et vous êtes égyptologue pour la vie. »

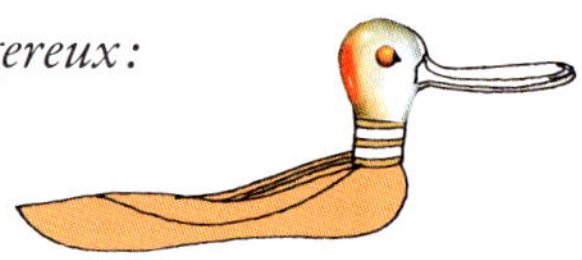

Mariette est alors prêt à désensabler tout ce qui peut l'être. Heureusement, la chance est avec lui. Des dizaines de sphinx apparaissent les uns après les autres sous la pelle des ouvriers. Enfin, au bout de deux ans, l'entrée de la nécropole souterraine des taureaux Apis se montre à lui. Il vient de mettre au jour l'un des sanctuaires* les plus importants de l'Égypte pharaonique. Il aurait été construit pendant la XVIIIe dynastie par Aménophis III* (1390–1352 avant notre ère) et serait resté en activité jusqu'à ce que l'Égypte devienne province romaine, au début de l'ère chrétienne. Ce sanctuaire est d'autant plus important qu'en Égypte le taureau Apis est depuis toujours le symbole de la fertilité, de la puissance sexuelle et de la force physique. Un seul taureau était vénéré à la fois et, à sa mort, commençait un deuil national de 70 jours, le temps de sa momification. Après cela, il était assimilé à Osiris* et associé au culte funéraire*. Le Serapeum était donc un lieu de vénération pour les Égyptiens de toutes les époques.

Comment le Serapeum devint la plus luxueuse des tavernes

Après cette découverte, chaque fois qu'un visiteur de marque arrivait en Égypte, Mariette, devenu une personnalité, l'introduisait dans la galerie

principale, éclairée par une centaine d'enfants assis le long des murs et tenant chacun une bougie allumée. L'impression produite par l'aspect de cet immense souterrain était fantastique. Sur la galerie s'ouvraient des chambres latérales qui abritaient les immenses sarcophages* des Apis, les taureaux sacrés de l'Égypte ancienne. Les sarcophages, gigantesques, mesuraient plus de trois mètres de haut. Au bout de la visite, Mariette sortait le grand jeu : on faisait grimper le visiteur à une échelle qui surplombait le dernier sarcophage ; il découvrait alors, au fond de la boîte de granit, une table dressée avec des verres d'argent ciselé et des bouteilles de champagne. Bien souvent, la veillée durait jusqu'au petit matin, moment où l'on voyait ressortir les noceurs titubant passablement.
Aujourd'hui encore, le Serapeum est une des découvertes majeures de l'égyptologie. D'abord, parce qu'elle dévoila tout un pan mal connu de la civilisation égyptienne, celui du culte des taureaux. Ensuite, parce que ce fut l'une des premières fouilles archéologiques proprement dite. Enfin, pour le côté fantasque de Mariette, qui avait transformé ce lieu en un boudoir pharaonique digne des plus grands palais.

Carter découvre Tout Ankh Amon

Des tombes royales pillées depuis l'Antiquité

La plus impressionnante découverte archéologique eut lieu près de soixante-dix ans plus tard. Au début des années 1920, l'égyptologie commençait à devenir une science à part entière. On avait désensablé un grand nombre de temples, compris davantage les mœurs des pharaons, établi une chronologie* relative des différents règnes et autres événements majeurs de l'histoire égyptienne... mais tout avait été pillé avant l'arrivée des archéologues. Lieu d'accumulation des richesses, les tombes avaient été l'objet de toutes les quêtes. Pourtant, dès l'Antiquité, les prêtres et autres gardiens de la mémoire des pharaons jouaient de tous les stratagèmes pour détourner les pillards : on faisait disparaître les ouvriers constructeurs des tombeaux ; on bâtissait de fausses portes pour cacher l'entrée des sépultures* ou des dédales de couloirs qui ne menaient nulle part. L'entrée de la pyramide* de Chéops* se trouvait, par exemple, à 14 mètres du sol, cachée par un bloc de pierre qui pivotait. Parfois, pour assurer au mort la tranquillité de son voyage vers l'au-delà, sa momie* était même déposée ailleurs. On se chargeait juste du corps royal et on laissait les objets dans les tombes. Il arrivait

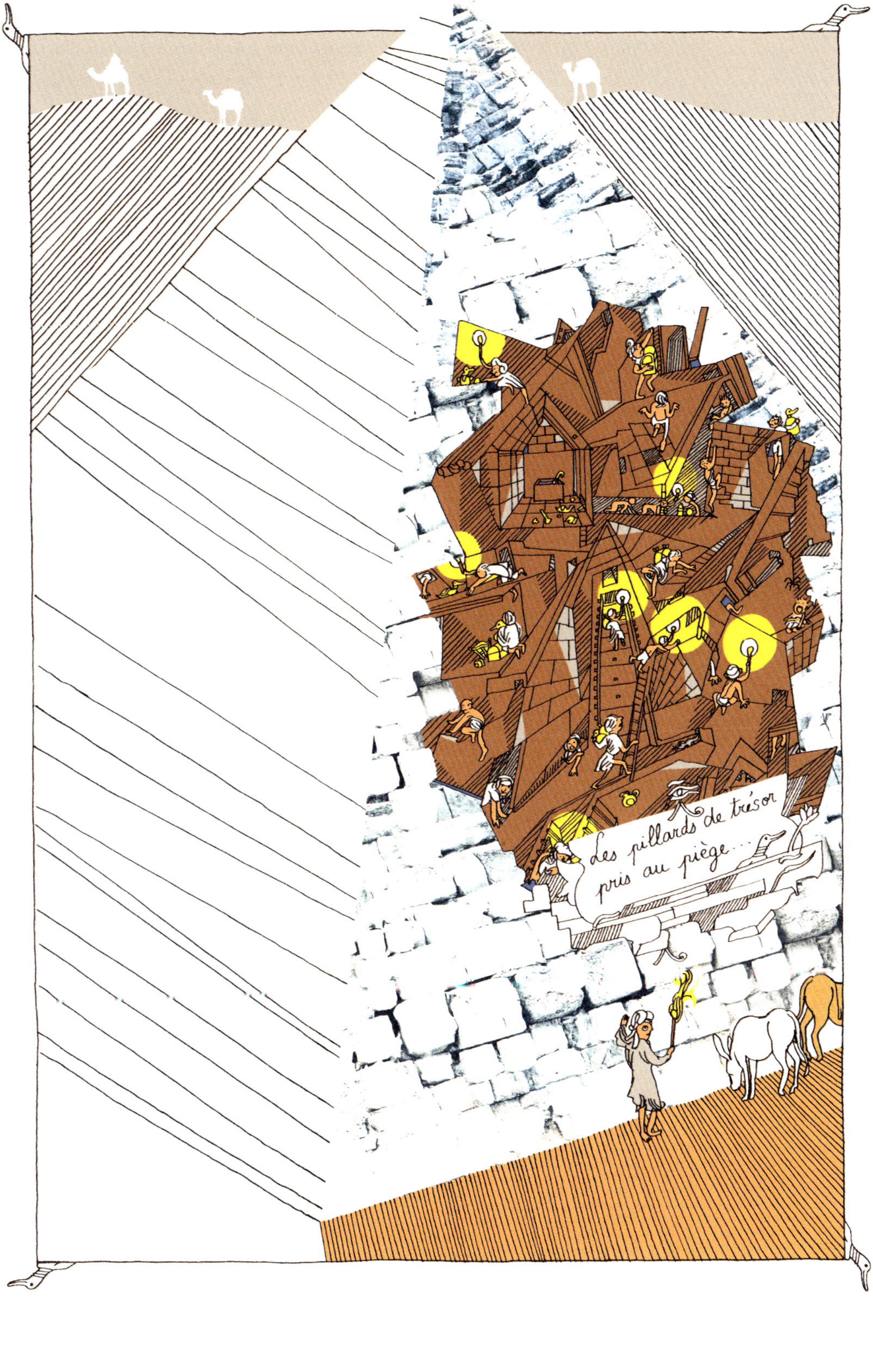
Les pillards de trésor
pris au piège...

aussi qu'on le change de place à plusieurs reprises, car les caches étaient très recherchées. Ces déménagements étaient fidèlement inscrits sur les bandelettes des momies pour permettre aux dieux de s'assurer de l'identité du défunt avant son voyage dans l'au-delà. Cela fut très utile, plus tard, aux archéologues. En 1881, on découvrit même à Deir el-Bahari, au-dessus du temple d'Hatchepsout*, une cache contenant les momies des plus grands pharaons du Nouvel Empire*.
Finalement, l'égyptologue vit sans cesse dans la crainte de découvrir les traces de ces pillages ou anti-pillages. Les morts qui se déplacent ne sont, en effet, jamais de bon augure...

Chronologie de l'Égypte pharaonique

L'Égypte pharaonique est divisée en trois grandes périodes historiques, durant lesquelles le pays est unifié sous l'autorité d'un pharaon : l'Ancien Empire (2700-2100 av. notre ère), le Moyen Empire (2050-1785 av. notre ère) et le Nouvel Empire (1500-1000 av. notre ère). Elles sont elles-mêmes séparées par trois périodes dites intermédiaires.
Il est vrai que les grandes pyramides de l'Ancien Empire que sont Chéops, Chéphren* et Mykérinos* sont très imposantes, mais elles ne s'insèrent pas dans une civilisation aussi épanouie que celle de la XVIIIe dynastie. Cette dynastie, qui ouvre le Nouvel Empire, est l'apogée de la civilisation égyptienne. Du Soudan au Moyen-Orient, l'Égypte n'a en effet jamais été si étendue ; les tombes et les temples riches et variés des pharaons comme les Aménophis, les Thoutmosis – dont Hatchespsout, Thoutmosis III* et Tout Ankh Amon – montrent une véritable complexité de cultes et de croyances.
Le règne des pharaons prend fin avec la conquête de l'Égypte par des puissances extérieures, notamment grecques puis romaines.

Intuition de dernière minute

Howard Carter a eu son lot de découvertes importantes, mais il est surtout connu pour être l'un de ces acharnés au travail que rien ne dissuade. Depuis 1916, il est à la solde d'un mécène généreux, Lord Carnavon, qui est prêt à risquer sa fortune pour la gloire d'une découverte sensationnelle. Cela fait des années qu'il travaille dans la Vallée des Rois, dont il sait pourtant qu'elle a déjà été ratissée de fond en comble. Néanmoins, quelque chose lui dit que l'aventure n'est pas terminée. Alors que cela fait huit ans qu'il fouille méthodiquement, carré par carré, cette « maudite vallée », alors qu'il est prêt à démissionner et à donner raison aux sceptiques qui le prennent, lui et Carnavon, pour des illuminés, une intuition de dernière minute lui vient à l'esprit. Il sait que tout ou presque tout a été fouillé… sauf l'abri même des ouvriers qui ont creusé les tombes il y a plus de 3000 ans. Même s'il lui semble peu probable qu'ils aient construit leurs cahutes au-dessus d'un caveau royal, il faut en finir une bonne fois pour toutes et s'assurer qu'il n'y a plus rien nulle part. Sa ténacité va finir par payer. Un matin de 1922, Carter fait donc démonter l'abri dans une ultime tentative, lorsqu'une marche, puis deux, puis seize au total, apparaissent. En somme, il vient de découvrir l'entrée d'une tombe avec, au bout, une porte qui semble avoir été rescellée.

Une tombe violée mais non pillée

Carter envoie aussitôt un télégramme à Carnavon pour qu'il revienne au plus vite d'Angleterre. Dès son arrivée, le chantier reprend. Derrière la porte, de nouvelles marches apparaissent ainsi qu'une porte. Celle-ci a aussi été violée puis rescellée ; l'angoisse est alors à son comble. Carter fait percer une ouverture pour voir plus loin, pour voir ce qui les attend. Des traces leurs révèlent qu'il y a bien eu des voleurs, mais qu'ils ont été dérangés. Ils ont, semble-t-il, emporté des outres remplies d'huiles précieuses et une statuette d'or, mais ils durent sans doute s'y prendre par deux fois et abandonner le reste. Et puis plus personne n'est revenu. Du moins l'espèrent-ils.

En pénétrant dans le sanctuaire, tout est effectivement en désordre, laissé tel quel par des voleurs ou des gardiens peu sourcilleux. Tout le mobilier royal est là : des lits en bois doré, des coffres incrustés, des éléments de chars, des vases en albâtre* ainsi que le trône. Il y a même des reproductions de bateaux pour le voyage du mort dans l'au-delà. Celles-ci révèlent l'allure de la flotte égyptienne à l'époque antique. Mais ce n'est pas tout : au fond de la pièce se trouve encore une autre porte. Il leur faudra des mois de travail pour l'atteindre. En attendant, cette antichambre regorge d'objets mais également d'informations : la vie de l'époque pharaonique se dessine devant eux, plus riche et mieux conservée que jamais. Les archéologues ont sous les yeux l'image qu'ils n'avaient jamais osé se faire de cette magnificence pharaonique. Jamais rien ne semblait pouvoir égaler cette découverte.

L'or au service de l'éternité

Mais le plus spectaculaire reste encore à venir. Le 16 février 1923, la dernière porte s'ouvre enfin. À l'intérieur, tout est en or et en émail bleu. Des coffres sertis de pierres précieuses, des autels* en ébène et des objets exotiques s'entassent là par centaines. Sur le sol gît une partie du butin que les voleurs comptaient emporter. Il y a notamment un morceau de tissu roulé en boule contenant huit bagues en or, sans doute jetées par les voleurs au moment de prendre la fuite. Au centre de la salle du trésor*, c'est surtout un immense sarcophage en **quartzite** qui attire l'attention de Carter. Il lui faudra plusieurs jours pour le dégager et en examiner le contenu. Quand il parvient enfin à l'ouvrir, un autre sarcophage emboîté l'attend et le regarde patiemment, puis encore un autre. Une seule chose semblait maintenant certaine : puisqu'ils n'avaient pas été ouverts, la

Le **quartzite** est une roche très dure à la couleur claire.

momie du pharaon devait donc probablement être encore à l'intérieur. Il fallut encore trois mois de travail pour déboîter les sarcophages successifs et soulever des centaines de kilos d'or à chaque nouvelle carapace. Lorsque Carter put contempler le premier cercueil moulé sur le corps du roi, il était désormais seul. Carnavon était mort et les hôtes de marque comme le roi et la reine des Belges, venus lui rendre visite, étaient repartis.

Le visage de Tout Ankh Amon était sculpté dans une feuille d'or, ses yeux, recouverts d'**obsidienne**, avaient été ornés de cils en **lapis-lazuli***, un diadème ceignait son front et des plaques pectorales recouvraient sa poitrine. Au total, 120 kg d'or couvraient son corps momifié. Cette quantité d'or impressionnante nous apprend que, dans l'Égypte pharaonique, les richesses étaient très largement captées au profit des morts et de leur vie dans l'au-delà.

L'**obsidienne** est une roche volcanique translucide, de couleur verte ou noire. Le **lapis-lazuli** est une pierre semi-précieuse, de couleur bleue.

Un pharaon « mineur »

La présence de tant d'or est d'autant plus surprenante quand on sait que Tout Ankh Amon n'eut pas le temps de devenir un pharaon important de la XVIIIe dynastie. Il mourut soudainement, vers l'âge de 18 ans, et sa tombe est l'une des plus petites de la Vallée des Rois. Le seul fait qu'on lui reconnaît est d'avoir, sous la pression des prêtres, restauré le culte d'Amon*, que son père, Aménophis IV (ou Akhenaton*), avait renié. Au vu du chaos de sa tombe, on imagine aussi qu'il a été enterré là en vitesse ; peut-être pour cacher les raisons de sa mort.

Croyances et dieux d'Égypte

Conquête de l'immortalité

Les Égyptiens voulaient vivre éternellement, c'est pourquoi ils conservaient leurs corps en les momifiant. Pour éviter qu'ils ne pourrissent, on retirait les viscères et on séchait le corps à l'aide de sels. Puis venait la phase d'**embaumement**, fait à partir d'onguents et de résine. Finalement, on enveloppait le corps dans des bandelettes. Pour atteindre la vie éternelle, le mort voyageait jusqu'à l'autre monde où il devait surmonter un certain nombre d'épreuves. Pour réussir toutes les étapes, il disposait de formules magiques, extraites, entre autres, du Livre des morts, qui étaient peintes sur le sarcophage. Dans son dernier voyage, le défunt emportait aussi un grand nombre d'objets déposés dans sa tombe.

L'**embaumement** est l'ensemble des techniques de conservation des morts.

On sait tout cela essentiellement par les nombreux textes en hiéroglyphes* que les anciens Égyptiens ont laissés. Textes que l'on peut à nouveau lire grâce à Jean-François Champollion* qui, au début du XIXe siècle, réussit à trouver la clé de cette écriture* perdue depuis la fin de la période pharaonique.

Deux axes de vie : le Nil et le soleil

Le monde des pharaons s'organise selon deux axes : celui qui va du sud au nord, suivant le cours du Nil, et celui qui va d'est en ouest, représentant le cycle solaire.

L'Égypte, berceau de la civilisation pharaonique, existe d'abord par une sorte de miracle qui a pour nom le Nil. Le pays n'est qu'un désert et seule l'eau du fleuve lui prête vie. Ce dernier a donc toujours été au cœur des préoccupations et des croyances des Égyptiens. Tous les dieux ont été pensés en fonction de lui et de ses crues régénératrices. Quatre mois par an, l'eau recouvre les champs et, en se retirant, dépose le limon fertile, garant du renouvellement agricole.

Permettant également la vie, le soleil est l'autre élément fondateur des mythes pharaoniques. C'est ainsi que, dans l'Égypte éternelle, les morts étaient enterrés à l'ouest, là où le soleil disparaît pour renaître chaque jour à l'est, terre des vivants. C'est à partir de la Ve dynastie (2500 avant notre ère) que les pharaons s'identifient au soleil, symbole de renaissance : ils meurent pour devenir éternels. L'histoire de Rê, le dieu-soleil, est fondatrice de cette civilisation...

Le mythe de Rê et de sa descendance

L'historien Plutarque, au Ier siècle de notre ère, révèle l'existence de ce mythe fondateur de l'Égypte antique. Selon la légende :

> *Rê, le soleil, voulut régner en maître sur cette terre, mais Nout, la déesse du Ciel, lui désobéit et donna naissance à cinq enfants dont Seth, Isis et Osiris.*
> *Seth était jaloux de son frère Osiris, assimilé par les anciens Égyptiens à la force vivifiante du Nil. Lors d'un banquet, Seth, qui rêvait de siéger sur le trône, fit enfermer son frère dans un* ***coffre*** *et le jeta dans le Nil. Son épouse et sœur, Isis, finit par retrouver le corps de son mari dans les eaux du Nil et le cacha dans les marais du Delta. Mais Seth le découvrit et le dépeça en quatorze morceaux qu'il dispersa dans tout le pays. Ainsi désuni, le corps d'Osiris représenta les îles que forme le Nil lorsqu'il est au plus bas. Osiris mort, l'Égypte est desséchée, elle attend, assoiffée, la remontée des eaux. Isis récupéra un à un les membres de son époux, à l'exception du phallus, avalé par un poisson.*
> *Pour les Égyptiens, Osiris était deux fois mort car il n'avait pas transmis son principe vital. Mais Isis, un peu magicienne, trouva le moyen de tomber enceinte en dépit du membre absent de son défunt mari. Horus*, leur fils, né de l'impossible union de la vie et de la mort, est donc le fruit d'une fécondation divine.*

Ce **coffre** est la préfiguration du sarcophage, enveloppe protectrice nécessaire à toute résurrection.

En reconstituant le corps d'Osiris, Isis a fabriqué la première momie et lui a rendu son souffle vital. Elle a percé le secret le plus essentiel, celui de la résurrection. Isis devint une sorte de « Sainte Vierge ». Sa figure, très connue dans tout le monde antique, a probablement inspiré d'autres religions… Horus, quant à lui, devint l'ancêtre de tous les pharaons. Il vengea son père et, reprenant le trône usurpé par Seth, réunifia l'Égypte. L'union du Nil et du soleil a donc donné naissance à l'une des plus grandes civilisations que le monde ait connue.

Icare
Les dieux
de
l'Olympe
Troie
Pâris
Aphrodite
Héra
Athéna

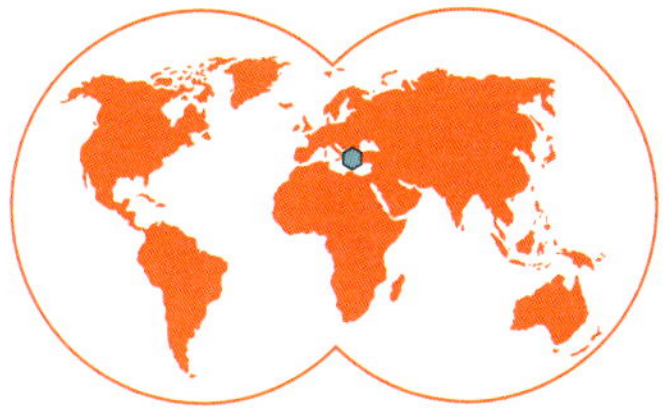

Du IIe millénaire au VIIe siècle avant notre ère

La période archaïque ou la naissance des mythes grecs

LA PÉRIODE ARCHAÏQUE DÉSIGNE, EN GRÈCE, les siècles qui précèdent ceux de la célèbre Grèce classique. Cette dernière s'est épanouie autour d'Athènes*. Elle a posé certaines bases de nos sociétés actuelles, avec, entre autres, la naissance de la philosophie et la mise en place de la démocratie* athénienne au Ve siècle avant notre ère. La période archaïque, elle, s'étend depuis les origines jusqu'au VIIe siècle avant notre ère. Cette Grèce « préhistorique » a été découverte bien plus tardivement que la Grèce classique, les sources étant rares et d'interprétation difficile. Les archéologues du XIXe siècle sont remontés progressivement dans le temps grâce aux fouilles qu'ils ont menées. Ils ont d'abord fouillé les vestiges* de la ville de Troie, décrite dans l'*Iliade**, qui aurait été fondée au milieu du IIe millénaire avant notre ère. Ils ont, ensuite, découvert ceux de la cité de Mycènes*, également dans l'*Iliade*, et ainsi mis en lumière la civilisation mycénienne, qui date de la fin de l'âge du Bronze*, de 1550 à 1100 avant notre ère. Enfin, ils ont retrouvé une civilisation inconnue, la civilisation minoenne*, qui est la plus ancienne à avoir été découverte à ce jour en Europe. Elle s'épanouit en Crète pendant les deux premiers tiers de l'âge du Bronze grec (2700–1450 avant notre ère). Ces découvertes sont essentielles, parce qu'elles enrichissent notre connaissance de l'Antiquité* et révèlent une civilisation affiliée au monde d'Homère*.

Homère, ce poète qui contait de fabuleuses épopées...

La découverte de Troie

La ville mythique d'Homère a-t-elle existé ?

Troie est une cité légendaire d'Asie Mineure, située non loin de la mer Égée. Au centre de nombreuses légendes de la mythologie grecque, elle est mentionnée pour la première fois dans l'*Iliade*, la célèbre épopée écrite par Homère. Celle-ci retrace la guerre qui s'est déroulée entre Achéens* et Troyens : elle a été déclarée par les Achéens après qu'un prince troyen nommé Pâris* a enlevé Hélène, la reine de Sparte*. Son époux, Ménélas*, réussit à lever une expédition pour la récupérer avec l'aide de son frère Agamemnon*, le roi de Mycènes.

Le poème homérique constitue la principale source de connaissance de la ville de Troie. Cependant, il est difficile de s'en servir comme source historique ; d'abord parce qu'il s'agit d'un poème et non d'un récit historique, ensuite parce qu'il aurait été mis par écrit entre 850 et 750 avant notre ère, soit près de quatre siècles après les événements qu'il relate. Les historiens « datent » ainsi cette guerre mythique vers 1 200 avant notre ère. Aussi, dans les années 1870, lorsque l'archéologue Henri Schliemann entame sa campagne de prospection* à la recherche de la cité mythique, la communauté scientifique, après plus d'un demi-siècle de recherches infructueuses, est persuadée que Troie n'a pas existé, qu'Homère n'est qu'un poète épique et que rien dans l'*Iliade* ne peut être tenu pour historique. Schliemann est pourtant persuadé qu'Homère dit vrai et que Troie a réellement existé. Il est sûr qu'il s'est inspiré de faits réels quand il a décrit la guerre de Troie.

Une fausse piste ?

Selon l'*Iliade*, Troie était située sur les deux sources du Scamandre, l'une dégageant des vapeurs chaudes, et l'autre glacée :

> *« Et ils arrivèrent aux deux fontaines limpides, d'où jaillissent les deux sources du Scamandre tournoyant. De l'une coule l'eau tiède et la fumée s'élève au-dessus comme un feu brûlant ; l'autre coule en été, semblable à la grêle, ou à la neige froide, ou à l'eau glacée. Là, à côté, sont de larges et bons bassins en pierre, où les femmes des Troyens et leurs belles filles lavaient les vêtements brillants, jadis, au temps de la paix, avant que vinssent les Achéens. »*

Quant au géographe grec Strabon*, il avait déclaré que le site véritable se trouvait à 5,6 km de là. C'est en se fondant sur ces deux indices que le voyageur français Lechevalier affirma, à la fin du XVIIIe siècle, que Troie devait se localiser au pied du village turc de Bournabashi, dont le nom signifie littéralement « tête de source » et qui se trouve au bas d'une colline rocheuse d'où jaillissaient plusieurs sources. Ainsi, pendant deux générations, les chercheurs menèrent des fouilles sans résultat et oublièrent que ces sources, dans le récit d'Homère, devaient avoir des températures différentes. Or, des 40 sources qui coulent au pied de Bournabashi, aucune n'a ces particularités. En 1869, Heinrich Schliemann, que rien ne saurait faire reculer, trempe son thermomètre dans chacune des sources qu'il croise. Le couperet tombe, elles sortent toutes à la température de 17,5 °C... rien de froid ni de chaud, autrement dit rien à signaler. Pire, lorsqu'il prospecte autour du site, il ne voit nulle part la moindre trace de tuile ou de poterie. Pourtant, si cette ville mythique avait réellement existé, comme il le pense, on en verrait les vestiges. Les constructions cyclopéennes*, faites de grosses pierres non taillées et assemblées sans mortier, ne se perdent pas et les restes de vaisselle encore moins. Se serait-on trompé sur le site de l'ancienne Troie ?

Troie n'est pas là où on l'attend

Selon Henri Schliemann, les scientifiques se sont assurément trompés pour plusieurs raisons. D'une part, on est trop loin de la mer. D'autre part, la colline de Bournabashi est bien trop petite pour avoir abrité la cité légendaire. Enfin, d'autres aspects ne correspondent pas à la description homérique. En voici un exemple qui relate le début des combats devant la ville :

> *« Apollon*, sous la forme d'Agénor, avait attiré Achille* au bord du (fleuve) Scamandre qui se trouve à deux kilomètres des deux sources. Hector* restait devant les Portes Scées… Ainsi, ils courent avec leurs pieds rapides trois fois autour de la ville de Priam*, tous les dieux les contemplent. »*

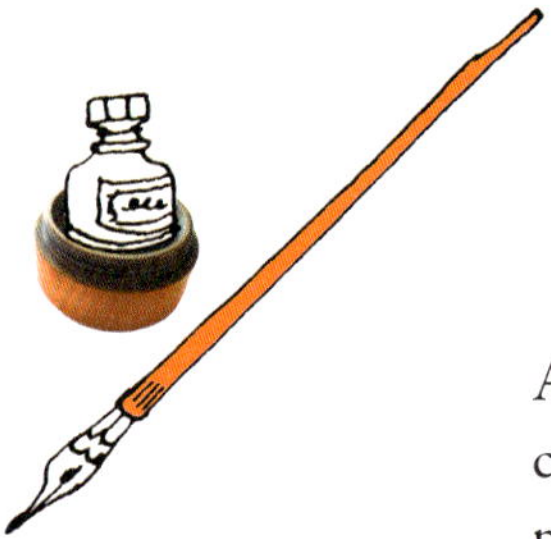

Après avoir parcouru tous les alentours du village, Schliemann arrive à la conclusion qu'aucun mortel n'a jamais pu courir autour de Bournabashi, parce que la pente y est beaucoup trop raide et qu'Homère, si exact dans sa topographie, n'a pu se tromper.

Extrait d'un carnet de fouille de Henri Schliemann.

Il faut chercher ailleurs

Schliemann se détourne et cherche l'ancien lit du Scamandre qui aurait léché les murailles de Troie :

> *« Le 14 août 1869, je partis à cinq heures du matin avec mon guide et mes ouvriers et nous allâmes d'abord vers l'est, au Scamandre, et ensuite vers le nord, dans le lit sablonneux de ce fleuve. [...] Vers dix heures du matin, nous arrivâmes à un vaste terrain élevé, jonché de tessons et de débris de marbres sculptés. Quatre colonnes solitaires de marbre, à moitié enfouies dans le sol, indiquaient l'emplacement d'un grand temple*. La vaste étendue du champ, parsemé de débris, ne permettait pas de douter que nous ne fussions sur l'enceinte d'une grande ville, jadis florissante. En effet, nous marchions sur les ruines d'Ilium Novum, appelé aujourd'hui Hissarlik*, ce qui signifie palais... »*

Plusieurs indices, correspondant aux descriptions des récits homériques, le convainquent que Troie se trouve sur le site d'Hissarlik :

• L'existence d'une plaine marécageuse à proximité d'Hissarlik. Dans l'*Odyssée** (autre épopée attribuée à Homère), il est écrit qu'il y en avait une dans les environs des murs de Troie :

> *« Mais, lorsque nous arrivâmes à la ville et à la haute muraille, nous nous étendîmes tous armés devant la citadelle*, au milieu d'épaisses broussailles, dans les joncs d'un marais. »*

• La courte distance qui sépare Hissarlik de la mer. Dans l'*Iliade*, Homère dit que des feux étaient allumés au pied de Troie, et ces feux correspondent au camp grec installé à proximité des navires. Cela confirme la courte distance qu'il doit y avoir entre la ville et la mer. La distance d'Hissarlik à la mer est, en effet, de 4 km et de 5 km jusqu'au promontoire de Sigée, où la tradition place le camp grec.

• L'ancien emplacement du cours du Scamandre. Un peu plus loin dans l'*Iliade*, il est dit que le Scamandre coulait entre le camp grec et Troie, de sorte que les Grecs ne pouvaient s'approcher de la ville sans passer par le gué du fleuve. Schliemann constate et nous dit que l'ancien lit du Scamandre est encore visible, à 1 700 mètres devant Hissarlik et qu'il se jette ensuite dans la mer. Pas de trace des sources chaude et froide mais cela n'a pas d'importance. On sait que ce genre de phénomènes apparaît et disparaît au gré des mouvements géologiques.

• L'observation du mont Ida* depuis le site d'Hissarlik. Homère écrit que « Jupiter voit du sommet de l'Ida la ville de Troie ». Or, d'aucun autre site de la plaine de Troie, on peut observer ce phénomène. Seul le site d'Hissarlik domine toute la plaine.

Troie oubliée depuis peu

Comment mieux faire disparaître une ville qu'en en construisant une autre par-dessus ? De fait, les fouilles montrèrent qu'Hissarlik a bien été construite sur Ilium Novum, elle-même construite sur Troie. Le plus surprenant dans cette histoire est sans doute le fait que Troie, l'antique Ilion, est restée longtemps gravée dans la mémoire des hommes. Ainsi, dans toute l'Antiquité, on n'a jamais eu le moindre doute sur l'emplacement de Troie sous la ville d'Ilium Novum. Des figures historiques aussi célèbres qu'Alexandre le Grand* ou Jules César* y décrivent d'ailleurs leur séjour comme un passage obligé. Le premier pour y offrir des sacrifices en hommage aux héros homériques, le second pour s'inscrire dans le sillage d'Alexandre et pour s'affilier aux Iliens, peuple ancien et héroïque. Ce dernier alla même jusqu'à exempter d'impôts la ville d'Ilium Novum et leur offrit des terres. Il a donc suffi qu'à la fin du XVIIIe siècle un chercheur ait eu la conviction que Bournabashi était la Troie mythique, pour mettre les archéologues en déroute pendant plus d'un siècle. Il avait, semble-t-il, localisé une source chaude et une source froide à proximité… Il faut dire aussi qu'à la fin du XIXe siècle les recherches dans ce pays étaient fort compliquées, tant physiquement que politiquement. Bon nombre d'entre elles n'y ont pas fait long feu.

Troie est bien là mais Schliemann passe au travers

Les fouilles durèrent de 1871 à 1873 puis épisodiquement de 1875 à 1879. Elles révélèrent la superposition d'au moins sept villes successives, ce qui rendit le travail de reconstitution et de fouilles très difficile en lui-même. Détruire ou ne pas détruire les différents niveaux au fur et à mesure de leur

Obnubilé par le trésor
de Priam, Schliemann
passe à travers sept villes
superposées...

apparition est une question centrale de l'archéologue. Schliemann n'avait qu'une idée en tête : celle de trouver le niveau de la Troie de l'*Iliade*. Il était convaincu que les ruines de la Troie homérique étaient fort anciennes et qu'il fallait les chercher à la base même de la colline, directement sur le rocher primitif. Mais à force de la fouiller en gruyère, il était passé à travers.

« Depuis mon rapport du 10 du mois passé, je me suis surtout appliqué à activer la grande fouille au nord-ouest de la montagne, et à cet effet, j'ai ouvert une autre profonde tranchée du côté occidental. Mais ma bêche y a malheureusement rencontré dans une direction transversale un grand mur d'enceinte, haut de 4 mètres et épais de 3. Pour me ménager un passage, je me suis vu forcé de démolir une double masse de pierres de ce mur [...] puis un autre d'une période antérieure sans aucun doute... »

Cela montre bien les méthodes employées à l'époque. L'étude de la stratigraphie*, c'est-à-dire de la superposition des couches*, n'était pas encore au goût du jour et seule comptait la soif de nouvelles découvertes, plutôt que la compréhension des différentes étapes de construction et de destruction d'un site ou d'une ville. Avec ses méthodes de pilleur, Schliemann détruisit une grande partie de la ville, ouvrant de larges tranchées pour atteindre les fondations. Sans faire de relevé* correct, il anéantit ainsi de vastes secteurs et, avec eux, une partie de la Troie d'Homère. Toutefois, son rêve se réalisa, car elle était bien là.

Le « trésor » de Troie

Henri Schliemann recherchait en priorité le trésor* de Troie, qu'il crut découvrir le matin du 14 juin 1873, alors que la fouille touchait à son terme. Il remarqua un objet en cuivre de très grande dimension…

> *« […] En fouillant ce mur, et tout à côté du palais de Priam, j'ai rencontré un objet de cuivre d'un fort gros volume et d'une forme remarquable. Il attira d'autant plus mon attention que j'ai cru reconnaître de l'or derrière cet objet. Au-dessus s'élevait une couche épaisse de cendre rouge, mêlée à des débris calcinés, et dure comme la pierre […] celle-ci supportait un mur de fortification […] qui doit dater des premiers temps qui ont suivi la destruction de Troie […]. Afin de soustraire ce trésor à la rapacité de mes ouvriers, et de le conserver pour la science, j'ai eu besoin de procéder avec la plus grande hâte, et quoique l'heure du déjeuner ne fut pas encore venue, je fis sonner la pause. […] Pendant que mes gens mangeaient et se reposaient, je travaillais moi-même avec un grand couteau à déterrer le trésor. Ce ne fut pas sans grandes peines que j'y réussis […] car je risquais à chaque instant de voir s'écrouler sur moi la grande muraille au-dessous de laquelle je travaillais […]. Cependant, l'enlèvement de ce trésor m'eut été impossible sans l'aide de ma chère femme, qui se tenait toujours prête à envelopper dans son grand châle et à emporter les objets au fur et à mesure que mon couteau les dégageait de leur dure prison. Le premier fut un grand bouclier en cuivre, […] puis une bonbonne en or de 403 grammes […] beaucoup d'objets d'or et d'argent […]. Comme j'ai trouvé tous les objets ci-dessus désignés réunis, ou placés les uns dans les autres en un tas carré sur le mur d'enceinte, il paraît certain qu'ils étaient entassés dans une caisse de bois […]. Il est*

vraisemblable que quelqu'un dans la famille de Priam, après avoir jeté en toute hâte les pièces du trésor dans une caisse, a emporté celle-ci mais, arrivé sur la muraille, il aura été atteint par l'ennemi ou par le feu. »

Ce récit de la découverte du trésor de Troie, écrit bien après la fin de la fouille, a été mis en doute par l'ensemble des chercheurs qui y voyaient plutôt l'accumulation faite par Schliemann des objets précieux découverts ici et là sur le site. Ce qu'il prenait pour les appartements du roi n'était en fait qu'une misérable bicoque. Les murailles et les salles imposantes du palais ne furent découvertes que plus tard. Mais Schliemann ne put s'empêcher de faire vivre son fantasme, d'imaginer la scène de Troyens fuyant la cité, un trésor sous le bras. Néanmoins, plus personne après lui ne trouva de trésor...

Troie, une des plus grandes villes de l'âge du Bronze

Comparé à la Troie décrite par Homère, le site d'Hissarlik pose le problème de sa petite taille (137 sur 187 mètres). Trois cents habitants tout au plus auraient pu vivre dans la Troie de Schliemann, alors qu'Homère en dénombrait cinquante mille. Exagération du poète ? C'est ce que l'on pensait jusqu'à la découverte, en 2001–2002, au pied de la colline, de la ville basse qui correspondait au niveau de la mythique cité du roi Priam. Cette nouvelle découverte assure à la ville une superficie de 350 000 m², soit 13 fois plus grande que l'acropole* que nous connaissions jusque-là. Avec cette taille, Troie devient une des plus grandes villes de l'âge du Bronze. Une énigme subsiste pourtant, celle de la véracité de la guerre de Troie, que rien aujourd'hui, pas même le niveau incendié qui détruisit une partie de la ville, ne permet de confirmer.

La disparition de la ville de Troie

Selon Homère, la cité de Troie aurait été fondée au XIIIe siècle avant notre ère. Elle jouissait déjà d'une prospérité de plusieurs siècles, mais elle fut détruite par un tremblement de terre vers 1200 avant notre ère. Elle fut rebâtie ensuite et c'est cette ville, que décrit Homère, qui aurait été détruite par les Mycéniens en 1183 avant notre ère. L'attaque des Mycéniens ne constitue pas la seule explication de la disparition de Troie. Elle était, alors, déjà affaiblie par les pillages de bandes de pirates qui menaient une agitation considérable en Méditerranée. Les Égyptiens repoussèrent au moins deux fois ces « peuples de la mer ». Les Mycéniens, dont nous allons traiter dans la partie suivante, ne purent, de leur côté, résister à la vague d'envahisseurs **doriens** venus du nord. L'unité dont la Grèce avait joui de 1400 à 1200 avant notre ère s'effondra.

L'époque glorieuse de Troie et de Mycènes a été presque oubliée en ces temps troublés et ne subsista que déformée et transformée dans la mémoire populaire du poème et du mythe, comme un âge d'or héroïque fixé finalement par Homère à la fin du VIIIe siècle avant notre ère.

Les **Doriens** vivaient au nord de la Grèce. On ne sait pas s'il s'agit d'une population homogène ou de différents groupes unis pour conquérir le territoire mycénien.

Mycènes et les héros homériques

Mycènes : à la recherche des héros homériques

Dans le programme de Schliemann, après les fouilles de Troie venaient celles de Mycènes, la patrie d'Agamemnon, chef de l'armée grecque face aux Troyens. À Mycènes, Homère n'était plus le « guide » de l'archéologue, mais Pausanias*, un géographe du IIe siècle de notre ère qui avait visité les lieux. Les fouilles débutèrent en 1876, même si les relations avec les autorités locales étaient de nouveau houleuses. Elles considéraient en effet Schliemann comme un amateur sans formation à qui la chance sourit. Refusant de lui donner l'autorisation de fouiller Olympie*, elles acceptèrent cependant son projet de recherche sur le site de Mycènes, à condition qu'il ne fouille que la zone à l'intérieur de l'enceinte. Ce que l'on cherchait était les tombes des rois et des héros homériques. De nombreux archéologues étaient déjà intervenus sans résultat notable. Tous pensaient que si elles avaient existé, elles devaient être à l'extérieur de la citadelle, ce qui semblait logique. Mais l'intuition de Schliemann était que les tombes décrites par Pausanias au IIe siècle, alors à l'extérieur de l'enceinte, avaient été englobées lors d'une extension du mur…

Des tombes très riches

Très rapidement, il trouva des stèles funéraires qu'il n'identifia pas tout de suite comme telles. Mais lorsque apparurent les premiers bijoux en or, cela ne fit plus de doute : les tombes étaient bien là. Comme souvent chez les peuples anciens, on enterrait les morts avec un certain nombre d'offrandes. Les tombes et les trésors — quoique plus rares — étaient les seuls endroits d'accumulation des richesses. La plupart du temps, celles-ci circulaient et s'éparpillaient entre les mains des vivants. Schliemann et sa femme, Sophie, trouvèrent ainsi les cinq tombes dont parlait Pausanias, en partie taillées dans la roche.

Dans la première, on mit au jour les squelettes de douze hommes, de trois femmes et de deux enfants ; les décombres, mélangés à des cendres, étaient truffés de bijoux en or. Quatre-vingts épées, dont certaines avec des poignées ciselées en or, avaient été déposées en offrande autour des sépultures*. On y découvrit également des haches de combat, des boules d'ambre*, des vases en albâtre*...

La deuxième tombe, pareillement disposée, livra, entre autres objets, 14 croix d'or et 15 diadèmes.

La troisième était celle des femmes, couvertes de bijoux. Elle comportait plus de 700 feuilles ornées de papillons, des spirales en forme de serpent, des sceptres en argent à poignée de cristal de roche, des pierres précieuses et une couronne d'or.

Mais s'agissait-il ou non des tombes des héros homériques, comme Agamemnon ? et ce dernier exista-t-il vraiment ? Rien ne prouve que ces héros aient réellement existé, du moins pas dans leur dimension légendaire. Il est probable, en revanche, qu'Homère se soit basé sur des personnages historiques pour raconter ses épopées. Les tombes qu'on venait de trouver et que l'on nomma du nom de ces héros mythiques, appartenaient certainement à des rois ou aristocrates mycéniens. Il est difficile, aujourd'hui, d'en dire plus. Mais les fouilles de Schliemann permirent de relancer les recherches sur cette civilisation mystérieuse.

Genèse mycénienne

Vers 1900 avant notre ère, la Grèce continentale est envahie par des populations indo-européennes* que les Grecs appelleront plus tard les Achéens. Ils fondent la civilisation mycénienne, dont le centre est sans doute Mycènes. Cette cité, qu'Homère appela la « riche en or », devint rapidement la puissance dominante du Péloponnèse* et plus globalement de la Grèce. L'influence des Mycéniens se fit sentir très loin, jusqu'en Sicile et en Égypte, mais finalement assez peu en Asie Mineure, où l'Empire hittite* faisait office de puissant voisin. D'autres cités jouissaient sans doute d'un grand pouvoir, comme Tirynthe*, dans laquelle Schliemann faillit trouver un autre trésor en fouillant en un lieu de la citadelle. Mais il ignorait que celui-ci avait déjà été trouvé au Moyen Âge.

La puissante Mycènes

Mycènes doit sa puissance et sa richesse à une dynastie de rois qui la dotèrent d'un palais royal bâti sur une citadelle fortifiée. Celle-ci était entourée de murs cyclopéens dans lesquels se trouvait la célèbre porte des Lionnes. Les personnes royales étaient enterrées dans des tombes à puits, comme celles que Schliemann découvrit en 1876, et plus tard dans des tombeaux à coupole — appelés *tholoï* — comme celui que l'on dit de **Clytemnestre**. Retrouvées d'abord en Crète puis dans les citadelles mycéniennes, les tablettes en linéaire B* décrivent comment les Mycéniens ont conquis la Crète dans la seconde moitié du XVe siècle. Ce furent eux qui auraient mené la guerre contre Troie. Aujourd'hui, on sait que la langue transcrite sur ces tablettes* est du grec primitif, ce qui signifie que les Mycéniens étaient bel et bien des Grecs. Ils connaissaient déjà une grande partie des dieux qui furent ensuite vénérés dans la Grèce classique : Zeus*, Héra*, Poséidon* et Athéna*. Ils subirent également de fortes influences de la part des Minoens, une civilisation plus ancienne encore qui fut découverte par Sir Arthur John Evans, l'un des héritiers de Schliemann.
Malgré ses méthodes de barbare, Schliemann a ouvert une brèche qui a motivé des générations de chercheurs. Il a montré, en effet, que l'*Iliade* et l'*Odyssée* tout comme la Bible étaient, certes, des épopées mythologiques, mais qu'elles avaient pour base des faits historiques avérés.

Clytemnestre était la reine de Mycènes et l'épouse d'Agamemnon.

Cnossos et la civilisation minoenne

Au XIXe siècle, la Crète est mal connue. Le manque d'intérêt pour cette île, pourtant stratégiquement placée entre l'Orient et l'Occident, s'explique essentiellement par l'instabilité politique qui y règne. Contrairement à la Grèce qui est indépendante depuis 1830, elle fait toujours partie de l'Empire ottoman. Des soulèvements permanents de la part de ses habitants aboutiront finalement à son autonomie, en 1898. Malgré ce climat politique tendu, les découvertes de Schliemann à Troie et à Mycènes suscitèrent un regain d'intérêt chez les historiens et les archéologues. Et si les mythes grecs se vérifiaient sur le terrain, comme l'avait démontré Schliemann, pourquoi la Crète ferait-elle exception à la règle ? Le poète Homère en avait parlé abondamment dans l'*Iliade*. Il y avait compté 90 villes, dont Cnossos*, le centre du royaume de Minos*.

Et la Crète devint l'objet de toutes les convoitises

Les incroyables richesses découvertes par notre archéologue allemand posaient la question de l'origine de la civilisation mycénienne. On ne lui connaissait pas d'antécédents ou de précurseurs en Grèce. Pourtant, elle n'était pas sortie de rien ! On chercha du côté de l'Égypte, de l'Europe du Nord, du Proche-Orient, mais aucune filiation ne se dessinait. À force de tourner autour, tous les regards finirent par converger vers la Crète. Kalokairinos, un marchand crétois, y avait entamé des recherches, sur la colline de Kephala. Schliemann, à son tour, s'intéressa à ce site. Il tenta d'y mener des fouilles archéologiques dès 1886, mais il se heurta de nouveau à la mauvaise volonté des autorités locales. Leur intuition commune était pourtant la bonne : Cnossos se situait bien là. Cette découverte ne reviendra, quelques années plus tard, qu'à l'archéologue anglais Evans.

Evans, l'héritier de Schliemann

Alors que la Crète sort à peine du joug turc, Evans fait son apparition. Directeur de l'Ashmolean Museum à Oxford, il vient visiter la collection d'objets mise au jour par Kalokairinos. Il est personnellement intéressé par les inscriptions énigmatiques qu'il n'a vues nulle part ailleurs. Il donne le premier coup de pioche le 2 mars 1900, avec l'idée de trouver un important site de l'âge du Bronze et de déchiffrer cette première écriture. Considéré comme l'héritier de Schliemann, il se différencie cependant de ce dernier par la rigueur de ses méthodes de travail. Il remplit

notamment un grand nombre de carnets avec des notes, relevés, dessins et photographies. Très vite, la fouille compte plus de 100 ouvriers.

L'incroyable découverte du labyrinthe du Minotaure

Aidé d'architectes, d'ingénieurs et d'archéologues, Evans dégage en peu de temps un ensemble de plus d'un millier de pièces : c'est un palais bâti à la façon d'un labyrinthe avec des chicanes, des couloirs et un grand nombre d'escaliers ; une architecture étonnante dans laquelle il est aisé de se perdre. Ce site au plan complexe pourrait bien avoir été le lieu d'inspiration d'un mythe célèbre : le labyrinthe du Minotaure, construit par l'architecte Dédale. Selon la légende, le roi Minos aurait commandé à celui-ci une prison pour y enfermer une créature monstrueuse née des amours de la reine, sa femme, avec un taureau.
Étymologiquement, le mot « labyrinthe » dériverait du terme *labrys*, qui désigne une hache ou plus exactement une double hache ; motif que l'on retrouve gravé partout sur les murs du palais.
En souvenir de cet architecte, on emploie encore l'adjectif dédalique pour parler d'un ensemble architectural complexe.

Ariane et le mythe du Minotaure

La légende raconte que Minos, fils et confident de Zeus, régnait sur l'île avec autorité. Il y instaura des lois parfaites et attira à sa cour les plus grands artistes dont Dédale, le célèbre architecte. Tout semblait aller au mieux dans cet empire étendu au-delà des seules frontières de l'île, lorsqu'un jour Minos refusa à Poséidon le sacrifice d'un beau taureau. Le dieu de la Mer se vengea et ensorcela Pasiphaé, la femme de Minos, pour qu'elle tombe amoureuse de ce taureau. Pour pouvoir s'accoupler avec lui, elle demanda à Dédale de lui construire une vache en bois dans laquelle elle se glissa. De cette union naquit le Minotaure, être mi-homme, mi-taureau que Minos fit enfermer dans le palais labyrinthique construit sur sa demande par Dédale. Les populations de la mer Égée, plus ou moins soumises au roi crétois, devaient livrer 7 jeunes gens et 7 jeunes filles chaque année au monstre enfermé. Ce tribut fut versé jusqu'au jour où Thésée, fils du roi d'Athènes, se porta volontaire pour partir en Crète avec les autres victimes. Il séduisit Ariane, la fille de Minos et de Pasiphaé, qui, sur les conseils de Dédale, lui donna une pelote de fil pour ne pas s'égarer dans les couloirs du labyrinthe et une épée magique pour combattre le Minotaure. Thésée vainqueur s'enfuit avec Ariane qu'il abandonna, lassé de sa conquête, sur une plage des Cyclades. Minos, furieux d'avoir été trompé, enferma Dédale et son fils Icare dans le labyrinthe dont ils s'échappèrent finalement en se fabriquant des ailes de cire...*

Cnossos

On qualifie Cnossos de palais. Pourtant, il s'agirait davantage d'un centre économique aux multiples greniers et lieux de culte. Il arrive bien souvent qu'en archéologie* des dénominations attrayantes soient attribuées à des sites pour enflammer tant l'imagination des chercheurs que celle des visiteurs. Avec la Crète, le public était servi. Elle était non seulement le lieu d'origine du mythe d'Icare et du Minotaure, mais aussi l'endroit où Zeus aurait été caché par sa mère, Rhéa, afin de ne pas être dévoré par son père, Cronos. On dit aussi que c'est là qu'il aurait vécu une partie de ses nombreuses amours. Au total, cela faisait donc beaucoup de choses pour un petit morceau de terre, ignoré jusque-là.

Où se trouve le réel dans cette île de légende ?

Même si Homère parlait de la Crète à quelques reprises dans ses textes, il n'évoquait presque pas l'histoire de ses habitants. En fin de compte, ils avaient laissé peu de traces et la mémoire des hommes mélangeait époques, mythes et souvenirs. Le palais en forme de labyrinthe et le Minotaure vivant à l'intérieur avaient de quoi séduire l'imagination. Mais d'un point de vue archéologique, que pouvait-on en tirer ? Quel était la part d'histoire véritable dans ces légendes ? Et puis comment nommer ce peuple qui vivait alors en Crète ? Evans opta pour « minoen », en hommage à l'antique roi Minos. Ayant tout à reconstituer, il décrira précisément ses découvertes sans se laisser emporter par les démons de la mythologie.

La plus ancienne civilisation européenne

En quelques années, les fouilles se multiplient en Crète. Chaque grande nation européenne veut sa part de légende. On y découvre des « villes-palais », des milliers d'objets très raffinés, des fresques murales d'une grande finesse ainsi qu'une écriture inconnue, conservée par hasard sur des tablettes d'argile… Tous ces éléments ont permis de conclure à l'existence d'une civilisation méditerranéenne singulière, c'est-à-dire qui n'était ni égyptienne ni proche-orientale. Elle serait apparue sur la scène méditerranéenne aux alentours de 2700 avant notre ère, soit deux siècles avant la construction de la pyramide* de Chéops*, et aurait couvert une partie de l'âge du Bronze grec (2700–1450). Elle se présenterait donc comme la plus ancienne civilisation européenne découverte à ce jour.

D'où vient-elle ?

L'origine des Minoens est mal connue. Ils sont probablement venus d'Asie Mineure. Ils cultivaient la vigne, le blé et l'olivier et élevaient moutons et bœufs. Leurs objets, qui ont été retrouvés en Égypte, à Chypre ou encore dans les Cyclades, indiquent qu'ils devaient être d'habiles marins en relation avec l'ensemble de la Méditerranée. Toutefois, ils n'avaient pas de lien originel avec ces populations des alentours. En effet, transcrite sur des tablettes d'argile, leur langue ne correspond pas au grec ancien et ne s'apparente même pas à une langue indo-européenne. Aujourd'hui encore, le déchiffrement de leur écriture, dite linéaire A*, reste difficile…

Une civilisation élaborée

La civilisation minoenne stupéfia les hommes du début du XXe siècle. Ils connaissaient relativement bien les sociétés mésopotamiennes et l'Égypte pharaonique, mais ils n'étaient pas préparés à découvrir une civilisation inconnue et tout aussi élaborée. Voici différentes spécificités qu'Evans mit à jour :

Une écriture propre : le linéaire A

Tablette d'argile recouverte de signes du linéaire A, une écriture mystérieuse, probablement la plus ancienne d'Europe.

Evans était persuadé que, dans ce monde dépeint par Homère, il devait y avoir une écriture spécifique. Il n'en découvrit non pas une, mais trois : le linéaire A, le linéaire B et le hiéroglyphique. On sait aujourd'hui que seuls le linéaire A et le hiéroglyphique étaient utilisés par les Minoens, tandis que le linéaire B était d'origine mycénienne et transcrivait la langue grecque. Le linéaire A n'est toujours pas déchiffré à ce jour. Trop peu de tablettes ont été retrouvées et c'est d'ailleurs un miracle si quelques-unes nous sont parvenues. Cette écriture essentiellement administrative n'avait pas vocation à traverser les siècles. Imprimée sur des tablettes d'argile crue, elle aurait dû disparaître avec l'érosion du temps. C'est leur cuisson, due à des incendies, qui a permis leur conservation. Pour l'instant, les échantillons sont trop peu nombreux pour dresser un corpus comparatif et cohérent.

Les centres d'un État

Vers 1700 avant notre ère, les « palais » se développent et révèlent une organisation sociale complexe. Celui de Cnossos était le plus grand d'entre eux. Mais les palais de Malia* et de Phaïstos*, mieux conservés, ont également fourni de nombreuses informations. Le nombre de tablettes retrouvées dans ces palais montre qu'ils n'étaient pas seulement la résidence du roi et de sa cour, mais qu'ils servaient aussi d'administrations à un État centralisé.

Ni armes ni fortifications, des peintures colorées

En s'attaquant aux ruines de Cnossos, Evans s'attend à révéler un palais de type mycénien. Cependant, il s'aperçoit assez vite qu'elles ne ressemblent à rien de connu. Le palais découvert n'est pas fortifié. Les objets dégagés sont très raffinés et les fresques ne correspondent pas à des représentations guerrières. Aucune trace d'armes ou de victoires…

Si les personnages des fresques ont une allure grecque traditionnelle, les murs peints avec des couleurs très vives bouleversent, en revanche, l'idée d'une Antiquité toujours vierge et pure, où la blancheur du marbre régnerait en maître. Les peintures murales représentent divers aspects de la vie crétoise. Le raffinement et l'élégance y sont de mise et dénotent une certaine joie de vivre, avec le culte de la nature comme sujet central. La céramique* apparaît aussi avec des formes et des décors différents de ceux du continent grec.

Une religion sans temple ni représentation

La religion minoenne semble se distinguer de ses contemporaines par l'absence de représentations de divinités ou même de scènes religieuses. Aucun vestige de temple n'a été retrouvé. On a bien découvert quelques statuettes que l'on pourrait identifier comme des divinités, mais elles sont en trop petit nombre pour pouvoir imaginer un véritable culte. Le taureau est, lui, fréquemment représenté, en particulier avec des personnages accrochés à ses cornes qui effectuent des sauts périlleux. Peut-être est-ce une des origines de la légende du Minotaure ?
Tout autour du bassin méditerranéen, le taureau était largement vénéré comme symbole de fertilité, au Néolithique* et pendant l'Antiquité. On sait, par ailleurs, que des cérémonies rituelles avaient lieu dans les grottes ou sur les sommets de l'île.

Une civilisation engloutie ?

Le mystère de la disparition assez soudaine de la civilisation minoenne subsiste encore dans la tête de nombreux chercheurs. Différentes hypothèses ont été émises. On l'attribua tout d'abord à l'arrivée de populations mycéniennes sur l'île, mais la chronologie* ne correspond pas exactement. Ces populations auraient, en fait, débarqué quelques décennies plus tard. On pensa ensuite à une explosion volcanique, hypothèse qui semblait la plus plausible.
En 1967, un chercheur découvrit les vestiges d'une ville antique sur le site d'Akrotiri, ville détruite par l'éruption du volcan Santorin, près de 1500 ans avant notre ère. Bien qu'elle soit située sur une île plus au nord dans la mer Égée, ce chercheur mit en relation sa disparition avec celle des sites crétois et en conclut que la civilisation minoenne dut disparaître à la suite de la même éruption. Mais ce n'est pas tout : selon lui, tous les éléments concordaient pour pouvoir dire que les restes de la civilisation minoenne correspondaient à l'Atlantide*, le fameux monde englouti décrit par Platon*.

La Crète ou le mythe de l'Atlantide

D'après le Timée *(le dernier dialogue de Platon), l'homme d'État grec Solon aurait appris, vers 600 avant notre ère, le récit d'une lutte victorieuse menée par Athènes contre l'Atlantide*. À peine la guerre terminée, il y eut « de violents tremblements de terre et des déluges. En l'espace d'un seul jour et d'une seule nuit funestes, toute l'armée athénienne fut engloutie d'un seul coup sous terre, et l'île d'Atlantide s'enfonça sous la mer». La fin de l'Atlantide daterait de 900 avant l'époque de Solon, soit justement 1500 avant notre ère. De nombreux détails de la culture atlante décrite par Platon font penser à la civilisation minoenne. Aujourd'hui, on pense que le mythe de l'Atlantide inventé par Platon — qui était philosophe et non historien — cherchait à montrer aux Athéniens comment une société aussi puissante que celle de l'Atlantide, mais décadente et corrompue, a pu sombrer dans l'oubli. Bien entendu, il reste toujours des chercheurs pour croire que ce mythe a une réalité si ce n'est historique, du moins géographique, qui place le continent englouti au niveau des Açores.*

Disparition de la civilisation minoenne

Les recherches archéologiques montrent finalement que ce déclin n'a pas été aussi soudain qu'on aimerait le faire croire. Il est vrai qu'un tsunami et des pluies de cendres provenant de l'explosion du volcan Santorin ont pu toucher durement la Crète et affaiblir la civilisation minoenne. Mais il y a aussi le fait qu'on a souvent décrit les Minoens comme un peuple impliqué dans le commerce de l'étain, métal nécessaire à la fabrication du bronze, très prisé à cette époque. Or, le développement progressif du fer a provoqué le déclin de l'étain, ouvrant une nouvelle ère dans laquelle la Crète était absente ou marginale.
En définitive, il faut entremêler trois hypothèses pour expliquer la fin de la civilisation minoenne vers 1450 avant notre ère : les effets de l'éruption du volcan Santorin qui auraient affaibli l'économie agricole de l'île, le déclin de l'étain et l'invasion de l'île par les Mycéniens.

Une Crète antique, source d'inspiration des arts du XXe siècle

Il est intéressant de noter combien les mythes crétois d'Ariane, de Thésée, d'Icare et du Minotaure sont présents dans l'imaginaire du XXe siècle. Dans la production littéraire des débuts de ce siècle, la résurrection du royaume de Minos est très évoquée. La découverte de la civilisation minoenne rejoint dans les esprits les légendes de cités englouties et de mondes oubliés qui peuplent les romans d'aventures. *L'Atlantide* de Pierre Benoît, publié en 1919, est clairement inspirée des découvertes de Cnossos : le palais d'Antinea, la dernière reine de l'Atlantide, est à la fois un véritable labyrinthe et une demeure des plus confortables. Avec son puits de lumière, sa baignoire, son dallage… il rappelle trait pour trait le **mégaron** de la reine de Cnossos, restauré par Evans. On pourrait, par ailleurs, identifier physiquement Antinea comme une des jeunes femmes peintes sur les murs minoens.

Le **mégaron** est la pièce principale des habitations de cette époque en Grèce et en Turquie. Elle est, en général, constituée d'un foyer entouré de quatre colonnes.

Ces mythes sont aussi une source d'inspiration inépuisable pour les artistes de l'après-guerre face à une société en crise. Celui du Minotaure, par exemple, devient le symbole d'un classicisme désuet, d'un monde ancien et d'une tradition à dépasser. On le trouve chez les surréalistes, mais également dans une partie des œuvres de Picasso.

La Parisienne. Fragment d'une peinture murale du palais de Cnossos.

des Unelles
des Biturig
des Bellovaq
Les Salyens
des Séquanes
des Eduens
Les Pari
des Allobroges
des Arvernes
des Carnutes

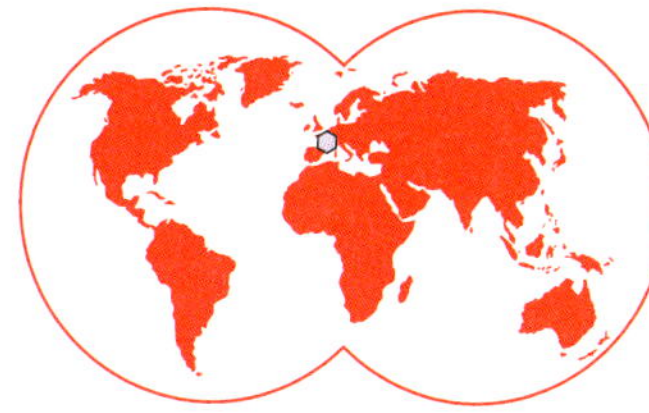

Du VIIIe au IIIe siècle avant notre ère

Propagande et archéologie celte

Ceux que l'on appelle les « Celtes » forment un ensemble de peuples indo-européens qui se définissent par l'usage de langues celtiques et par certains particularismes culturels. Ils ont jadis été présents sur une grande partie du continent européen. L'expansion maximale de ces populations celtiques se situe entre le VIIIe et le IIIe siècle avant notre ère. Même si certaines d'entre elles continuent à vivre longtemps en toute autonomie dans les îles Britanniques (pays de Galles, Écosse et Irlande), la soumission d'une grande majorité de ces populations à l'Empire romain au Ier siècle avant notre ère entraîne la disparition progressive de leur « civilisation ». Ne maîtrisant pas l'écrit, c'est essentiellement par des textes antiques aussi bien grecs que romains qu'on la connaît. Néanmoins, si ces sociétés dites celtiques possèdent des lois, des coutumes et des rites religieux qui tendent à les rapprocher, la définition d'une « civilisation » celtique pose encore un problème aujourd'hui, et ce pour deux

raisons. D'abord, ces populations ne connaissent pas d'unité politique entre elles. Elles forment des tribus éparses et indépendantes les unes des autres, à partir desquelles il est difficile de définir une culture commune. Ensuite, leur histoire a fait l'objet de nombreuses propagandes depuis l'Antiquité* jusqu'à la construction de la Communauté européenne, au milieu du XXe siècle. Le récit de quelques grandes découvertes archéologiques va permettre de décrypter ces constructions **historiographiques**.

L'**historiographie** est l'étude de l'histoire. L'adjectif « historiographique » se rapporte à la façon dont l'histoire est écrite ou construite.

L'histoire des Gaulois et des Celtes

Jules César et l'invention des « Gaulois »

Dans son livre *Commentaires de la guerre des Gaules*, César* présente les populations de Gaule sous deux aspects qui sont encore profondément ancrés dans notre imaginaire. D'une part, il forge le mythe d'un territoire uni, la Gaule, qui s'étend des Pyrénées au Rhin et qu'on appellera plus tard la France. Il rassemble sous le nom de « Gaulois » toutes les tribus vivant dans cet espace qu'il a lui-même délimité : les Arvernes (Vercingétorix), les Éduens (Berry), les Parisii (Paris), les Allobroges (Savoie)... Sous sa plume, les « Celtes » et autres habitants de Gaule deviennent donc les « Gaulois », comme s'ils avaient quelque chose à voir les uns avec les autres. Pourquoi César a-t-il forgé ce mythe de tribus celtes et gauloises formant une seule nation ? Car, pour apparaître comme un grand vainqueur, il vaut mieux avoir de grands ennemis. D'où l'intérêt d'en faire un peuple homogène.
D'autre part, il décrit ces peuples comme des barbares, du fait qu'ils ne partageaient ni la langue ni le modèle de civilisation des Romains ou des Grecs. Par comparaison, cela lui permettait de montrer à quel point le monde auquel il appartenait était raffiné et civilisé. Le peuple gaulois, qui restait en marge de l'écrit, servait donc de point de comparaison et n'était pas décrit en lui-même.

Jules César était à la fois un homme politique, un général et un homme de lettres. Il partit à la conquête de la Gaule de 58 à 50 avant notre ère.

Le mythe « gaulois » dans l'histoire de France

Dans la construction de l'histoire de France, on s'est servi des Gaulois à tout-va pour alimenter les propagandes nationales.
Menant une conquête difficile du territoire, de nombreux rois de France, de Clovis à Louis XIV, se sont ainsi appuyés sur les écrits de César — qui présentaient la Gaule comme un pays déjà constitué et les Gaulois comme

le premier peuple d'Europe — pour légitimer leurs revendications territoriales. Cette construction, quoique erronée, fit ainsi de César le premier historien au service de cette France en devenir.

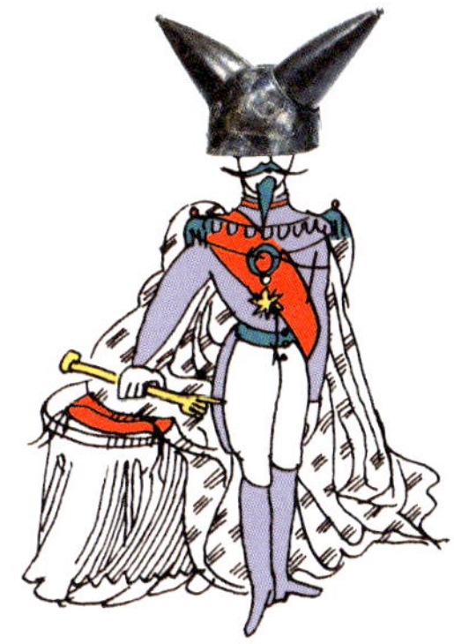

Napoléon III, le neveu de Napoléon Bonaparte, fut l'empereur des Français de 1852 à 1870.

En 1789, les Gaulois revinrent plus que jamais sur le devant de la scène. Le discours tenu par les inspirateurs de la Révolution française était alors le suivant : d'un côté, il y avait la noblesse qui était faite de Francs, une race d'immigrés venus du Nord. De l'autre, il y avait le peuple qui était, lui, formé de Gaulois enracinés depuis toujours sur le sol national. C'était donc à lui que devait revenir l'exercice légitime du pouvoir. L'émigration des nobles vers l'étranger, pour éviter d'être décapités pendant la période révolutionnaire, renforça cette idée d'une noblesse à bannir.

Enfin, dans la seconde moitié du XIXe siècle, on assiste à une montée du nationalisme en France. Il se manifesta, en particulier, par une opposition croissante face à l'Allemagne en voie d'unification (guerre franco-allemande de 1870 et perte d'une partie de l'Alsace-Lorraine). L'empereur Napoléon III* chercha alors à remonter au plus loin dans l'écriture de l'unité nationale française et s'appuya, pour la faire valoir, sur le mythe d'une Gaule unie, forgé par César. Il présenta la conquête romaine comme ce qui permit aux Gaulois d'éviter l'invasion des Germains*, des Vandales et des Saxons, qui peuplaient alors le futur territoire de l'Allemagne. À cette occasion, les Gaulois ne furent plus considérés par Napoléon III comme des barbares, mais comme de bons et valeureux ancêtres. C'est à lui que l'on doit, par ailleurs, la création des Antiquités nationales et le financement de projets archéologiques autour des Gaulois. C'est à cette époque que se développe l'archéologie* française.

Au service secret de la propagande nazie

À force de fouilles, on reconnaît en France, en Suisse et en Allemagne des traces qui laisseraient supposer l'existence de coutumes et de vestiges* matériels communs aux différentes populations celtiques ayant habité ces régions. En outre, des études linguistiques révèlent des liens entre le sanskrit, l'équivalent du latin en Inde, et les autres langues indo-européennes. Il n'en fallut pas plus pour que les nazis, au moment de la Seconde Guerre mondiale, s'emparent de ces découvertes et terminent de construire le mythe des Aryens, une race originelle blanche, aux cheveux blonds et supérieure en tout, qui aurait conquis tout l'ouest de l'Europe. Ce peuple originaire d'Asie centrale aurait progressivement migré vers l'ouest, ce qui

expliquerait les racines linguistiques communes à toute cette partie du monde. Les nazis opposèrent cette race « pure » et fantasmée aux Sémites* du Proche-Orient, c'est-à-dire aux peuples parlant des langues sémitiques, qui, selon eux, avaient les cheveux bruns et aucune aspiration autre que mercantile. Une idée aussi grossière que raciste. Les populations celtiques, dont l'un des foyers avait été l'Allemagne, devenaient ainsi des Aryens et l'archéologie celte collabora, sans le vouloir, à la propagande nazie.
Nous savons aujourd'hui que ces groupes ne formaient pas un peuple homogène qui conquit l'Inde et l'Europe. Il s'agit plutôt de multiples populations qui se sont partagé des territoires et ont échangé biens, idées et croyances depuis fort longtemps. À la période protohistorique*, les populations celtiques occupèrent des zones allant de la Hongrie à l'Irlande, en passant par la France. La propagande nazie prônant une race supérieure tomba d'elle-même en désuétude.

L'emblème des Gaulois est bien le sanglier et non le coq ! C'est au milieu du Moyen Âge que les ennemis germaniques s'aperçoivent avec délectation que *gallus*, en latin, signifie à la fois « gaulois » et « coq ». Ils font alors remarquer que les Français sont tout aussi orgueilleux que l'animal de basse-cour. Le roi Philippe Auguste est ridiculisé. Par esprit de contradiction, les Français se réapproprieront le discours en mettant en avant ce fier animal. C'est véritablement pendant la période révolutionnaire que le coq prendra une ampleur nationale !

Une histoire à reconstruire

Au milieu du XIXe siècle, nos connaissances des peuples celtiques étaient bien minces. Nos « ancêtres » les Gaulois, en grande partie celtiques, étaient dépeints comme des barbares errants, armés de massues et vêtus de peaux de bêtes. On les imaginait encore pataugeant dans la boue sous une pluie incessante, à l'image de leur animal **emblème**, le sanglier. Ils seraient finalement sortis de leur crasse barbarie grâce aux Romains qui, eux, vivaient en petite jupette au soleil, dans un monde classique beau et raffiné. Voilà en quelques mots, à peine exagérés, l'état de notre savoir historique jusqu'en 1845. Mais tout allait basculer pour la recherche française. On allait découvrir petit à petit que les habitants de la Gaule n'étaient pas aussi barbares que cela...

Un tumulus bourguignon

La première découverte française a lieu en Bourgogne, en 1845. Alors qu'un paysan laboure son champ près de Châtillon-sur-Seine, il rase impunément un monticule de terre et de pierres de plus de 4 mètres de haut. Cette éminence au milieu de son terrain le gêne dans ses travaux agricoles. Quelle n'est pas sa surprise quand il s'aperçoit que ce bubon est rempli de vestiges de toute sorte. Il s'agit, comme on le comprit plus tard, d'un tumulus*, c'est-à-dire d'un ensemble funéraire composé d'un mur d'enceinte et d'un fossé, puis recouvert de terre. En son centre, il y avait tout un tas d'objets épars, des morceaux de char, des fragments de métal, un chaudron… datés du VIe siècle avant notre ère et provenant probablement, pour certains, de Grèce. Ces objets, méconnaissables tant ils étaient recouverts de boue, ouvrirent la voie aux archéologues qui allaient redécouvrir une civilisation en contact avec la lointaine Grèce dite classique.

Des tumuli suisses

À l'époque, personne ne fait attention à ce tumulus. Jusqu'au jour où, après plusieurs campagnes de fouilles, on découvre à Hallstatt*, sur les bords d'un joli lac suisse, un millier de sépultures* du même genre que celle retrouvée en Bourgogne. Par chance, elles sont sur un territoire riche en mines de sel dont la particularité, comme l'argile ou la tourbe, est de conserver les matériaux organiques tels que le bois, le cuir… Beaucoup de renseignements sur les gens enterrés là vont ainsi pouvoir être analysés.
Le groupe qui a coutume d'enterrer ses morts sous des tumuli aussi bien en Suisse qu'en Bourgogne, et avec le même type d'objets ouvragés, est alors inconnu des archéologues. Si on se trouvait en face de petites tribus barbares et isolées, comme on le croyait d'abord, comment expliquer une telle unité dans leurs pratiques funéraires et dans leurs objets ? Qui étaient donc ces gens du nord des Alpes qui échangeaient avec la Méditerranée ? des « Bourguignons » raffinés et égarés en territoire suisse ? Ou bien pouvait-il

s'agir des « Celtes » dont parlaient les anciens Grecs ? Mais ceux-ci étaient plutôt originaires du sud de l'Allemagne, qui se trouve à des centaines de kilomètres de là… Alors que l'on pensait connaître notre passé « barbare », voilà que surgissait une nouvelle énigme.

Le cratère de Vix, le plus grand vase du monde

Une découverte sensationnelle a lieu en 1953, encore une fois en Bourgogne, dans la commune de Vix*. Sur ce site, on a découvert l'existence d'un très large fossé de 12 mètres de large sur 5 mètres de profondeur, révélant la présence d'un oppidum* gaulois. La saison des fouilles est sur le point d'être interrompue à cause de l'hiver, lorsque de très grosses pierres apparaissent au milieu du terrain. L'analyse géologique montre qu'elles n'appartiennent pas à ce sol ; on les y a donc transportées. L'archéologue, le cœur battant, décide la mise en route d'un dernier sondage*. Il veut s'assurer qu'elles ne font pas partie d'une construction, mais ne trouve rien. Il s'en va penaud. La nuit tombe et son ouvrier en chef, qui n'aime pas le travail inachevé, continue pourtant à creuser pour terminer le sondage. Victoire ! Un objet en métal très lourd luit à la lumière de sa bougie. Le lendemain, l'archéologue prévenu revient pour dégager tout ce qui peut l'être. Peu à peu, l'anse d'un immense **cratère** apparaît. Il semble être d'une dimension hors du commun. Il faut quatre jours pour sortir l'objet, qui est en bien mauvais état. La construction qui protégeait la tombe s'est affaissée sur lui. Heureusement, les restaurateurs parviendront à lui rendre sa forme originelle. Le cratère de Vix est le plus grand vase du monde. Il mesure 1,64 mètre de haut pour 1,27 mètre de diamètre et a un col de 1 mètre de large. Il peut contenir 1 100 litres et pèse 208 kg. Malgré son caractère monumental, il a le fini d'un bibelot. Le style, les scènes représentées sur les frises, les motifs de décoration et les détails de sa fabrication révèlent sans aucun doute une origine grecque.

Les **cratères** sont des vases grecs dans lesquels on mélangeait le vin concentré et l'eau. On les retrouve souvent dans des tombes où ils servaient aux cérémonies funéraires. Celles-ci étaient chez les populations celtiques, mais aussi chez les Grecs, l'occasion d'un grand banquet réunissant les amis et les proches du défunt une dernière fois autour de lui.

Un oppidum, des oppida

Les oppida sont des complexes urbains fortifiés, où l'on pratique des activités artisanales et où l'on vend et échange des biens. Ils sont caractéristiques de la civilisation celtique, formant un carrefour vital et protégé. Comme toujours, à ces lieux de marché sont associés des lieux de culte qui placent les échanges entre hommes sous le regard d'un ou de plusieurs dieux. Plus tard, on retrouvera les marchés à proximité ou même à l'intérieur des cimetières, pour que les morts surveillent les vivants.

Le tombeau d'une princesse « gauloise »

Ce que l'archéologue vient de découvrir est apparemment le tombeau d'une princesse gauloise. Au centre, le corps d'une femme allongée repose sur un petit char, dont les roues ont été retirées et accolées à la paroi de la tombe. À côté d'elle, cet énorme cratère en bronze, ramené de Grèce ou d'Italie, où l'on fabriquait aussi des céramiques* de type grec. Des bijoux de toutes sortes ceignent les poignets, les chevilles et le cou de la femme. Un torque* de bronze, sorte de collier épais et rigide, a été déposé à ses côtés. La signification de ce geste nous est inconnue. Enfin, un énorme collier d'or au galbe parfait, aussi neuf que s'il venait d'être fabriqué, se trouve non loin de la tête de la défunte. Il pèse 480 grammes d'or fin à 24 carats. Un véritable chef-d'œuvre d'orfèvrerie dans lequel ressortent tout autant certaines traditions celtiques, comme la forme en trois quart de sphère, que les techniques méditerranéennes, tels les soudures, les granulations ou les filigranes. Contrairement à beaucoup d'objets datant du premier âge du Fer* européen (800–400 avant notre ère), sa décoration, à la fois austère et dépouillée, est d'une pureté absolue. En un mot, sobre !

L'or

L'or est un matériau chargé de sens que l'on trouve, le plus souvent, sur les bijoux des aristocrates. Il est le symbole de leur puissance. En feuilles d'or martelées, ces bijoux sont décorés de motifs géométriques récurrents. Dans les tombes, le cou et les poignets des défunts sont ornés de ces parures ; certains objets leur ayant appartenu sont recouverts d'or au moment des cérémonies funéraires. La coupe permettant de boire le vin ou l'hydromel, posée sur le bord du cratère, peut être également en or.

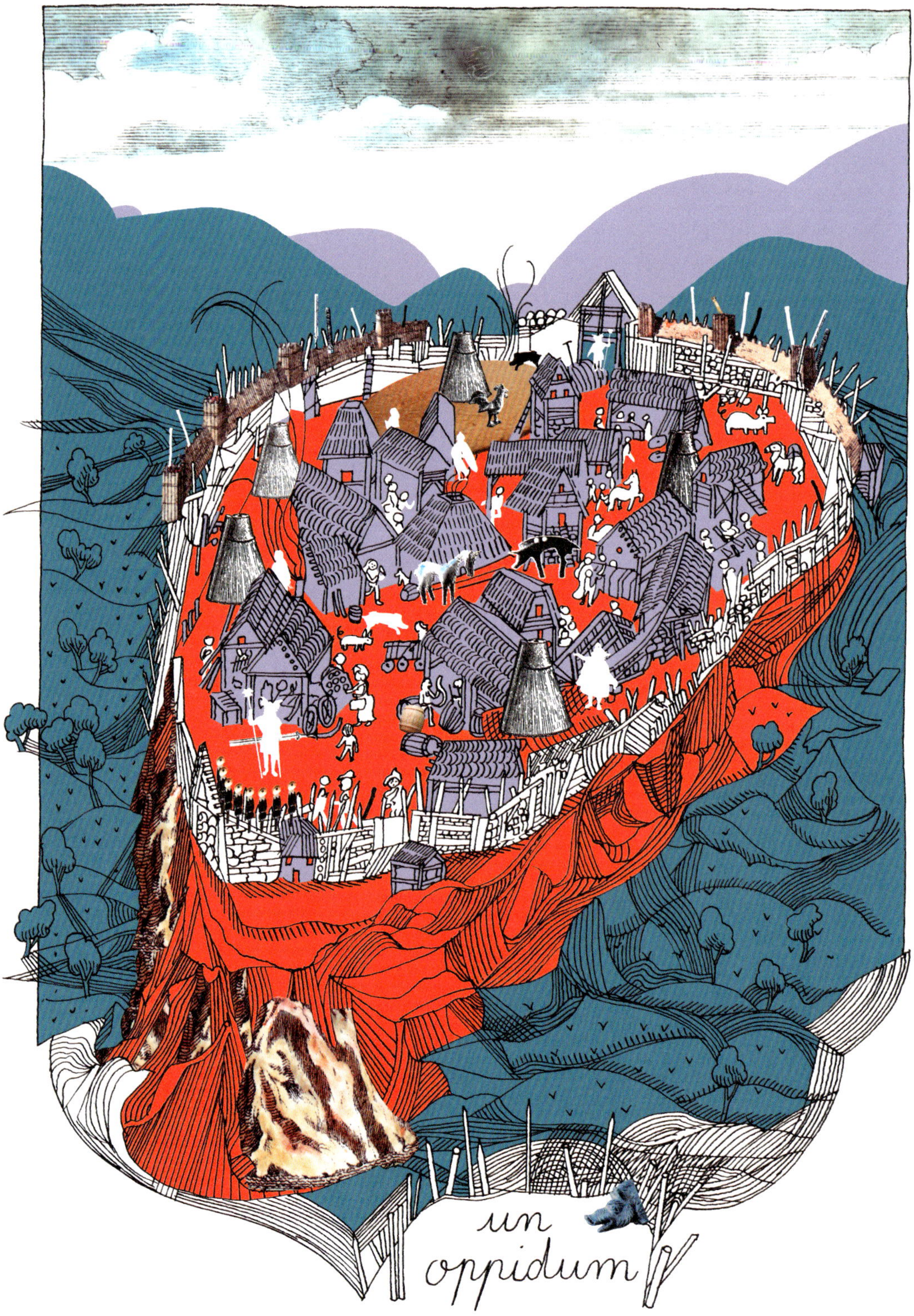
un
oppidum

Les « Gaulois » n'ont rien à envier aux Grecs ou aux Romains

Des populations à la tête d'un réseau d'échanges

Le magnifique cratère de Vix a été importé de Grèce ou d'Italie et le coût de son transport suggère qu'il a été voulu par un amateur d'art gaulois à la fortune colossale. Est-ce un cas isolé ? de cette ampleur, oui. Mais au vu de la quantité d'objets grecs trouvés dans le monde celtique, à toutes les époques, on peut largement supposer l'existence d'un important réseau d'échanges entre ces populations.

Une société hiérarchisée

Cette tombe nous révèle, d'autre part, la hiérarchisation de la société gauloise. Le traitement accordé à la défunte semble être celui qui est réservé à un personnage de haut rang, ce qui signifie qu'elle devait occuper une place importante dans la société. Sa tombe date du premier âge du Fer, appelé la civilisation de Hallstatt. Celle-ci se caractérise par des tombes princières très richement décorées, qu'on ne retrouvera pas à la période suivante, dite de la Tène* ou deuxième âge du Fer (depuis le Vᵉ siècle avant notre ère jusqu'à la conquête romaine). Plus rurale, cette dernière période voit apparaître, vers le IIᵉ siècle, les oppida dont il a été question plus haut.

Une civilisation raffinée et inventive

Le trésor* de Vix nous enseigne également que les Gaulois, « celtes » ou pas, n'étaient pas des sauvages et qu'ils n'ont pas été tout simplement avalés par Rome* ou acculturés par les Grecs.

Quand Rome conquiert la Gaule, au Iᵉ siècle avant notre ère, ses habitants ne se sont pas rendus aux Romains. Ils ont résisté obstinément et, dans les coins d'Europe où leur langue s'est maintenue, comme en Bretagne ou en Grande-Bretagne, leurs caractéristiques culturelles sont restées en vigueur. Par ailleurs, si les influences du monde classique sont notables, elles ont rapidement été digérées. Au IVᵉ et au IIIᵉ siècle avant notre ère, des populations celtiques envahissent le nord de l'Italie, Rome ainsi qu'une partie de la Grèce, puis refluent vers le nord et l'ouest. Au IIIᵉ siècle, les « Gaulois », ou plus exactement les diverses populations habitant la Gaule, adaptent librement les modes culturelles importées en fonction de leur propre sensibilité et de leurs croyances. Les coutumes des divers pays européens en gardent encore la trace. En effet, c'est bien en pantalons gaulois que les Romains d'aujourd'hui se promènent dans les rues italiennes. Sans eux, ils seraient toujours en jupette à boire du chianti dans de lourdes amphores* ; le tonneau étant également une invention venue de Gaule. Mais l'apport le plus remarquable des populations celtiques est peut-être celui d'avoir découvert et transmis aux Romains les secrets de l'acier et, grâce à lui, de la fabrication des armes en métal lourd. Les Romains apprirent aussi à labourer la terre grâce aux charrues à deux roues, mises au point par les Gaulois et permettant l'emploi de gros socs en fer.

Une civilisation urbanisée

La découverte de l'oppidum de Vix et d'autres oppida a mis en évidence un véritable mouvement d'urbanisation indigène, dès la première moitié du IIe siècle avant notre ère. Au moment de la conquête de la Gaule par Jules César, ces villes sont soit romanisées, soit abandonnées. Mais l'organisation territoriale créée avant l'arrivée des Romains n'a jamais totalement disparu du paysage européen. Les oppida abandonnés au moment de la création des villes romaines sont restés dans la mémoire populaire comme des villes disparues. C'est le cas de Bibracte* ou plus exactement du mont Beuvray, qui fut fréquenté pendant tout le Moyen Âge pour sa célèbre foire. La ville en hauteur avait bel et bien été abandonnée pour construire en contrebas la ville romaine d'Augustodunum, aujourd'hui Autun*. D'autres furent bel et bien colonisées. Mais, ce qu'il faut retenir

Bibracte, archéologie et politique

On a mis longtemps à comprendre que les restes de fortifications que l'on aperçoit dans tout le territoire étaient d'anciens forts celtiques, les fameux oppida dont César parle tant. En France, le plus célèbre d'entre eux est certainement Bibracte. Cette ville fortifiée, qui s'étend au sommet du Morvan, est un haut lieu de la guerre des Gaules. Elle était la capitale des Éduens, l'un des peuples gaulois les plus puissants à l'époque. C'est là, selon César, que Vercingétorix réalisa l'unité gauloise contre les Romains, en 52 avant notre ère. César, vainqueur à Alésia à la fin de cette même année, y acheva la rédaction de ses* Commentaires. *Mais elle est surtout connue car le président François Mitterrand*, originaire de la région, y a fait financer de nombreuses recherches archéologiques et construire un important musée. Il voulait, par ailleurs, acheter un petit lopin de terre pour y construire sa propre tombe et s'inscrire dans cette tradition gauloise qui reste encore et toujours d'actualité.*

est que les emplacements et sites avaient été si bien choisis qu'ils forment encore aujourd'hui la trame de notre territoire.

Épilogue archéologique

De l'Irlande à la Hongrie, les archéologues découvrent ainsi la civilisation celtique et particulièrement les cimetières de princes ou de guerriers, les remparts indestructibles faits en poutres de bois recouvertes de terre, les statues de dieux aux attributs méconnaissables, les armes en métal lourd, les bijoux en or très coûteux, les inscriptions en une langue qui n'est ni grecque ni latine… Malgré cela, on ne sait pas grand-chose de plus que ce qu'apporte la stricte analyse matérielle des vestiges. Comme nous l'avons vu, et bien que tous ces éléments se retrouvent dans cette immense aire géographique, il est encore difficile d'approcher leurs façons de voir le monde et de comprendre les croyances qui y sont attachées.

Les menhirs ne sont pas celtes

En épilogue, il est nécessaire de casser un mythe qui perdure : les monuments mégalithiques*, dolmens*, cairns, menhirs et autres pierres levées, longtemps associés aux « Celtes », ne sont en réalité pas celtes. Cette confusion est due en partie au fait que les populations celtiques se sont petit à petit retranchées vers l'ouest, en Bretagne et en Grande-Bretagne, dernières régions où l'on parle celte aujourd'hui. La **celtomanie** a alors affublé ces monuments de noms tirés du breton moderne afin qu'ils évoquent un passé mystérieux, avec des druides réalisant des sacrifices sur des dolmens pourtant trop haut pour servir de plate-forme… Or, ces mégalithes qui, il est vrai, sont situés à 80 % en Bretagne, ont été construits des millénaires avant l'apparition des populations aux caractères celtiques. Ils n'ont donc rien à voir, ni de près ni de loin, avec cette période de l'histoire.

La **celtomanie** est une fantaisie qui voit systématiquement dans les « Celtes » et dans leur langue l'origine de tout ce que l'on trouve en Bretagne.

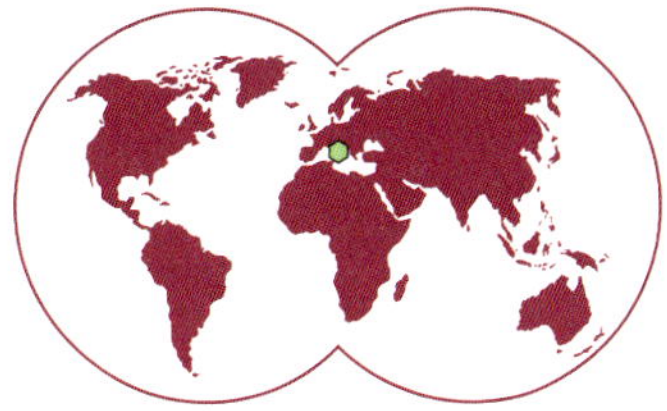

Du VIIIe siècle avant notre ère
au IVe siècle de notre ère

Rome, la ville millefeuille

À Rome, dès l'Antiquité, on construit les édifices en les superposant : les thermes* de Trajan sont bâtis sur les ruines du palais de Néron, appelé la Maison dorée ; ceux de Dioclétien sur deux temples* et des édifices publics et privés. Les Romains ne détruisent pas les substructures des monuments qu'ils remplacent, ni ne déblaient ceux qui s'effondrent. « Les collines s'élèvent sur les décombres », écrit déjà Frontin, administrateur des aqueducs* au IIe siècle de notre ère. Les édifices se superposent du plus ancien au plus récent, comme les couches géologiques ; c'est ce que l'on appelle la « stratigraphie* romaine ». Ainsi, avant la fin de l'Empire, la Rome royale et celle de la République ont presque disparu, recouvertes par des constructions plus récentes, destinées à un sort identique.

De la royauté à l'Empire

La légende veut que Rome ait été fondée par Romulus en 753 avant notre ère. Il en serait ainsi le premier roi. Sa royauté est faite d'assistants nommés pour gérer la plupart des problèmes. Le sénat est ainsi créé comme un organe de conseil. Bien entendu, le roi garde le privilège d'écouter ou non ses conseillers. Lorsque la monarchie est renversée, en 509 avant notre ère, le gouvernement devient alors affaire publique; sénat et peuple romain décidant a priori de l'administration de la cité. Bon an, mal an, la République dure 500 ans. En 27 avant notre ère, Octave Auguste se fait proclamer empereur. Il met en place une forme de gouvernement personnel et absolu qui perdure à Rome jusqu'en 476 de notre ère.

Rome, la Ville Éternelle

Ce qui est fascinant dans la Rome antique, c'est non seulement la présence de cette continuité urbaine, mais surtout le fait qu'elle nous soit livrée aussi bien conservée. Descendre de plusieurs mètres et entrer dans un temple d'il y a 2000 ans, encore debout mais caché de tous, est une aventure à part entière. En cela, Rome mérite bien son surnom de Ville Éternelle. Pour en rendre compte, nous nous arrêterons sur deux sites particulièrement remarquables dans leur stratigraphie aussi bien réelle que symbolique. Le premier d'entre eux est celui de la basilique* Saint-Clément, dont les fouilles ont commencé au milieu du XIXe siècle et ont permis de prendre conscience de cet étonnant phénomène de stratigraphie romaine. Le second est celui d'une grotte sacrée découverte récemment au cœur du Palatin et qui nous apporte de nouveaux éclaircissements sur la fondation de Rome.

Mont Palatin

Le Palatin est une des sept collines de Rome. Sous l'Empire, il est le lieu des demeures impériales ou palais, ce qui aurait pu lui donner son nom. C'est aussi, selon la mythologie romaine, le lieu de fondation de Rome par Romulus. Il s'agit, en tout cas, d'une des parties les plus anciennes de la cité.

La basilique Saint-Clément

Une machine à remonter le temps

De la Renaissance au XIXe siècle, tous les Romains pensaient que l'élégante basilique Saint-Clément était celle que mentionnait saint Jérôme en

392 ; que c'était une église datée de la fin de l'Antiquité, parvenue sans trop de dommages jusqu'à nous. Pourtant, en 1857, le père dominicain Joseph Mulloly, prieur de Saint-Clément, a une prémonition. Il décide de fouiller sous son église pour connaître l'histoire de sa construction. Il ne soupçonne pas qu'il vient alors d'entamer une des plus fascinantes aventures archéologiques. Peu à peu, sous l'église actuelle, construite en réalité au XIIe siècle, apparaît la basilique originelle consacrée, officiellement, 800 ans auparavant, au IVe siècle. Il y avait donc non pas une, mais deux basiliques, construites l'une sur l'autre. En continuant à fouiller, il met au jour, sous ce deuxième niveau, les restes d'une construction du Ier siècle de notre ère dont une partie semblait avoir été dédiée au culte chrétien naissant. Sous les deux basiliques, donc, une première église. On aurait pu s'arrêter là. Pourtant, des fouilles postérieures révèlent que, sous ce troisième niveau de constructions, il en existait encore un quatrième. Un niveau constitué de maisons, détruites en 64 de notre ère par l'incendie qui ravagea Rome à l'époque de l'empereur Néron. Incendie que l'on attribua à la première communauté chrétienne et pour lequel saint Pierre aurait été arrêté et martyrisé. Une belle stratigraphie, en somme, où chrétienté et Empire se partagent le devant de la scène. La basilique Saint-Clément que l'on connaît aujourd'hui est ainsi construite 20 mètres au-dessus du sol d'il y a 2 000 ans. Mais reprenons l'histoire dans le bon sens, telle que nous la dévoile le relevé archéologique une fois achevé.

Ier siècle : habitations et lieux de culte privés

Après l'incendie de 64 de notre ère, les constructions brûlées sont comblées et employées comme fondations pour de nouvelles maisons. Il s'agit alors du niveau 1 atteint par les fouilles, car il correspond au plus ancien niveau de toute notre stratigraphie. À la profondeur du deuxième niveau archéologique, les fouilles montrent deux blocs séparés par une rue. D'un côté, les vestiges* d'un immeuble divisé en petits appartements construits autour d'une cour. En son centre se trouve un petit temple de Mithra*, dieu perse populaire parmi les militaires romains, daté du IIe siècle de notre ère. De l'autre côté de la rue, une construction plus soignée avec une très grande cour est mise en évidence. Pour les chercheurs, cette maison, apparentée à un palais, cachait un lieu de culte chrétien dès la fin du Ier siècle.

IVe siècle : la première basilique

Peu de temps après la publication de l'édit de Milan, en 313, lequel permit aux chrétiens de se montrer au grand jour à Rome, le palais est transformé en église en mémoire du pape saint Clément Ier, qui aurait vécu dans cette demeure à la fin du Ier siècle. Au IVe siècle, les architectes comblent donc les pièces du rez-de-chaussée et la cour centrale du palais jusqu'à la hauteur du premier étage. Au niveau ainsi atteint, soit le niveau 3, la cour devient la **nef** de l'église ; quant aux chambres qui donnaient sur la cour, elles deviennent les nefs latérales. Cette première basilique fut consacrée sous le pontificat du pape saint Sirice, entre 384 et 399 de notre ère, comme nous l'apprend une dédicace à son nom retrouvée dans les fondations. À côté de cette nouvelle église, le culte de Mithra était maintenu dans la maison adjacente (niveau 2). Cependant, en 395, le mithraïsme est supprimé. L'église rachète la parcelle de l'immeuble et du temple. Elle comble entièrement l'étage inférieur de cet ensemble et rajoute une **abside** au-dessus du vestibule du temple de Mithra.

La **nef**, qui s'étend du portail de l'église jusqu'au chœur, est l'endroit où se tiennent les fidèles pour prier.

L'**abside** est le nom donné à l'extrémité d'une église. Souvent en forme de demi-cercle, elle se situe derrière le chœur.

XIIe siècle : la seconde basilique

Cette première basilique, jugée fragile, est à son tour comblée de terre jusqu'au sommet des colonnes qui séparent les nefs, au début du XIIe siècle. Sur ces fondations, une réplique de l'ancienne basilique est érigée, mais légèrement plus petite. C'est la basilique que nous connaissons aujourd'hui, située au niveau 4, et qui se trouve donc très au-dessus du niveau naturel du sol. La basilique originelle et l'étage inférieur qui lui servit de fondation ont totalement été oubliés jusqu'aux fouilles de 1857. Au XVIIe siècle, la basilique est cédée en propriété perpétuelle aux Dominicains. Puis, à la suite de la persécution religieuse en Irlande, quelques années plus tard, elle est donnée aux dominicains irlandais, qui sont encore aujourd'hui attachés au service de la basilique. De telles découvertes « stratigraphiques » se sont multipliées à Rome depuis celles des fondations de la basilique Saint-Clément.

La grotte de Romulus et Remus

Au cœur de la capitale italienne

Au centre de la capitale italienne, habitée depuis plus de 2 500 ans, les archéologues viennent de tomber sur une cavité creusée dans le Palatin. Il s'agirait de la grotte où Romulus, le fondateur de Rome, aurait été recueilli avec son frère et nourri par une louve. Deux indices à la fois géographiques

la grotte
des
Lupercales

et symboliques abondent dans le sens de la grotte originelle. Tout d'abord, sa localisation correspond aux récits des historiens antiques. Ces derniers situaient l'entrée de la grotte au pied du Palatin, non loin du Tibre qui débordait régulièrement. C'est à la suite de l'une de ces crues que la nacelle en osier contenant les jumeaux, abandonnés aux caprices du fleuve, se serait échouée à ses abords. Ensuite, cette cavité se trouve très précisément dans les fondations du palais du premier empereur romain, Auguste. Il est tout à fait concevable que ce fin homme politique ait choisi de construire son palais sur ce lieu fondateur. En se proclamant le nouveau Romulus, cela ne pouvait qu'accroître sa légitimité.

La grotte et le récit mythologique

Nés des amours secrètes entre une **vestale**, fille du roi d'Albe, et le dieu Mars, Remus et Romulus auraient pu prétendre au trône que convoitait leur oncle. Mais ce dernier fit exécuter leur mère et ordonna que l'on noie les enfants. Leur nacelle se serait échouée au bord du Tibre, dans la fameuse grotte où une louve les aurait recueillis et nourris. La maturité atteinte, Romulus devint le premier roi et fonda la dynastie royale de la Rome antique. Bien entendu, il s'agit ici du récit légendaire de la fondation de Rome. Récit dans lequel se pose l'éternelle question du fondement historique de la tradition mythologique. Déjà Tite-Live, un historien de l'époque d'Auguste, ne croyait pas à cette légende et cherchait des faits plus véridiques. Pour lui, l'histoire de Rhea Silvia, la mère des jumeaux, était absurde. Elle découlerait d'une mauvaise interprétation du terme *lupa*, « **prostituée** » et non pas « louve », qui désignait le métier exercé par la femme du berger Faustulus, celui qui finalement recueillit les enfants. Pour lui, il était également absurde qu'un dieu comme Mars ait eu des relations sexuelles avec une mortelle. Il alla même jusqu'à imaginer que Rhea Silvia avait été victime d'un viol qu'il fallut dissimuler.

Une **vestale** était une prêtresse vierge dévouée à Vesta, la déesse du Foyer dans la mythologie romaine.

Dans le monde antique, les **prostituées** sont le plus souvent associées aux déesses de la Fertilité. On les retrouve dans les temples de l'Orient ancien, chez les Hébreux* ou même chez les Grecs… Il faudra attendre la christianisation du monde occidental pour que la sexualité soit restreinte, au moins légalement, à la famille.

Point de départ de la mythologie romaine

Quoi qu'il en soit, la grotte est bel et bien là, mais la coïncidence paraît étonnante. Comment concilier cette légende et la réalité historique ? Tout mythe s'inspirant d'une réalité historique, il ne serait pas étonnant de considérer cette grotte comme le lieu d'inspiration des mystificateurs romains. Il n'y a alors qu'un pas pour imaginer Auguste s'emparant de ce lieu mythique.

La grotte tout juste découverte est une grande cavité de plus de 7 mètres de haut dont la voûte est décorée de dessins, de mosaïques et de coquillages. Un aigle blanc, symbole de l'Empire romain, figure en son centre, ce qui suggère une restauration du sanctuaire* à l'époque d'Auguste. On ne peut en dire beaucoup plus, car la grotte est encore en grande partie obstruée. Certains chercheurs pensent qu'il s'agit en réalité d'un nymphée, un sanctuaire dédié aux nymphes, de l'époque des débuts de l'Empire. Les archéologues en charge des fouilles sur le Palatin penchent, eux, pour l'hypothèse de la grotte inspiratrice du mythe originel.

Découverte de la grotte des Lupercales sur le mont Palatin.

À l'origine de la Saint-Valentin

Ce lieu mythique est oublié depuis la fin du Vᵉ siècle de notre ère, époque à laquelle le pape saint Gélase Iᵉʳ avait fait fermer la grotte et interdire la fête des Lupercales, qui s'y déroulait. Celle-ci était un moment de purification qui avait lieu du 13 au 15 février, c'est-à-dire à la fin de l'année romaine, qui débutait le 1ᵉʳ mars. Les prêtres, choisis dans la plus haute aristocratie romaine, sacrifiaient un bouc là où la louve aurait allaité les deux jumeaux. Des jeunes hommes, marqués du sang de l'animal, riaient aux éclats et devaient se mettre à courir dans la ville. Armés de lanières découpées dans la peau du bouc sacrifié, ils fouettaient les femmes qui souhaitaient avoir un enfant dans l'année, pour les rendre fécondes. C'était donc un rite de purification mais aussi de renouveau. En 494, le pape interdit cette fête païenne, choisit saint Valentin comme patron des amoureux, et décréta que cette date, le 14 février, lui serait consacrée. Plus de 1 500 ans plus tard, celle-ci est toujours en vigueur.

Rome, un modèle d'urbanisme

La stratigraphie romaine, à la fois réelle et imaginaire, est sans aucun doute à l'origine de nombreux fantasmes sur la Ville Éternelle. En outre, les liens encore forts entre l'Orient ancien et la Rome classique, incarnés par le souvenir de Mithra ou Jésus de Nazareth, nous permettent d'entrevoir l'origine de notre civilisation dite judéo-chrétienne. C'est dans cet Orient-là qu'est née la ville. Ville que Rome incarnera dans toute sa splendeur et instituera comme modèle d'urbanisme jusqu'à aujourd'hui.

Mithra

Dieu indo-iranien apparu en Orient vers le IIe millénaire. Le culte de Mithra ou mithraïsme connaît pourtant son apogée à Rome aux IIe et IIIe siècles de notre ère. On pense qu'il arrive en Europe occidentale par les militaires romains. Les sanctuaires dédiés à ce dieu sont retrouvés dans tout le monde romain. Ils sont souvent associés à des sites de garnisons. L'image que l'on y retrouve systématiquement est celle de Mithra terrassant le taureau, symbole de fertilité. C'est grâce aux peintures des mithraea *que l'on connaît un peu cette religion. Religion à mystères, c'est-à-dire sans texte, dont les fidèles sont initiés par l'intermédiaire de cérémonies, il semblerait qu'elle ait été interdite aux femmes et que les élites s'y soient peu reconnues. Contemporaine des débuts du christianisme, elle rivalise avec lui un temps. Ernest Renan, un écrivain-philosophe du XIXe siècle, va même jusqu'à écrire que « si le christianisme eut été arrêté dans sa croissance par quelque maladie mortelle, le monde eut été mithriaste ». On ne saura jamais s'il avait vu juste. À Rome, les premières églises chrétiennes ont très souvent été construites au-dessus de* mithraea*. En France, le plus connu d'entre eux se situe d'ailleurs justement sous l'église monolithe d'Aubeterre-sur-Dronne, en Charente. Cette superposition des lieux de culte est universelle dans la mesure où les hommes continuent à venir prier dans les mêmes lieux sacrés, alors que les croyances changent au fil du temps.*

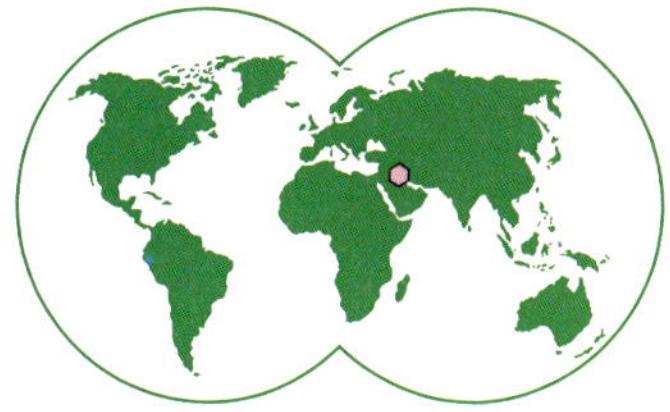

Du VIe siècle avant notre ère
au VIIe siècle de notre ère

La Perse,
Antiquité en Asie centrale

L'ASIE CENTRALE et plus particulièrement le territoire de l'Iran moderne est un foyer culturel incontournable pour qui veut comprendre le monde oriental et l'imaginaire qui en découle. Disons que, par une comparaison simplificatrice mais parlante, la Perse a été l'un des principaux berceaux de la culture arabe et orientale comme la Grèce l'a été pour la culture romaine et occidentale. Ce vaste territoire est d'abord contrôlé dans son entier par les Perses* qui ont constitué un empire puissant, celui des Achéménides*, du VIe à la fin du IVe siècle avant notre ère. Les Grecs s'y imposeront ensuite jusqu'au Ier siècle avant notre ère. Puis ce sera de nouveau le tour des Perses, Parthes* et Sassanides*, qui lutteront sans cesse contre les Romains. Finalement l'Asie centrale passera sous le joug des Arabo-musulmans au VIIe siècle de notre ère.

Le déchiffrement de l'écriture* cunéiforme a été une excellente porte d'entrée pour comprendre ces contrées oubliées du monde moderne. Il a notamment permis de comprendre le fonctionnement du prestigieux Empire achéménide. Pour la période de domination grecque, la découverte de la

ville d'Aï Khanum* nous a permis de découvrir que la rencontre entre Orient et Occident s'était non seulement bien passée, mais qu'elle avait marqué l'art de ces contrées orientales pendant de nombreux siècles. La description des villes parthes et sassanides nous a renseigné, quant à elle, sur les fondations de l'architecture et de l'urbanisme des villes arabes postérieures ; villes que l'on connaît encore très mal, car il y a eu très peu de recherches archéologiques.

Le déchiffrement de l'écriture cunéiforme

Des écritures en forme de clous

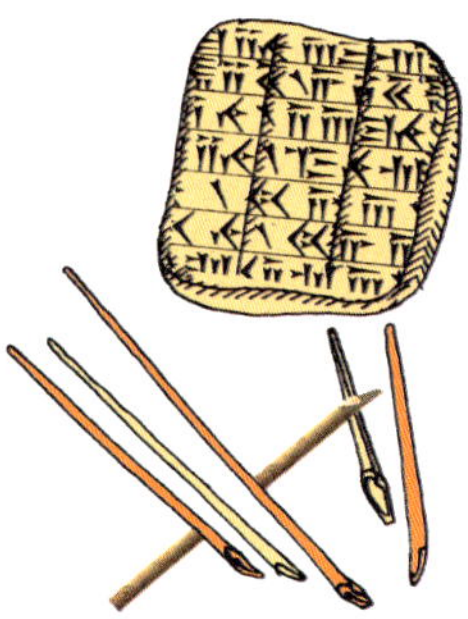

Tablette et calames

Au XIXe siècle, le récit des premiers voyageurs revenant d'Asie centrale permit de constater notre méconnaissance de ces contrées lointaines. Seules nous revenaient en mémoire des bribes d'histoires, retenues par les historiens grecs ou relatées dans l'Ancien Testament*. Dans leurs bagages, ces voyageurs ramenaient des tablettes* d'argile couvertes de signes inconnus. On n'avait alors aucune idée de ce qu'elles racontaient. Autour de Perspépolis, antique capitale en ruine, ils avaient aussi décrit d'énormes falaises qui abritaient des tombeaux creusés dans la roche et qui étaient gravés de ces mêmes signes. En y regardant de plus près, les savants reconnurent plusieurs écritures réparties sur trois colonnes de longueur différente. Elles usaient du même type de signes en forme de clous, mais les caractères changeaient et surtout se multipliaient d'une colonne à l'autre. En fait, la première colonne semblait contenir une quarantaine de signes, le seconde une centaine et la troisième paraissait en utiliser plusieurs centaines... Il fallait à tout prix les déchiffrer pour avoir accès à l'histoire de cette partie du monde.

Les premiers pas du déchiffrement

Pour déchiffrer les hiéroglyphes* égyptiens, Champollion* avait eu la pierre de Rosette*, sur laquelle ces mystérieux signes étaient doublés d'une version lisible en grec. Il lui avait « suffi » d'en faire la concordance. Mais en Perse, les clous de l'écriture dite cunéiforme restaient indéchiffrables. En 1802, Georg Grotefend, un professeur de latin très têtu, se mit en tête de maîtriser ces gribouillis. Des « trois écritures » de Persépolis*, il s'attaqua à la première, qui semblait la plus simple. Il rechercha les noms propres que l'on connaissait vaguement, parce qu'ils ne devaient pas changer beaucoup d'une langue à l'autre. Les historiens grecs avaient notamment retenu les noms de Cyrus le Grand et de ses descendants tels que Cambyse, Darius*, Xerxès, Artaxerxès... Il comprit alors non seulement que cette première écriture avait peu de caractères, mais surtout que ce qu'elle transcrivait tenait sur de courtes lignes. Selon lui, il devait donc s'agir de formules protocolaires telles que « c'est moi untel, roi de..., fils de... ». Petit à petit, il reconnut la valeur phonétique d'une dizaine de signes cunéiformes. Les termes qu'il pouvait épeler évoquaient le plus vieux vocabulaire de la langue iranienne, connu par l'Avesta, le livre de la religion mazdéenne dite aussi zoroastrienne. Le professeur misa ainsi sur le fait que la première écriture était celle des souverains de ce pays, à savoir le « vieux perse ». De souche **indo-européenne**, elle était proche des langues parlées par des groupes indiens, comme le sanskrit. Il fallait donc aller dans cette direction pour la déchiffrer. Mais rien ne fut moins simple et il finit par abandonner l'étude sans être parvenu à ses fins.

Les langues **indo-européennes** forment une famille dans le sens où elles ont des origines communes. Elles regroupent un millier de langues parlées par 3 milliards d'individus. En Europe, elles en font presque toutes partie ainsi que le sanskrit, les langues indiennes, perses, anatoliennes...

L'écriture cunéiforme

Le cunéiforme est la plus ancienne écriture connue. Apparue à la fin du IVe millénaire, elle sert d'abord à comptabiliser les denrées agricoles et le bétail. Peu à peu, elle se transforme : les signes n'ont plus la forme des choses qu'ils comptabilisent mais prennent davantage la forme de clous. Le mot cunéiforme, qui vient du latin cuneus, signifie « en forme de coin » à cause de la forme du stylet utilisé, ou calame, qui servait à inciser l'argile molle des tablettes. Le coin des clous forma ainsi petit à petit la graphie d'une écriture à part entière, qui ne fonctionnait plus uniquement par l'image mais aussi par le son et plus généralement par syllabes.

Nouvel espoir

Un deuxième pas fut franchi grâce à la découverte des inscriptions laissées par Darius, à cent mètres de haut, sur le rocher de Béhistoun, en Perse occidentale. Là encore, trois écritures se côtoyaient. La première s'étalait sur plus de quatre cents lignes. Des noms propres de pays, de villes et de villages plus ou moins connus contribuèrent à vérifier la valeur phonétique exacte des signes chaque fois plus nombreux. Puis on déchiffra peu à peu le système de la deuxième écriture. En 1851, un chercheur britannique du nom de Rawlinson* finit par comprendre la troisième écriture. Ce travail ininterrompu, réalisé par des chercheurs acharnés, dura une cinquantaine d'années. Mais procédons par étapes.

Les trois écritures

La première des trois écritures, une sorte d'alphabet, était bien le « vieux perse ». Elle correspondait au plus vieil état de la branche iranienne de l'indo-européen et transcrivait la langue des Perses Achéménides, étudiés plus loin.

La deuxième écriture était syllabique. Elle a été appelée l'« élamite » parce qu'il s'agissait de la langue du sud-ouest de l'Iran, région qui avait autrefois pour nom l'Élam*. Les Perses, après avoir conquis et agrégé les vieux peuples de l'Iran à leur empire, tenaient à préserver et à utiliser les langues des vaincus dans leurs inscriptions officielles. Ils s'inscrivaient ainsi dans une histoire millénaire. Malheureusement, malgré de nombreuses tablettes retrouvées, notre connaissance de la langue élamite reste pour le moins approximative. Cette écriture ne peut, en effet, être rattachée à aucune langue ou famille connue.

La troisième écriture, à la fois phonétique, syllabique et mêlée à des idéogrammes, était de loin la plus complexe. Elle était apparue sur un grand nombre de tablettes sorties du sol mésopotamien. Il s'agissait du babylonien, dit aussi l'akkadien, l'écriture originelle du pays entre le Tigre* et l'Euphrate*, au niveau de l'Irak actuel. Nous avons déjà rencontré les Akkadiens dans le chapitre sur Ur et la Mésopotamie*. C'est eux qui avaient volé la vedette aux Sumériens* et fondé le premier empire du monde au XXIVe siècle avant notre ère. La découverte de cette dernière écriture montrait donc que les souverains perses avaient annexé les descendants de l'empire d'Akkad pour en faire la perle de leur propre empire. Ce faisant, ils avaient gardé l'akkadien ou babylonien dans la « troisième colonne » pour transcrire leurs inscriptions officielles. Heureusement pour les chercheurs, cette langue à l'écriture abracadabrante et jusque-là complètement illisible s'apparentait à d'autres langues connues du Proche-Orient. Elle était d'origine sémitique comme l'hébreu, l'araméen ou l'arabe, qui sont des langues encore parlées au Proche-Orient.

Un nouveau monde s'offrait à nous

Grâce au déchiffrement de l'écriture cunéiforme et des différentes langues qu'elle transcrivait, un nouveau monde s'était ouvert à nous et l'on commençait à découvrir son histoire. Le déchiffrement de la première écriture, le vieux perse, permit ainsi de mettre en lumière le fonctionnement d'un empire à peine connu, mais qui fut pourtant le plus grand de tous les temps : l'Empire achéménide. Mais attention ! Si l'interprétation des vestiges* archéologiques est une construction qu'il faut sans cesse interroger, l'écriture et la lecture des textes sont à manier avec autant si ce n'est davantage d'esprit critique. En effet, les faits relatés sont bien souvent de la propagande politique ou des inscriptions comptables qui ne reflètent ou ne dévoilent qu'un certain aspect de la société.

La redécouverte de l'Empire achéménide

Le vieux perse

Jusqu'au déchiffrement du vieux perse, l'Empire achéménide ne nous était presque exclusivement connu que par les récits des observateurs grecs. Or, ceux-ci, fascinés par la puissance et le faste de la vie à la cour des rois perses, avaient bien souvent cherché à dévaluer l'empire auquel ils étaient confrontés. Ils voyaient comme décadent le luxe ostentatoire dont ces grands souverains étrangers usaient pour magnifier la splendeur royale. Le déchiffrement des tablettes en vieux perse et la compilation de leur contenu avec les sources grecques ont donc servi à approfondir nos connaissances sur l'organisation de cet empire.

La petite histoire de l'Empire achéménide

L'Empire achéménide (556–330 avant notre ère) constitue le premier Empire perse et le plus vaste empire de tous les temps. Il s'étendait de l'actuel Pakistan à la partie orientale de la Méditerranée. Il fut fondé par

Cyrus II* (559–530), dit le Grand, qui triompha successivement des **Mèdes** et des **Babyloniens**. Celui-ci fut le roi d'un peuple indo-iranien qui se forgea un empire à partir de l'Iran actuel. Il est resté célèbre dans l'histoire pour sa politique libérale vis-à-vis des peuples conquis. Il a, par exemple, permis aux Juifs de quitter Babylone*, où ils avaient été exilés par le dernier roi babylonien, Nabuchodonosor*, en 587 avant notre ère. Il leur a ensuite ouvert les portes de Jérusalem* et a ainsi favorisé la renaissance du peuple d'Israël. On ne sait pas comment ce premier royaume est devenu une puissance militaire, mais la conquête des territoires par Cyrus semblait s'accompagner d'une stratégie politique d'alliance avec les élites locales. Cette stratégie permit sans nul doute de fonder les bases solides d'un empire en s'appuyant sur le charisme et l'autorité déjà établie des anciens chefs locaux mèdes et babyloniens. À la mort de Darius Ier (522–486), l'Empire perse achéménide est à son apogée.

Les **Mèdes** sont une population de l'Iran ancien dont on connaît l'existence par les chroniques babyloniennes, assyriennes* et grecques. Hérodote écrit qu'ils fondent un empire entre le VIIe et le VIe siècle avant notre ère. Cette théorie est remise en cause aujourd'hui. On considère maintenant qu'ils n'ont jamais formé une importante coalition. Ils seraient les ancêtres des Kurdes.

Un empire doté d'une administration centrale

Pendant longtemps, on a considéré l'Empire achéménide comme improbable parce que géré sans administration centrale. Les Perses étant des nomades, ils ne devaient pas avoir eu de centres de pouvoir. La découverte des textes a pourtant révélé l'inverse. Les tablettes retrouvées en Iran, en Irak, dans le sud de l'Égypte et même récemment en Afghanistan, montrent un empire très structuré et organisé en provinces, les satrapies. Elles étaient gérées pour le roi par des gouverneurs. Les Grecs, à l'initiative d'Alexandre le Grand*, reprendront d'ailleurs ce modèle.

On appelle **Babyloniens** les habitants du royaume qui s'épanouit en Mésopotamie (l'actuel Irak) entre le début du IIe millénaire et 539 avant notre ère. Ce royaume connaît trois grandes périodes pendant lesquelles il fait ombrage aux Assyriens, qui règnent plus au nord. À ces époques, Babylone est une ville très puissante qui domine tout le sud de la Mésopotamie et que la Bible instituera comme l'antithèse de la sainte Jérusalem.

Une cour royale itinérante

Cette absence apparente d'administration centrale a souvent été liée au fait que la cour se déplaçait sans cesse entre Babylone, Pasargades*, Persépolis, Suse* et Ecbatane*. Chaque souverain résidait plus ou moins longtemps dans chacune de ces villes ou lieux saints. On a d'abord expliqué cette migration permanente par des raisons climatiques. Néanmoins, des raisons religieuses doivent aussi être prises en compte, du fait que les souverains semblaient suivre un calendrier rituel précis dans leurs déplacements.
L'une des fonctions essentielles du roi était ainsi d'attirer la faveur des dieux sur la Perse en pratiquant des sacrifices rituels. Avec l'aide d'Ahura Mazda, grand dieu de la religion mazdéenne, il protégeait son pays de l'armée ennemie, de la rébellion et des mauvaises récoltes. Par la même occasion, il

réaffirmait sa domination sur les terres et les personnes. Chaque voyage royal était un véritable déménagement de plusieurs milliers de personnes. On connaît assez bien les détails de ces périples et des usages royaux grâce aux reliefs gravés sur les temples*, aux tablettes retrouvées dans les grands sites archéologiques et aux archives de Persépolis.

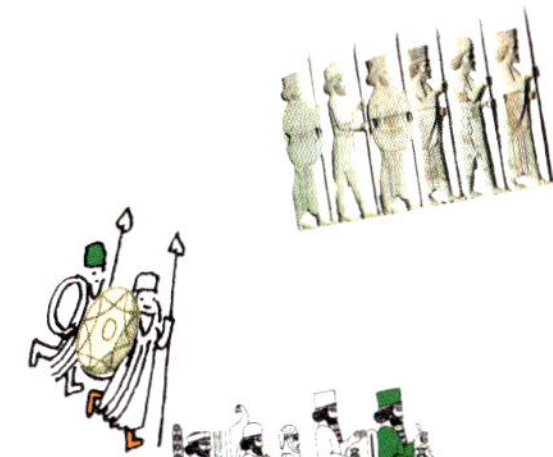

Un empire immense et prospère

Incluse dans l'Empire perse sous la dynastie achéménide, aux VIe et Ve siècles avant notre ère, l'Asie centrale occupait une situation privilégiée en raison de sa richesse. Celle-ci se vérifie par la participation de ses « satrapies » ou régions orientales à l'édification des grands palais de Pasargades, Suse et Persépolis. Nous en avons gardé la trace par le montant des impôts prélevés inscrits sur les tablettes comptables. L'étude architecturale des villes impériales est malheureusement difficile, car elles étaient le plus souvent construites en brique* crue, qui se conserve très mal. Dans des villes comme Samarcande*, en Ouzbékistan, les niveaux urbains perses sont quasiment invisibles aujourd'hui.

La religion des Perses, le mazdéisme

La religion antique des Perses, le mazdéisme, apparaît au VIe siècle avant notre ère. Il s'agit d'une religion hénothéiste, c'est-à-dire avec un dieu principal, Ahura Mazda, un prophète, Zarathoustra, et des divinités secondaires comme Angru Manyu ou encore Mithra*, le dieu de la Justice et du Soleil, qui sont autant d'aspects du dieu suprême et absolu lui-même. Par certains côtés, elle se rapproche assez des religions monothéistes comme, par exemple, le christianisme, qui conçoit le Christ selon une nature à la fois humaine et divine. Chez les chrétiens, Dieu a donc, lui aussi, plusieurs aspects.

La religion mazdéenne est à l'origine de la première division du divin en deux camps qui s'affrontent : le Bien et le Mal. Ahura Mazda, le « seigneur-être sage », combat sans relâche les forces des ténèbres et sort chaque fois victorieux de cette lutte, car les forces du Bien et de la Vie finissent toujours par triompher.

Enfin, le mazdéisme est aussi une religion de la « bonne vie » : le célibat et l'ascèse y sont considérés avec mépris et horreur. Hérodote raconte ainsi que les Perses étaient de grands buveurs de vin. À tel point que lorsque le roi avait pris une décision à jeun, il se soûlait pour vérifier s'il restait du même avis en étant ivre. Les Perses cultivaient également le goût de l'apparat et de la beauté, à travers lesquels ils louaient la force créatrice d'Ahura Mazda.

La religion mazdéenne restera majoritaire dans cette partie du monde pendant plus d'un millénaire, jusqu'à la conquête arabo-musulmane au VIIe siècle. C'est à ce moment que de nombreux Perses mazdéens fuiront l'Iran pour aller en Inde, où ils fonderont les communautés parsies.

La fin de l'Empire

D'après la tradition, la résistance la plus grande à laquelle Cyrus, Cambyse et Darius III ont eu à faire face fut celle des peuples nomades du nord de l'Asie centrale, comme les Scythes*. Mais ce qui mettra un terme définitif à ce premier Empire perse est la succession de défaites que leur infligent les Grecs, et particulièrement celle de Gaugamèles, au cours de laquelle Darius III est obligé de fuir devant Alexandre.

Aï Khanum, cité gréco-perse

Conquête grecque de l'Asie centrale

Au IVe siècle avant notre ère, sous le règne de Philippe, le royaume de Macédoine prend le pouvoir sur la Grèce classique. À sa mort, son fils Alexandre décide de partir reconquérir l'Asie Mineure et l'Égypte, régions perdues sur les Perses, quelques décennies auparavant. L'armée grecque reconquiert d'abord toutes les cités côtières d'Asie Mineure et descend le littoral jusqu'en Égypte, où Alexandre fonde Alexandrie*. En 329 avant notre ère, les armées d'Alexandre écrasent définitivement l'Empire perse et marchent vers l'orient, en traversant l'Asie centrale. Elles veulent conquérir l'Inde, décrite alors comme le pays aux mille richesses. En 326, les troupes grecques franchissent l'Indus, grand fleuve séparant, à gros traits, l'Inde du Pakistan. Toutefois, la maladie, la fatigue et les luttes intestines finissent par avoir raison de la meilleure armée du monde, qui rebrousse chemin en 325. Rentré à Babylone, Alexandre y meurt en 323. Les Grecs fonderont alors l'empire dit des Séleucides* (305-64 avant notre ère), dynastie grecque du nom d'un des généraux d'Alexandre, Séleucos, qui lui succédera en Perse et étendra alors leur hégémonie civilisatrice sur l'Asie centrale.

Alexandre le Grand, roi de Macédoine.

Où sont les villes d'Alexandre ?

Les années pendant lesquelles Alexandre gouverne ce qui, un jour, avait été l'Empire perse, lui servent à organiser l'administration des provinces annexées. Au fil de ses conquêtes, il marie ses plus grands généraux aux filles des gouverneurs des régions traversées, implantant ainsi très fortement la culture grecque dans cette partie du monde. Toute une école artistique connue sous le nom de l'art du Gandhara*, l'art gréco-bouddhique, en est d'ailleurs le reflet tardif (début de l'ère chrétienne). Mais alors qu'Alexandre traverse ces régions au IVe siècle avant notre ère, la plupart des sites archéologiques datant de cette époque sont toujours sous les sables. On sait pourtant qu'Alexandre a fondé des villes entre l'Iran et l'Inde. Où se trouvent donc les traces laissées par les conquérants grecs ?

La découverte d'Aï Khanum

Depuis le début du XXe siècle, les archéologues de toute nationalité cherchaient l'un de ces sites enfouis qui puisse permettre de comprendre comment des cultures, a priori si éloignées, avaient pu se mêler… Jusqu'à ce jour de 1964 où un paysan ramassa un morceau de marbre sculpté d'allure grecque, au confluent de deux fleuves, l'Amou-Daria et la Kolchia. C'était à la frontière de l'Afghanistan et du Tadjikistan, au lieu dit Aï Khanum. Schlumberger, un archéologue spécialiste de cette partie du monde, se rendit alors sur les lieux et y pressentit l'existence d'une ville grecque, autrefois implantée en ces contrées orientales, dont les vestiges s'étendaient sur un vaste territoire. Les graffitis présents sur certains murs parlaient d'eux-mêmes, la langue des anciens habitants avait bien été le grec. On ramassa d'abord des morceaux de colonnes, de chapiteaux, d'amphores*, puis les fouilles commencèrent pour de bon. Elles durèrent huit ans et mirent au jour une véritable ville coupée en deux : une ville haute aux remparts fortifiés et une ville basse avec des quartiers d'habitation, des magasins, des ateliers et des bâtiments administratifs.

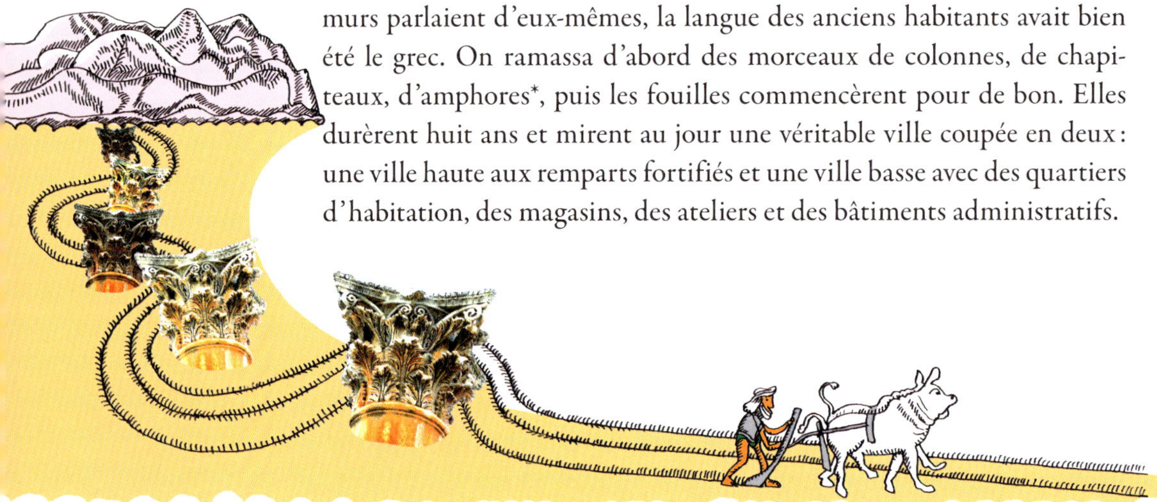

Urbanisme grec et décor oriental

Les Grecs sont les inventeurs de l'urbanisme fonctionnel, c'est-à-dire fondé sur la division géométrique d'un site dans lequel maisons et édifices s'intègrent selon un plan prédéfini. Pour contrebalancer la masse monumentale d'une ville, la percée des rues ou avenues participe à la création d'un paysage architectural. C'est ce même type de plan que les archéologues découvrent petit à petit au cours des campagnes de fouilles. Tout ce qui constitue la ville grecque y est : le gymnase, le théâtre, les temples disposés autour de cours, les bains publics mais aussi les quartiers d'habitation. Pourtant, une partie du décor est aussi orientale. Le temple a redans, c'est-à-dire dont l'enceinte est découpée en forme de dents, est perse, tout comme le haut des colonnes en bulbe ou en oignon ainsi que les animaux ailés sur les chapiteaux. En outre, l'emploi de la brique crue et de la brique cuite pour l'élévation des murs est une technique commune au monde oriental. Enfin, le palais retrouvé sur les lieux évoque non pas celui des rois macédoniens en Grèce, mais celui de Darius à Suse. On put ainsi lire dans ce décor toute la fascination des Grecs pour les Perses, et ce jusque dans les pièces de monnaie frappées de symboles orientaux. Dans un des temples, on trouva même les fragments d'une statue colossale : un Zeus* à la coiffe solaire, autrement dit paré des mêmes attributs que Mithra, le dieu du Soleil et de la Justice.

Pièces de monnaie grecques, dont une représentant Alexandre le Grand coiffé d'une tête d'éléphant.

En somme, ce dieu grec portait les croyances de l'Orient et incarnait un véritable **syncrétisme**. Les Grecs, au même titre que les Perses avant eux, n'imposèrent effectivement pas leurs divinités, mais acceptèrent de les partager.

Le **syncrétisme** est un rassemblement d'influences et de doctrines différentes qui, en se mélangeant, forment un tout à part entière. Ici, il s'agit donc du mélange des cultures perse et grecque.

Un syncrétisme particulièrement réussi

Aï Khanum était bien habitée par une population hellénisée ayant des chefs d'origine grecque mais côtoyant le monde oriental, reçu en héritage. Elle est non seulement la ville grecque la plus à l'est que l'on ait découverte jusqu'à présent, mais aussi la seule réellement « gréco-asiatique ». Sa découverte est donc exceptionnelle, parce qu'elle raconte une rencontre entre l'Orient et l'Occident et met en lumière les sources de l'art du Gandhara. Les chroniques chinoises racontent qu'au IIe siècle avant notre ère les caravanes venues de Chine et allant en Méditerranée convergeaient vers Aï Khanum. Elle était un carrefour obligé à cette croisée des mondes, point de contact privilégié des marchandises mais aussi des langues, des idées et des croyances. Nous ne savons pas si elle a été construite par Alexandre lui-même. Toujours est-il qu'elle date des premières années de l'Empire séleucide et matérialise concrètement cette rencontre.

L'architecture parthe et sassanide

L'Asie centrale sous domination perse et romaine

Le Moyen-Orient est resté sous domination grecque jusqu'au Ier siècle avant notre ère. Il passa ensuite en partie sous l'hégémonie romaine et en partie sous celle des Perses parthes puis sassanides. Ces derniers luttèrent quatre siècles durant contre Rome ou plus exactement contre les Byzantins. En effet, à partir du IIIe siècle de notre ère, l'Empire romain d'Orient se sépare de celui d'Occident et devient l'Empire byzantin, qui domine l'Égypte, l'Afrique du Nord et la Méditerranée orientale. Il se confronte jusqu'au bout aux Sassanides, lesquels représentent l'accomplissement de la civilisation perse. Là encore, les influences se mélangeront de part et d'autre. Les Sassanides auront un impact important sur la civilisation romaine, sur l'art médiéval européen, mais aussi et surtout sur la mise en place de l'art arabo-musulman. À leur tour, les Romains d'Orient et d'Occident laisseront leurs traces dans cette partie reculée du monde.

la ville
d'Aï-Khanoum

Ctésiphon

Située au sud-est de l'actuelle ville de Bagdad*, en Irak, et à 90 km au nord de Babylone, Ctésiphon est d'abord un camp militaire installé là en 129 avant notre ère, lors d'une énième guerre entre Parthes et Romains. Elle est alors construite face à Séleucie du Tigre*, la capitale séleucide. Elle devient plus tard la capitale des Perses sassanides et s'étend sur 30 km^2. En 637, durant la conquête de la Perse, Ctésiphon tombe aux mains des Arabes qui récupèrent alors les matériaux et les décorations de tout type pour construire Bagdad. Le reste est brûlé. Cette ville fantôme est prise comme référence dans *Les Mille et Une Nuits*, sous le nom d'Isbanir. Le seul vestige, encore visible aujourd'hui, est une grande arche qui formait l'entrée du palais de Shahpur Ier, roi sassanide qui fit de Ctésiphon sa capitale. Son plan irrégulier contraste avec le **plan hippodamien** de Séleucie. Il n'y a plus de séparation fonctionnelle entre les différents quartiers de la ville : les échoppes des artisans sont au cœur des quartiers résidentiels.

Un **plan hippodamien** est caractérisé par des rues rectilignes qui se croisent à angle droit. Cela vient du nom d'Hippodamos, un architecte grec considéré comme le père de l'urbanisme occidental.

Influences et modernité

L'architecture sassanide reprend un certain nombre d'éléments de l'architecture achéménide comme, par exemple, les constructions à colonnes de bois recouvertes de stuc*. Elle reprend aussi un certain nombre d'éléments parthes comme les vastes porches d'entrée ou l'usage du mortier. Certains motifs décoratifs récurrents, comme les feuilles d'acanthe, sont, eux, d'inspiration gréco-romaine. Fondée par Shahpur Ier, la ville de Bishapur est construite selon un plan à angles droits, en damier rectiligne, typique du monde gréco-romain. Les céramiques* sont également d'inspiration romaine. En revanche, d'autres villes sont édifiées selon des plans circulaires novateurs, avec des voûtes monumentales et des coupoles en pierre et en brique.

La conquête arabo-musulmane

La conquête arabe

Les luttes continuelles entre Sassanides et Romains, mais aussi les tensions religieuses au sein de l'Empire byzantin ont préparé le terrain aux invasions arabes de la Syrie, de la Mésopotamie, de l'Arménie, de la Palestine et de l'Égypte au VIIe siècle de notre ère.

Culturellement très proches des populations byzantines et perses, les conquérants furent, semblent-ils, reçus avec soulagement. Ils apportèrent une nouvelle forme de monothéisme*, l'islam, qui refoula le mazdéisme à la marge. À ses débuts, la conquête arabe manifesta une grande tolérance vis-à-vis du christianisme, ce qui permit de désamorcer les tensions religieuses qui minaient la région. À Damas et à Jérusalem, chrétiens et musulmans prièrent ensemble dans les églises dont ils se partageaient l'usage. C'est le califat omeyyade de Damas (659–750) qui réalisa la conquête de l'Afrique du Nord et de l'Espagne, du croissant fertile, de sa côte méditerranéenne et de l'Iran. Mais c'est sous les Abbassides*, en particulier sous le califat d'Haroun el Rachid (786–809), celui des *Mille et Une Nuits*, et de Ma'Mun (814–833), que cet Empire arabe brilla de mille feux et porta à son apogée la vie des arts, des lettres, de la philosophie et des sciences.

Porche d'entrée du palais de Shahpur Ier à Ctésiphon, en Irak.

Les Mille et Une Nuits

Les Mille et Une Nuits ***sont un recueil de contes, probablement persans, enchâssés les uns dans les autres et recueillis par les Arabes. L'histoire veut qu'un roi sassanide, déçu par l'infidélité de son épouse, la fit assassiner. Il prit alors comme résolution de mettre à mort chaque matin la femme avec qui il passerait la nuit. Shéhérazade, la fille du grand vizir, tenta l'aventure, certaine de ne pas se laisser piéger. Elle raconta au sultan une histoire dont la suite fut chaque matin reportée au lendemain. Celui-ci reporta sans cesse l'exécution, avide de connaître la fin de l'histoire. Progressivement, elle gagna sa confiance et, au bout des 1001 nuits, il découvrit que, pendant cette longue histoire, elle lui avait fait trois enfants. Il renonça alors à la faire exécuter.***

Héritage perse

On sait que Bagdad a été fondé au tout début du califat abbasside. Le plan de la ville ronde révèle, néanmoins, des influences plus anciennes et n'est pas sans rappeler les plans circulaires sassanides, comme celui de la ville de Firuzabad, au centre de l'Iran actuel. Par ailleurs, des éléments architecturaux perses ont été repris dans l'architecture islamique. Comme à Ctésiphon, les iwans ou porches d'entrée monumentaux parthes se retrouvent dans les mosquées iraniennes, à l'image de la mosquée du Vendredi à Ispahan, dont la construction a commencé au Xe siècle.

Représentation d'un guerrier perse.

Connaissances extrêmement lacunaires

Les archéologues commencent tout juste à fouiller les agglomérations de cette première période islamique. Pendant très longtemps, les vestiges de cette époque étaient tout simplement détruits au profit de l'étude des niveaux inférieurs contenant les vestiges des civilisations bibliques ou antébibliques. En Iran ou dans les pays limitrophes, aucune cité des premiers temps de l'Islam n'a jusqu'à ce jour été étudiée. Des vestiges de cette période ont bien été découverts sous l'ancienne ville de Samarcande, mais ils sont recouverts par de merveilleux édifices datant d'époques postérieures, qu'il n'est pas question de détruire. L'archéologue Nassid Saliby vient de publier une synthèse sur les fouilles syriennes des palais de Raqqa*, effectuées entre 1950 et 1955. Elle nous offre une certaine vision de ce qu'était le mobilier d'un palais abbasside. Mais la ville ancienne ayant été si malmenée, il est difficile de la considérer dans son ensemble et d'en faire un schéma représentatif de ce type d'urbanisme. En Iran, le site de Bam* aurait pu lui aussi nous en offrir un bel aperçu, mais le tremblement de terre de 2003 l'a complètement détruit. Une étude de l'urbanisme global à partir des découvertes éparses reste donc à faire. Mais l'histoire des découvertes n'étant évidemment pas close, il nous reste plus que jamais l'espoir de nouvelles aventures…

Citadelle de Bam, Iran.

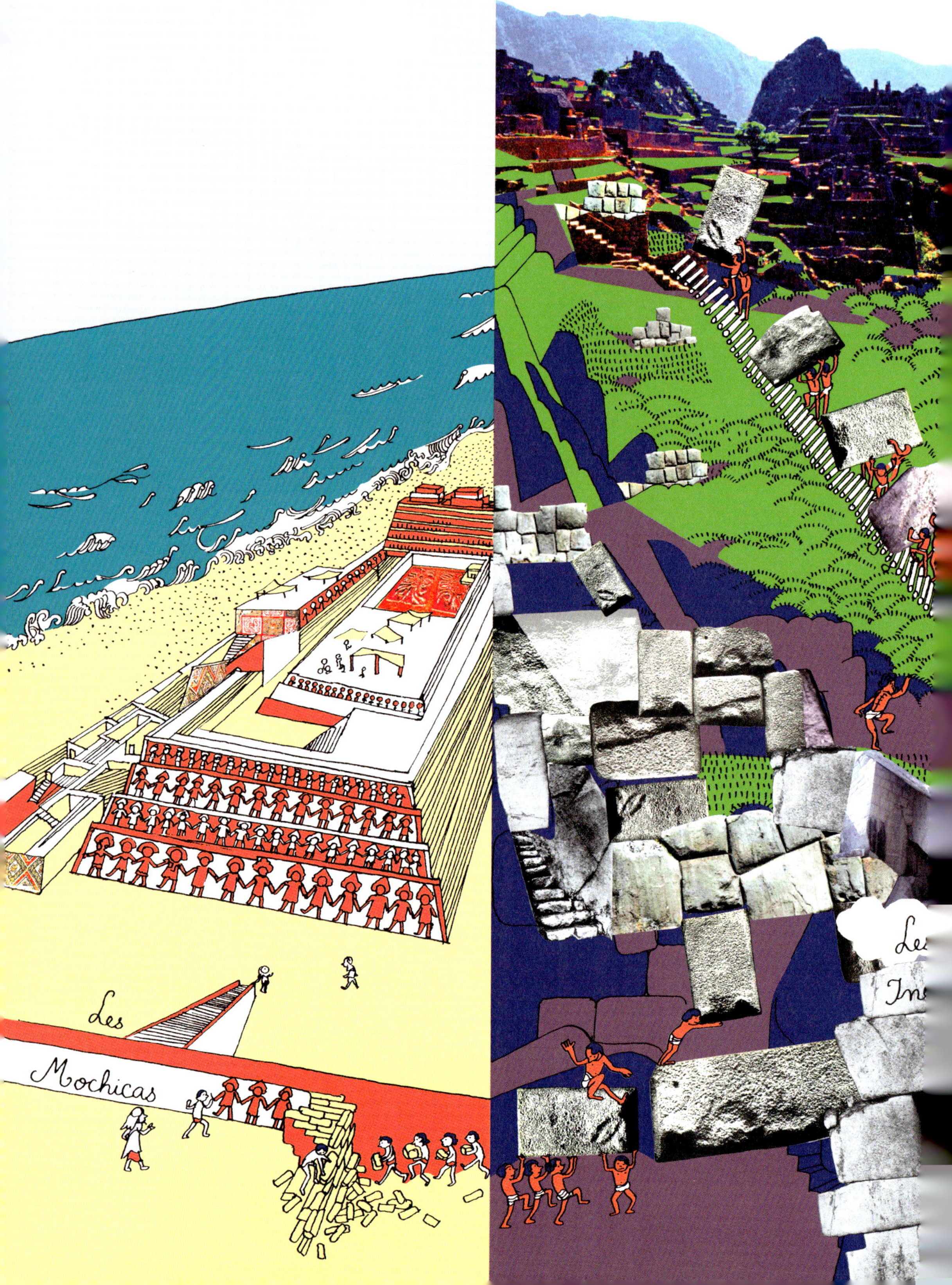
Les
Mochicas

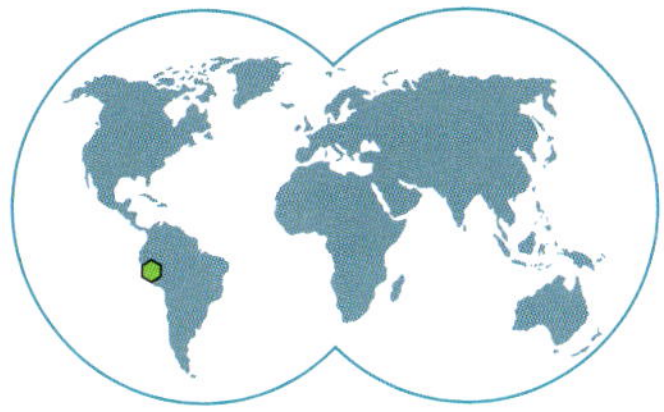

Du IIIe siècle au XVIe siècle de notre ère

Bien avant les Incas, les Mochicas

Au XXe siècle, deux découvertes sensationnelles bouleversent nos connaissances et le regard qu'on portait jusqu'alors sur les civilisations sud-américaines. On doit la première à Hiram Bingham* qui, en 1911, mène une exploration digne du plus grand roman d'aventures. Au cours de son expédition, Bingham découvre le Machu Picchu*, une cité inca* perdue au milieu de la forêt et jamais découverte par les Espagnols. La seconde est due au professeur Walter Alva, grand spécialiste de la culture mochica, qui met au jour la tombe royale de Sipán grâce à des pilleurs de trésors*. Ces deux découvertes fondatrices ont relancé les recherches archéologiques sur deux civilisations majeures des temps précolombiens.

Le Machu Picchu, un site inca perdu au milieu de la forêt

Une cité refuge ? Un lieu sacré ? Une forteresse ?

Située sur la crête d'une montagne du Pérou et souvent cachée par les nuages, la cité de Machu Picchu fascine autant la communauté internationale qu'elle suscite les rêves les plus fous au moment de sa découverte. Pour Bingham, il s'agit des ruines de la cité perdue des Incas, la célèbre Vilcabamba. Selon la légende, le dernier survivant du peuple inca s'y serait réfugié pour échapper aux Espagnols et y aurait caché le trésor de son peuple.

D'autres chercheurs penchent plutôt pour l'hypothèse d'un lieu sacré où vivaient les vierges du soleil. Celles-ci consacraient leur vie au dieu-soleil et à l'Inca, le chef suprême de l'empire du même nom, et se devaient de rester vierges. Si, par malheur, elles étaient prises en faute, elles étaient enterrées vivantes, leur amant pendu, et toute leur communauté massacrée. Les villages étaient alors rasés et les terres stérilisées avec du sel pour que rien n'y pousse jamais plus. L'histoire universelle ne connaît pas de mari plus jaloux ! Cette dernière hypothèse se fonde notamment sur le fait que la quasi-totalité des squelettes retrouvés — plus d'une centaine — sont de sexe féminin.

En réalité, Machu Picchu était probablement une forteresse construite pour empêcher l'invasion des tribus amazoniennes vivant dans la forêt,

au pied de la cordillère des Andes. Cette hypothèse est appuyée par le fait qu'il existe un certain nombre de sites aux caractéristiques défensives similaires dans cette zone. Le débat reste cependant ouvert quant à sa véritable fonction.
Toujours est-il que Bingham a découvert, presque par hasard, le site qui deviendra le plus célèbre de toute l'Amérique du Sud. Sa majesté et sa proximité avec Cuzco*, le centre de l'Empire inca, en font le passage obligé de tous les voyageurs en mal d'émotions.

Cuzco

Capitale de l'Empire inca ou Tahuantinsuyu*, elle est le nombril du monde pour les Incas. Perchée à plus de 3 000 mètres d'altitude, elle aurait été construite à partir du XIIIe siècle de notre ère. Avec Pachacutec (1438-1471), l'Empire et avec lui la capitale prennent leur essor. Mais c'est sous Huayna Capac (1493-1527) que la ville connaît son apogée. Les Espagnols y arrivent en 1532 et constatent le plan quadripartite de la ville, c'est-à-dire orienté selon les quatre points cardinaux, typique des sites précolombiens. Ils construisent leurs églises et palais sur les murs incas, considérés comme sans raffinement. Ironie du sort, ceux-ci ne bougent pas lors des tremblements de terre, tandis que les constructions espagnoles s'effondrent les unes après les autres. C'est le cas, par exemple, du temple du Soleil, dont les murs sont toujours intacts. Par contre, ceux de l'église Santo Domingo, construite au-dessus, frôlent à chaque fois la ruine. Longtemps, Cuzco a été un carrefour sur l'axe économique transandin, mais elle s'est endormie lorsque l'activité commerciale s'est tournée vers Lima. Elle est aujourd'hui la capitale touristique du Pérou, où il fait bon vivre, en dehors des périodes d'affluence européennes et nord-américaines.

Une architecture de pierre très élaborée

L'architecture inca est impressionnante à plusieurs points de vue. D'une part, il s'agit d'une architecture de pierre, caractéristique rare dans le monde précolombien de l'Amérique du Sud. En effet, comme les Mycéniens, les Incas utilisent des blocs monolithes de plusieurs tonnes pour construire leurs temples* et bâtiments publics. Certes, la pierre est un matériau abondant dans les Andes, mais son transport jusqu'à un site très escarpé comme le Machu Picchu a intrigué des générations d'ingénieurs. Sans animal de trait ni outil en métal, réussir à extraire et à transporter de tels blocs relève de l'exploit. Les chercheurs considèrent que les Incas sont parvenus à développer une technique de transport, à l'aide de rondins et de cordes, qui dut mobiliser une main-d'œuvre considérable. D'autre part, les blocs étaient taillés et polis au millimètre près, puis assemblés par un système de tenons et de mortaises. Un tel usage de la pierre permet de mesurer la maîtrise des architectes incas et révèle en même temps une organisation du travail assez poussée.

Une cité d'un des plus grands empires du monde

Si la civilisation inca est la plus connue de toutes les cultures d'Amérique du Sud, c'est d'abord parce que c'est elle que découvrent en premier les Espagnols à leur arrivée, au XVIe siècle. Elle n'a pourtant que deux siècles d'existence. Ensuite, il s'agit du plus grand empire connu jusque-là : il court sur des milliers de kilomètres, depuis le sud de la Colombie jusqu'à la moitié du Chili et des Andes argentines. Si on transposait sa superficie à l'Europe, il s'étendrait de la pointe de la Bretagne jusqu'à Saint-Pétersbourg. Objet de toutes les fascinations, il a pourtant occulté en partie les civilisations précédentes et particulièrement la civilisation des Mochicas*, de 1 000 ans son aînée, qui ne fut découverte que plus tardivement.

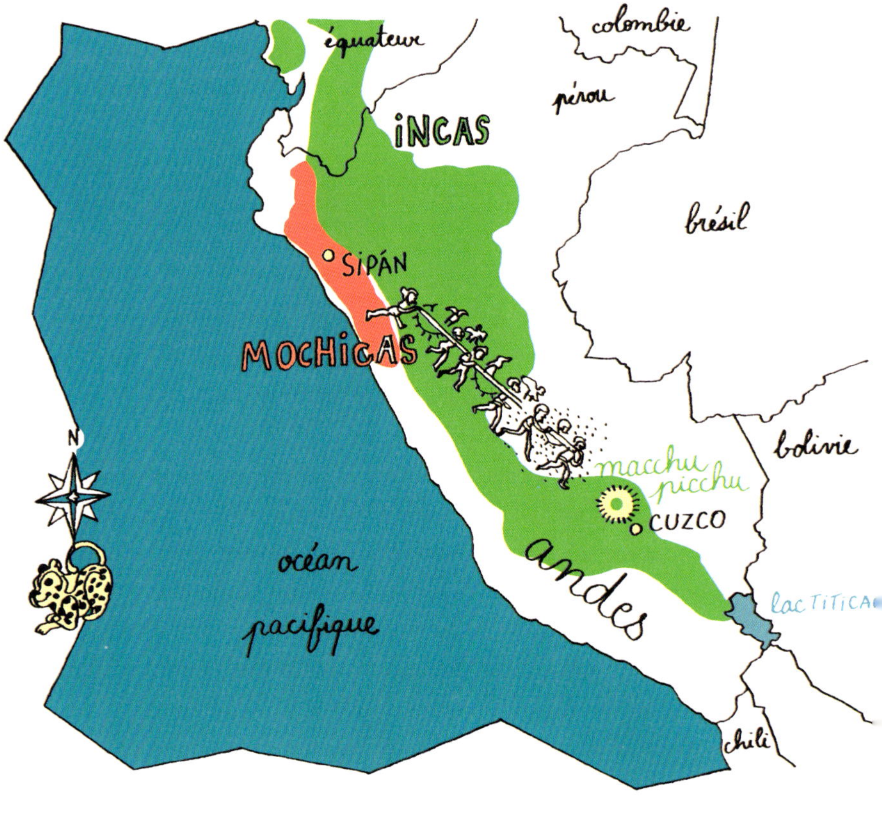

Situation géographique des aires archéologiques inca (en vert) et mochica (en rouge), au Pérou.

Les Mochicas et la tombe du seigneur de Sipán

Les pyramides de terre des Mochicas

Sur la côte péruvienne, la pierre est beaucoup plus rare, et les civilisations qui s'y sont développées, à la différence des Incas, ne l'ont quasiment pas utilisée. À la place, elles ont employé la terre sous toutes ses coutures avec une audace inégalée. Pour que les constructions en terre des temps anciens s'imposent et arrivent jusqu'à nous, il fallait cependant que soient réunis un certain nombre de facteurs. La côte péruvienne en possède un majeur : à l'exception de Lima, située au centre du Pérou, elle fait partie des régions les plus sèches du monde. Les géoglyphes* de Nazca*, dans le sud du pays, en sont la meilleure preuve. On les discerne encore très bien dans le paysage alors qu'ils ont été dessinés il y a plus de 1 500 ans. Mais ce qui nous intéresse ici, ce sont surtout les immenses pyramides en terre qui jalonnent les vallées du Nord. Construites entre 300 et 800 de notre ère, elles sont les vestiges* de la civilisation moche ou mochica. Celle-ci, inconnue du grand public, est pourtant beaucoup plus ancienne que la civilisation inca et tout aussi fascinante. Elle n'a, certes, pas étendu son hégémonie sur un territoire aussi vaste que celui des Incas, mais les objets retrouvés, l'architecture et les fresques des temples ont révélé une société extrêmement raffinée.

Le trésor des pilleurs de tombes

Un soir de février 1987, le professeur Walter Alva, directeur du musée de Lambayeque, reçoit un coup de téléphone du chef de la police locale. Il lui demande de venir sur-le-champ : ses hommes viennent de saisir de superbes objets d'art volés par des pilleurs de tombes. À son arrivée au poste, Alva est stupéfait par la qualité des objets qu'il aperçoit. Après une brève enquête sur le terrain, il parvient à localiser la provenance des pièces. La piste des pilleurs conduit au village de Sipán, dans la vallée de Lambayeque. Très vite, il se rend compte de l'ampleur du site et entreprend de monter une expédition archéologique sur les lieux.

Là, se dressent les ruines d'anciennes pyramides en briques de terre séchée ou adobe*. Le site est connu des villageois, sous le nom de Huaca* Rajada, mais personne ne s'y est vraiment intéressé jusqu'à présent. En effet, les ruines se fondent tellement dans le paysage qu'elles passent presque inaperçues pour les simples promeneurs. Pour les simples promeneurs, certes, mais pas pour les pilleurs de tombes. Il n'y a pas meilleur endroit pour chercher un trésor. Et les voleurs ne s'y sont d'ailleurs pas trompés. Ils ont creusé une multitude de trous et de tunnels et sont tombés sur une sépulture*. Mais une fois n'est pas coutume, grâce à l'intervention rapide et efficace des agents de police, un trésor extraordinaire a pu être sauvé du pillage. Jusqu'à présent, les archéologues, peu chanceux, n'avaient pu étudier que des objets mochicas sortis lors de fouilles clandestines. Ils ne connaissaient donc jamais ni leur époque ni le contexte dans lequel ils avaient été enfouis...

Évolution des pyramides de terre mochicas (*huacas*) dans le paysage.

Une tombe royale ?

Il n'est pas question de tout détruire ici pour arriver au trésor, mais de fouiller calmement de façon à pouvoir enregistrer tous les gestes et rituels des constructeurs. Après plusieurs mois de travail, la fouille révèle enfin les restes d'un squelette en très mauvais état. Il s'agit d'un homme coiffé d'un casque doré, muni d'un bouclier rond en cuivre et vêtu d'une tunique en coton ; tout l'équipement du guerrier, tel qu'il est traditionnellement représenté sur les poteries de l'époque. Par contre, il n'a plus de pieds. Il semblerait qu'ils aient été coupés juste avant son inhumation. Cette mutilation a été interprétée comme un rite destiné à empêcher le guerrier, sacrifié lors de l'enterrement d'un seigneur, de quitter son poste dans l'au-delà. On l'appela aussitôt le « gardien ». Pour les chercheurs, sa présence devait annoncer l'existence d'une autre sépulture, appartenant à un personnage de haut rang.

Représentation d'un guerrier mochica.

À moins d'un mètre sous cette tombe, des vestiges de poutres en bois semblent indiquer l'emplacement du toit d'une chambre funéraire. Pénétrer à l'intérieur fut un véritable travail de chirurgien, tant le contenu avait été comprimé par le poids de la terre qui recouvrait la chambre. Après le dégagement des sédiments* qui comblent la pièce, la miniature d'un magnifique casque apparaît. Au centre, un coffre contenant plus de 1 000 plats en céramique*, 4 couronnes de cuivre et des restes d'aliments sont dégagés. Mais le plus surprenant reste encore à venir : des squelettes de servantes, de concubines et de guerriers entourent un cercueil de bois, le premier découvert dans l'archéologie* sud-américaine. Il renferme la dépouille de l'occupant principal, un roi de l'ancien Pérou, prêt pour son voyage dans l'au-delà.

Un Tout Ankh Amon péruvien…

Ce chef guerrier était habillé d'une tunique de turquoises et sa tête, ceinte d'une couronne en demi-lune, était parée de grandes plumes. Tout son corps était recouvert de bijoux, d'or, d'argent, de cuivre et de pierres précieuses. De son nez pendait un piercing en demi-lune. Autour de son cou, de minuscules têtes de hibou étaient soutenues par des fils d'or. Son visage était recouvert de pièces découpées dans des feuilles d'or, les unes en forme d'yeux, les autres en forme de nez, de dents, de joues, de menton. Son torse était paré de plusieurs grands pectoraux et de bracelets constitués de milliers de perles en coquillage. Il portait, par ailleurs, un collier composé de 10 cacahuètes en or à droite, et de 10 cacahuètes en argent à gauche. Des disques et des couteaux, également en or et en argent, meublaient le sarcophage*. Il existait certainement chez les Mochicas une symbolique de l'or et de l'argent, de la droite et de la gauche, mais elle reste encore mystérieuse à ce jour. Sur la boucle de ceinture du défunt, un personnage à bouche de félin était figuré debout, tenant un couteau en croissant de lune dans une main et une tête-trophée dans l'autre. Enfin, ses pieds étaient chaussés de sandales de cuivre. Autour du ballot funéraire, originellement enveloppé dans des étoffes de coton, se trouvaient de nombreuses coquilles de **spondyles** provenant du golfe de Guayaquil, sur la côte équatorienne. Elles étaient très appréciées dans les rites de l'ancien temps. Des perles de turquoise, des lingots d'or et de cuivre ainsi que des milliers d'autres objets ont finalement été découverts dans cette sépulture. Ils symbolisaient le pouvoir de celui qu'on appelle le seigneur de Sipán, mort, il y a environ 1 700 ans, à l'âge de 35 ans.

Le **spondyle** retrouvé en contexte archéologique, en Europe ou en Amérique, est en partie rouge. Apprécié, entre autres, pour sa couleur, il a servi dans la confection d'ornements mais aussi probablement comme bien d'échange que l'on pourrait assimiler à une sorte de monnaie primitive.

La divinité mochica à bouche de félin

Elle constitue un personnage central du panthéon des Mochicas. Ceux-ci ne vénéraient probablement pas le soleil ou la lune. Les noms de ces temples, Huaca del Sol ou Huaca de la Luna, viennent des Espagnols qui assimilaient toutes les civilisations de l'ancien Pérou aux Incas. Ils vénéraient un ensemble de divinités dont la plus importante est cette figure, caractérisée par une bouche de félin et traditionnellement identifiée au dieu Ai-Apaec. Assoiffé de sang, il exigeait des sacrifices humains. Il est le dieu créateur et protecteur du monde mochica. Il est aussi le dieu par qui vient la pluie, la nourriture et qui fait triompher les guerriers. C'est le dieu par excellence, celui qui prend et qui amène la vie. On le connaît bien car il est beaucoup représenté.*

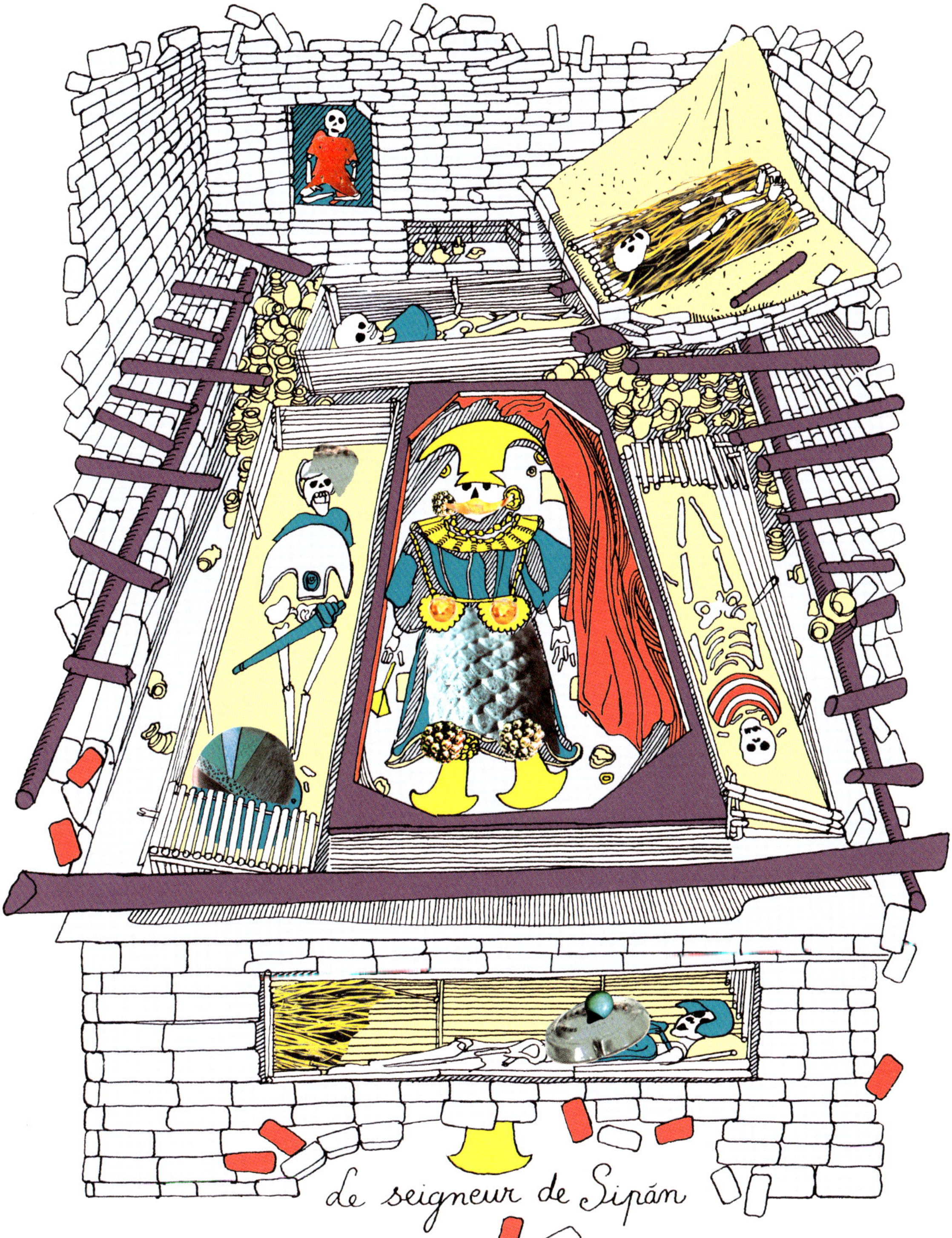

Le seigneur de Sipán

… et sa cour sacrifiée

En plus du gardien qui veillait au-dessus de la chambre funéraire, le seigneur de Sipán était accompagné dans son ultime demeure par un certain nombre de serviteurs sacrifiés lors de rites d'inhumation. Quatre cercueils encadraient son sarcophage. D'un côté gisait un guerrier d'une quarantaine d'années, amputé du pied gauche et équipé d'un casque, d'un bouclier et d'une masse d'armes. De l'autre, un homme du même âge était installé tête-bêche par rapport au seigneur, avec un chien étendu sur ses jambes et les restes d'un étendard en cuivre à ses côtés. Sous chacun des deux hommes, un lama sacrifié avait été déposé. Au-dessus de la tête du seigneur, un troisième cercueil contenait le corps d'une femme, âgée d'environ 18 ans, dont le pied avait également été amputé. Sous elle, encore une autre jeune femme. Un enfant d'une dizaine d'années, enterré assis, occupait le dernier angle de la chambre. Enfin, aux pieds du seigneur, une autre jeune femme était inhumée avec une grande couronne cylindrique en cuivre, ornée d'un visage humain en relief. Encore une fois, la symbolique de cette mise en scène complexe demeure énigmatique.

Une des cultures mères de l'ancien Pérou

Dans la Huaca Rajada, d'autres tombes ont été retrouvées, dont celle dite du vieux seigneur , elle aussi très riche en objets de toute sorte. L'élaboration de l'iconographie, la maîtrise des techniques métallurgiques et le rituel d'inhumation complexe montrent à quel point la société mochica n'avait rien à envier à sa tardive voisine inca. Au-delà de la découverte de ces tombes, cette civilisation est essentiellement connue par sa céramique à caractère sexuel qui, contrairement à ce que l'on pourrait imaginer, est extrêmement codifiée. Il ne s'agit pas du tout d'un art libre et spontané, mais bien d'un style uniforme et rigide dont on ignore encore la signification. Les Mochicas étaient également de grands ingénieurs. Grâce à un astucieux système d'aqueducs, de canaux et de réservoirs courant sur plus de 150 km, ils étaient parvenus à rendre cultivable toute la zone désertique située au nord de la côte péruvienne. Ils sont aussi à l'origine du premier réseau de chemins traversant le désert, qu'ils jalonnaient de murets et d'épineux. Malgré nos maigres connaissances à leur sujet, on peut tout de même considérer qu'ils ont formé l'une des cultures mères de l'ancien Pérou. Leur civilisation s'étiole progressivement vers le VIIIe siècle de notre ère, sans doute à cause de changements climatiques qui déréglèrent le calendrier agricole établi par les élites dirigeantes. Ces changements auraient entraîné une baisse de leur pouvoir, fondé sur la connaissance des saisons, qu'ils n'étaient plus capables de prévoir. Les Mochicas disparaissent donc plus de cinq siècles avant le développement de l'Empire inca, mais leurs rites et leurs objets font preuve d'un raffinement rarement égalé.

Céramique mochica.

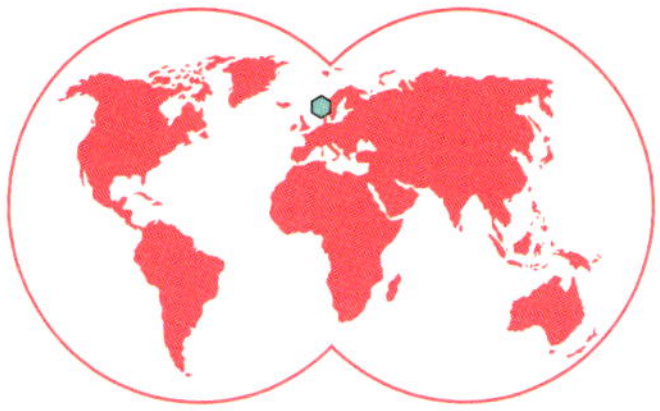

Du VIIIe siècle au Xe siècle
de notre ère

À la découverte des Vikings

SURNOMMÉS « NORMANDS » PAR LES FRANCS, « Danois » par les Anglais et « Rus » par les Slaves, les Arabes et les Byzantins, les Vikings étaient originaires de Suède et de Norvège. Par extension, ce terme désigne l'ensemble des populations scandinaves du VIIIe au Xe siècle. En caricaturant, on peut dire que les Vikings sont, au départ, des commerçants internationaux, le plus souvent brigands de haut vol, devenus conquérants. On les connaît essentiellement comme des barbares sanguinaires, buvant dans des crânes et pilotant des drakkars. Mais que savons-nous réellement d'eux ?

Le bateau-tombe d'Oseberg

Un monticule de terre

Le 8 août 1903, un paysan sonne à la porte du professeur Gustafson, archéologue de l'université d'Oslo. Il vient à lui parce que sur ses terres

d'Oseberg, dans le sud de la Norvège, se détache un très grand monticule qu'un jour il s'est décidé à fouiller. Après plusieurs semaines d'efforts, il est tombé sur une construction en bois. Il s'est alors souvenu qu'une vingtaine d'années auparavant, dans la même région, on avait retrouvé la tombe d'un homme, d'un roi, disait-on à l'époque, enterré dans un navire viking enfoui sous un monticule de terre. C'est pourquoi, aujourd'hui, il vient chercher un spécialiste. Et il fait bien. Quelques jours plus tard, l'archéologue arrive sur les lieux et corrobore cette hypothèse. Il s'agit bien d'un bateau et donc, très probablement, d'un tertre* funéraire, c'est-à-dire d'un monticule de terre ou de pierres destiné

à recevoir une tombe. En effet, les Vikings avaient coutume d'enterrer des morts dans leurs navires… Bien leur en a pris, car les archéologues peuvent ainsi savoir à quoi ils ressemblaient.
L'excitation gagne vite les deux hommes, mais le professeur refroidit aussitôt l'ambiance. Il est hors de question de commencer à fouiller alors que l'été touche à sa fin. La terre sera bientôt gelée et les fouilles devront s'interrompre, au risque de tout voir partir en poussière lors du dégel. Après plusieurs tentatives — dont celle de vendre son terrain à des Américains — pour faire débuter les recherches plus rapidement, le paysan se rend à l'évidence : les fouilles ne débuteront qu'au printemps suivant.

Un tombeau pillé dès l'origine

Dès le mois de juin, l'équipe s'aperçoit que la tombe a été violée très peu de temps après sa construction. En effet, les outils abandonnés sur place par les pilleurs datent de la même époque que le monument lui-même. Aussitôt construit, aussitôt pillé, peut-être par les mêmes individus. Les chercheurs décident cependant de poursuivre la fouille. Ils découvrent les squelettes de deux personnes qui s'avèrent être, après analyse, de sexe féminin. L'un des deux semble avoir été mutilé. Il lui manque la main droite, les doigts de la main gauche et tout le haut du bras gauche. Les chercheurs s'interrogent : pourquoi avoir supprimé ces parties du corps ? Que signifie ce mystérieux rite funéraire ? Cette découverte laisse les chercheurs sans voix et surtout sans réponse. L'un d'eux rejette l'idée d'une coutume viking et avance plutôt l'hypothèse de traces laissées par les voleurs ; s'ils ont été capables de violer le séjour des morts, ils ont pu tout aussi bien dépouiller un cadavre. L'absence de tout métal précieux dans une tombe aussi élaborée va clairement dans ce sens. À l'origine, la femme enterrée dans cette construction, sans doute accompagnée de sa servante, devait être parée de bijoux aux doigts et aux poignets. Mais, pressés par le temps, les voleurs n'auraient pas hésité à arracher ses membres pour emporter leur butin. Par ailleurs, le fait que des membres entiers aient été arrachés prouve que s'il y a bien eu effraction, celle-ci dut avoir lieu peu de temps après la mise au tombeau. En effet, si les chairs avaient eu le temps de se décomposer naturellement, ce qui prend plusieurs mois, les os seraient toujours en place et seuls les bijoux auraient disparu. De fait, c'est cette version qui sera retenue. Elle illustre très bien la nécessité pour un archéologue, comme pour un détective, d'user de psychologie lors des fouilles.

Tout le nécessaire pour l'au-delà

La tombe est certes dépourvue d'objets de valeur, mais elle est très riche en enseignements. Elle est encore pleine d'objets déposés pour accompagner les deux défuntes : des lits, des édredons, des métiers à tisser, des tissus de toute sorte miraculeusement conservés. Un miracle, pas tout à fait : en réalité, l'argile dans laquelle la tombe a été creusée est dense et étanche. Elle ne laisse passer ni l'eau ni l'air et ralentit, de ce fait, la décomposition des vestiges* organiques. Un chariot sculpté d'animaux fabuleux et quatre traîneaux ont également été retrouvés dans la tombe. Comble du luxe, ils étaient accompagnés du nombre de chevaux nécessaire pour pouvoir les tirer… Des bœufs entiers reposaient sur une table en prévision des repas dans l'au-delà. Mieux encore, de la pâte à pain attendait de lever avant d'être enfournée ! Une somme de détails sur les croyances et les coutumes vikings nous était ainsi livrée à la pelle.

Un bateau de plaisance

De nouveau, l'été touche à sa fin et il reste encore beaucoup à fouiller, beaucoup d'indices à relever. Il faut alors démonter la structure et la remonter à l'abri du gel. Les journées de travail n'en finissent plus. Fin septembre, le bateau est presque entièrement dégagé. Il mesure cinq mètres de large pour vingt et un mètres de long. Il possède un mât de neuf mètres de haut et 90 m^2 de voiles. Quinze paires de rames le ceignent de chaque côté. Toutes voiles dehors, il devait avoir un équipage composé d'une trentaine d'hommes. Par son allure, sa constitution et son ornementation très élaborée, il devait s'agir d'un bateau de plaisance. Il servait probablement à faire du cabotage le long des côtes plutôt que des sorties en haute mer. La fouille a montré qu'il avait été amené sur la terre ferme, puis placé dans une fosse. Un grand tumulus* avait ensuite été élevé au-dessus du navire pour le recouvrir. La chambre funéraire, installée derrière le mât, contenait un lit sur lequel la défunte principale reposait avec ses plus beaux atours et tout le nécessaire pour continuer à vivre dignement dans l'au-delà.

De magnifiques reliefs

Daté du début de la période viking, c'est-à-dire du IXe siècle de notre ère, ce navire n'est pas techniquement aussi au point que d'autres navires retrouvés depuis lors. En revanche, il est d'une beauté et d'une finesse dignes des contes les plus merveilleux. Le tour de la coque est orné de sculptures qui remontent jusqu'en haut de la proue et de la poupe, à l'avant et à l'arrière du bateau. Il s'agit de fabuleuses bêtes entrelacées, qui dénotent un univers artistique hors du commun. C'est une véritable révélation. Accusés depuis toujours d'être des pirates et des barbares ayant terrassé les populations européennes du haut Moyen Âge, voilà qu'avec Oseberg et d'autres bateaux-tombes retrouvés par la suite, les Vikings se transforment en artistes de haut vol, mus par une véritable sensibilité. Grâce à ces découvertes, ces hommes du Nord sortent peu à peu des ténèbres dans lesquelles le monde classique les avait envoyés.

Ornementations vikings.

Qui est la belle endormie ?

Cette sépulture* n'est évidemment pas celle de madame « Toulemonde ». La sophistication du mobilier et du bateau permettent d'affirmer qu'il était la propriété d'une femme très importante. Malheureusement, outre les bijoux, d'autres éléments, comme la proue du navire, qui auraient pu nous aiguiller sur l'identité de la défunte, manquent. Des fragments épars suggèrent que cette proue était parée à l'origine d'une gueule de dragon-serpent. Cette tête, symbole de vie des drakkars vikings, servait aussi à montrer la puissance du défunt. On a d'abord pensé qu'il pouvait s'agir du tombeau de la reine Asa. Personnage haut en couleur qui, mariée de force à un roi norvégien, avait fini par le tuer et régner à sa place. Aujourd'hui, on opte plutôt pour la tombe d'une prêtresse, essentiellement à cause des objets rituels retrouvés en son sein.

Une société rurale et maritime

Un fonctionnement autarcique

Dans toutes les tombes, plus ou moins richement dotées, apparaissent des outils destinés aux travaux des champs comme des faucilles, des faux et des houes. Chaque tombe est aussi plus ou moins spécialisée. Dans celles des guerriers, on retrouve épées, boucliers en bois, lances, haches, arcs et flèches. On croit reconnaître la tombe du forgeron parce qu'elle contient marteau, enclume, tenaille et lime ; celle du pêcheur parce qu'il est souvent enterré dans un bateau ; celle des femmes parce qu'elle renferme… des ustensiles de cuisine et des objets servant à la confection des tissus. Les objets retrouvés à l'intérieur nous apprennent ainsi que la société viking était autarcique, c'est-à-dire qu'elle était autonome en matière d'alimentation et d'artisanat. De fait, il s'agissait d'une société rurale vivant majoritairement à la campagne. La vie des Vikings semblait régie par le travail des champs et par l'Assemblée, qui élaborait les lois et rendait justice. Le roi n'avait pas de pouvoir législatif. Sa fonction essentielle était le maintien de la sécurité, de la prospérité et de l'honneur du peuple. Les chefs guerriers assistaient aux assemblées et se prononçaient sur les propositions de lois émanant du roi ou d'un tiers.

Le travail du métal

Aux travaux de la ferme et de l'élevage s'ajoutaient la chasse, la pêche et l'exploitation des carrières de fer pour la fabrication de meules et d'ustensiles de cuisine. Mais les importants gisements de fer que les Vikings exploitaient en Europe leur permirent surtout de fabriquer des armes, éléments primordiaux de leur supériorité. Le forgeron était ainsi très respecté, car il savait travailler ce précieux métal. Forge et forgeron servaient également à façonner des outils dans les grandes fermes, quand les autres ne forgeaient pas eux-mêmes les pièces dont ils avaient besoin. Néanmoins, si les Vikings étaient plus ou moins autosuffisants, ils étaient aussi un peuple résolument tourné vers la mer. En effet, bien que rurale, une partie de la population était installée sur les côtes et maîtrisait à merveille l'art de la navigation.

Mythologie et croyances vikings

Les croyances des Vikings sont principalement connues grâce aux manuscrits des premiers temps de la christianisation. Ils nous apprennent que les

Vikings étaient des **païens**, avec des dieux et des déesses qui exerçaient chacun leur pouvoir dans les domaines primordiaux tels que la guerre ou la terre. Odin*, vieux et sage, était leur chef. Thor*, le plus populaire d'entre eux, était le dieu des Guerriers ; Freyr*, celui de la Fertilité et du Bétail. Sa sœur, Freyja*, déesse de la Beauté, régnait sur les célèbres Walkyries*.
Ces dieux étaient considérés comme les ancêtres mythiques de la race viking. Comme dans tous les panthéons, il y avait le Mal figuré par Loke, un sorcier fourbe sur lequel on ne pouvait pas compter. Les dieux avaient également des ennemis incarnés par des géants, qui représentaient la force obscure. Comme les dieux grecs, ils étaient représentés avec des caractères humains et menant une vie dissolue. Ils se battaient, mangeaient beaucoup et se soûlaient encore plus. Les hommes qui tombaient au combat allaient directement festoyer avec eux. Les pratiques funéraires, on l'a vu, ont révélé que les morts avaient les mêmes besoins matériels que les vivants ; besoins qui devaient être honorés à travers tout un ensemble de rites encore mal connus.

Pour les chrétiens, les **païens** sont tous ceux qui idolâtrent de faux dieux.

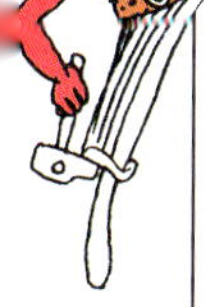

Les Walkyries

Les Walkyries, littéralement « celles qui choisissent les tués », sont des amazones qu'Odin envoie sur terre pour évaluer le courage des guerriers. Lors des combats, elles distribuent la mort et accompagnent les héros sacrifiés jusqu'au Walhalla, le paradis viking. Là, ils retrouvent les dieux pour guerroyer le jour et festoyer la nuit, éternellement. Elles ont fasciné l'imaginaire européen tant et si bien que beaucoup d'œuvres s'en sont inspirées. Les plus connues sont sans aucun doute* La Walkyrie*, opéra de Wagner, et les personnages Galadriel et Eowyn du* Seigneur des anneaux *de John Ronald Tolkien.*

Le banquet d'Odin

Identité viking : le navire

On l'aura compris, s'il y a bien une chose qui caractérise les Vikings, c'est l'art de la navigation. C'est lui qui unit sous une même identité les populations qu'on appellerait aujourd'hui suédoises, norvégiennes et mêmes danoises. Les bateaux vikings étaient difficiles à contrer. Certes, l'élément de surprise était important, mais c'est surtout la souplesse et la légèreté de leurs navires qui faisaient toute leur force. Ils n'avaient pas besoin d'un port pour s'approcher d'une côte et pouvaient presque prendre le large aussi rapidement qu'avec un moteur. En somme, une tactique foudroyante qui devait beaucoup aux talentueux artisans vikings.

Conquérants et colonisateurs

Avec leurs bateaux très maniables, les Vikings finirent par conquérir des terres très éloignées des leurs comme la Normandie ou la Russie. Ils fondèrent des colonies dont certaines ont perduré. L'Islande, par exemple, est toujours une nation dotée d'un parlement hérité de cette première époque. Le royaume viking de Kiev, en Ukraine, a posé les bases de l'Empire russe. On devine encore en Normandie, sur l'île de Man en particulier, leur intelligence politique. Les Vikings ont également ouvert de nouvelles routes commerciales vers l'est et fondé la ville marchande de Novgorod, la plus ancienne cité russe. Enfin, ils sont aussi le premier peuple européen à mettre un pied en Amérique, vers l'an mille. Les recherches pour identifier leurs lieux de débarquement ont conduit à des endroits comme le Labrador, sur la côte atlantique du Canada, aujourd'hui peuplé essentiellement d'Inuits. Ces fouilles ont, en effet, montré que les établissements retrouvés en Amérique étaient tout à fait similaires à ceux du Groenland et de l'Islande. Toutefois, les raisons de ces « migrations » échappent encore aux historiens. D'aucuns avancent l'idée d'une pression démographique trop importante en Scandinavie, d'autres parlent d'exploitation de nouvelles ressources. Au vu des sites retrouvés, qui ne ressemblent pas à de l'habitat pérenne, la deuxième hypothèse semble la plus pertinente.

Le plus ancien parlement du monde

Sur l'île de Man, les Vikings ont fondé un système politique basé sur le principe des « citoyens libres » s'organisant autour d'un parlement, sans doute le plus ancien parlement du monde. Ce système nous est connu parce qu'il a longtemps perduré. En effet, lorsqu'en 1204 Philippe Auguste reprend au roi d'Angleterre ses possessions normandes continentales, qui avaient été annexées en 1066 par Guillaume le Conquérant*, les îles anglo-normandes et l'île de Man restent fidèles au roi d'Angleterre sans pour autant être intégrées dans son royaume. Elles demeurent donc plus ou moins indépendantes et l'île de Man conserve son fonctionnement politique propre jusqu'à aujourd'hui, même si elle dépend de la couronne britannique.

D'un monde à l'autre

Les fouilles archéologiques révèlent petit à petit que le commerce et les contacts culturels entre la Scandinavie et le reste de l'Europe remontent à plusieurs millénaires avant notre ère et durent jusque vers l'an mille. Néanmoins, les pays nordiques ne constituaient qu'un intérêt politique et économique limité pour l'Europe antique et médiévale. À cette époque, le Danemark, la Suède et la Norvège formaient des royaumes distincts qui s'attaquaient souvent entre eux. Plus tard, en multipliant les contacts avec l'Europe chrétienne, les Vikings se sont progressivement convertis au christianisme et, vers le XIe siècle, l'ensemble des pays nordiques était devenu chrétien. Toutes leurs coutumes allaient être bouleversées. Leur conversion devint inconciliable avec leurs envies de pillage. Le temps des guerres privées et de la colonisation était passé. Du moins, en partie : en 1066, deux jours après la mort du dernier grand héros

viking, Harald Hardradi, Guillaume le Conquérant, descendant du chef viking Rollon et fondateur du duché de Normandie, faisait route vers l'Angleterre pour la conquérir.
Une nouvelle page de l'histoire européenne venait cependant de commencer. Les relations commerciales établies pendant la période qu'on appellera viking ont perduré jusqu'à nos jours. Depuis sa création, l'un des rôles de la Communauté européenne est bien de remplacer le désir de conquête territoriale par la recherche d'intérêts commerciaux convergents, ce qui ne se fait pas toujours sans heurt.

La « tapisserie » de Bayeux est une broderie du XIe siècle réalisée par la reine Mathilde, femme de Guillaume le Conquérant. Elle raconte la conquête de l'Angleterre par les Normands. Elle est une excellente source de connaissances pour les armes, les bateaux et les costumes vikings.

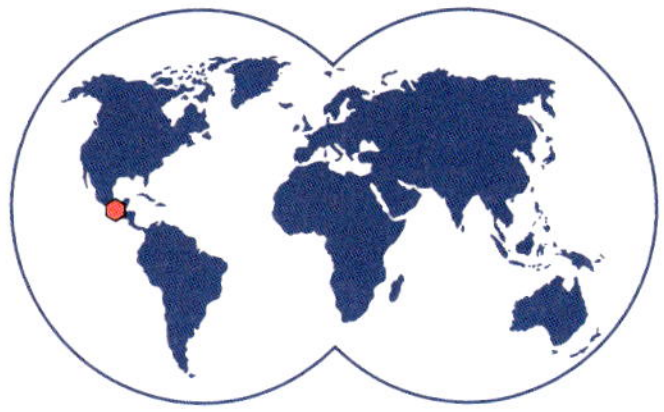

Du IIIe siècle au IXe siècle de notre ère

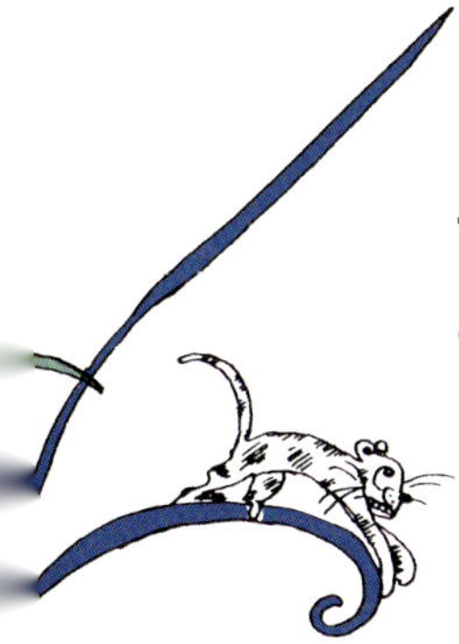

Les pyramides mayas

En schématisant, on peut dire que la civilisation maya* dite classique a duré six siècles, entre le IIIe et le IXe siècle de notre ère. C'est à elle que l'on doit la construction de grandes cités, de grandes pyramides, la mise en place du décompte des temps et d'un système d'écriture* élaboré. Elle s'est étendue progressivement d'est en ouest, des hautes terres du Honduras aux basses terres mexicaines. La période dite préclassique démarre de nombreux siècles auparavant, et si l'on veut en chercher les origines, on peut remonter au milieu du IIIe millénaire avant notre ère. Quant à la période dite postclassique, elle débute lorsque les Mayas cessent d'utiliser les calendriers, l'écriture, et se mêlent à des populations venues du nord qu'on appelle les Toltèques.

Si l'on peut parler d'unité culturelle entre toutes ces périodes, il demeure toutefois difficile de faire le lien entre les populations mayas des premiers siècles de l'ère chrétienne et celles que rencontrent les Espagnols, quinze

siècles plus tard. Ceci est d'autant plus vrai qu'il n'existe pas d'unité politique chez les Mayas ; chaque cité-État* règne sur un territoire et domine plus ou moins longtemps ses voisines, selon les époques. Bien évidemment, ce morcellement politique était une source permanente de conflits, mais aussi une incitation à construire des monuments toujours plus beaux et toujours plus haut. Une véritable émulation existe ainsi dans la construction des monuments mayas et particulièrement dans celle des pyramides.

Jusqu'au milieu du XXe siècle, tout le monde pensait que ces pyramides servaient uniquement de base pour supporter les temples* construits à leur sommet. C'était, en somme, ce qui les différenciait des pyramides égyptiennes qui, elles, étaient des tombeaux. Mais une découverte sensationnelle allait faire basculer cette interprétation. Dans un cas au moins, celui de la pyramide du temple des Inscriptions à Palenque*, située dans la forêt mexicaine, on fut rapidement obligé d'admettre qu'elle n'était pas tout à fait comme les autres…

Site maya de Palenque avec, en rouge, le temple des Inscriptions.

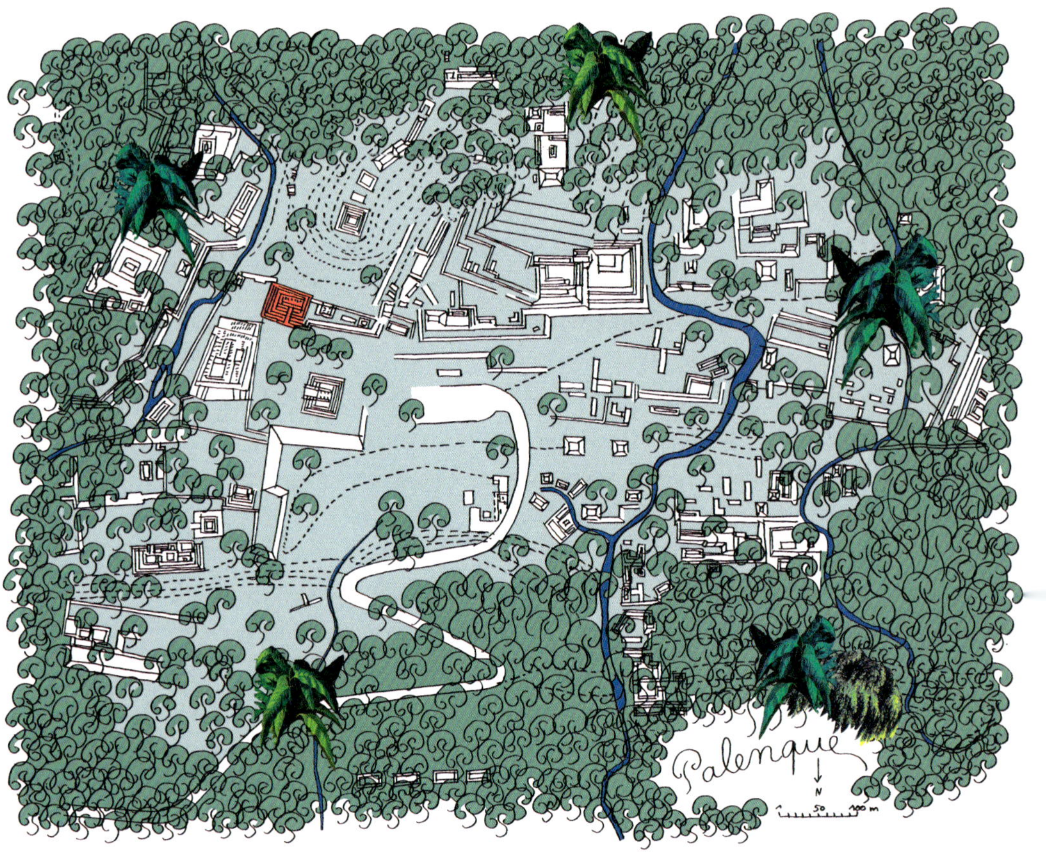

Le récit de la découverte

La surprise fut totale lorsqu'en 1949 l'archéologue mexicain Alberto Ruz Lhuillier annonça la découverte d'un escalier sous le sol du temple des Inscriptions. Voici des extraits pleins de suspens du récit de la découverte.

Un escalier sous le dallage du temple

« [...] Après nettoyage du sol du temple, on s'aperçut que, dans la pièce centrale, une des dalles présentait des perforations disposées par paires et obstruées par des pierres amovibles. Une partie du dallage mise à nu, on put constater qu'un escalier intérieur s'enfonçait dans le sol. Il semblait totalement comblé par un noyau résistant composé de grosses pierres prises dans de l'argile. À la fin de la saison de fouilles, vingt et une marches avaient été dégagées et cela continuait. Lorsqu'on avait déblayé l'escalier, le revêtement en stuc qui recouvrait les murs s'était effrité. Le reste était en parfait état. La découverte de caisses à offrandes en maçonnerie, caisses apparemment intactes, permit de s'assurer que rien n'avait été dérangé depuis que les Mayas avaient volontairement comblé ce passage. Mais où cela menait-il ? on se trouvait déjà à huit mètres du sol [du temple] [...]. »*

Un escalier sous le sol du temple des Inscriptions.

L'escalier obstrué

« [...] Le déblaiement de l'escalier demanda à lui seul quatre campagnes de deux mois et demi de fouilles. Les Mayas n'avaient pas fait les choses à moitié. D'abord, les lourdes pierres devaient être extraites de leur gangue de terre et soulevées par l'étroit boyau que formait l'escalier. Ensuite, l'argile devait être complètement retirée pour éviter qu'elle obstrue petit à petit le passage. Une première série de quarante-cinq marches aboutissait à un palier où commençait une autre série de vingt et une marches en direction opposée. »

Comme dans les pyramides égyptiennes, un couloir d'aération partait du niveau du palier pour atteindre le côté de la structure.

« L'atmosphère n'en était pas moins moite et étouffante. L'escalier menait à peu près au niveau du sol extérieur, c'est-à-dire à environ vingt-deux mètres au-dessous [de notre point de départ], le dallage du temple des Inscriptions [...]. »

Plan de coupe montrant une cachette sous la pyramide.

Un mur de pierre et des victimes sacrifiées

Arrivés en bas des marches, une grosse structure lourdement maçonnée attendait les visiteurs. Elle empêchait toute tentative d'effraction furtive. La démolir demanda un long travail de patience. Qui ou quoi se cachait là pour mériter une telle protection ? ils n'allaient pas tarder à le savoir…

> *« Derrière ce gros mur et après avoir forcé le passage d'une autre dalle, les os de six individus entremêlés gisaient là dans un sépulcre rudimentaire. Le front artificiellement déformé et les dents en bon état indiquaient plutôt qu'il s'agissait de nobles et non d'esclaves. Pourtant, aucune offrande n'accompagnait les sacrifiés. Leur présence devant cette porte laissait présager quelque chose d'important. Le 15 juin 1952, la dalle pivotait enfin. »*

Des personnages en stuc montent la garde

Au milieu de stalagmites et de stalactites, les murs de la crypte dans laquelle ils pénétraient enfin, et qui se trouvait sous le niveau du sol naturel, étaient recouverts d'une couche brillante de calcaire. Sous ce vernis transparent, neuf personnages représentés en relief montaient la garde autour d'une énorme cuve en pierre. « *Il devait s'agir des seigneurs des ténèbres, les gardiens des neuf Enfers de la mythologie maya.* » La crypte était en parfait état malgré le poids de la pyramide qui la recouvrait. Il y avait certes eu des coulées de calcaire dues à des infiltrations d'eau provoquées par la destruction du toit du temple, mais les matériaux choisis par les Mayas avaient bien résisté. Tout avait tenu le coup. Construite au centre de la pièce, la cuve colossale était entièrement sculptée et ressemblait fort à un autel*. Elle était scellée par une dalle en pierre tout aussi imposante.

La pyramide construite sur l'autel

La taille de ces deux blocs de pierre était telle qu'ils n'avaient pas pu être déposés là après la construction de la pyramide. Le seul accès menant à la crypte était l'escalier que les chercheurs venaient de descendre, et celui-ci était, de fait, beaucoup trop étroit. L'hypothèse la plus probable semblait donc être que l'autel avait été construit en premier, puis l'escalier conduisant vers le sol naturel, puis la pyramide, et enfin, le temple.
De cette reconstitution, on pouvait déduire que l'autel avait une valeur doublement symbolique puisqu'il devait rester caché et qu'un temple avait été élevé au sommet de la pyramide afin d'y exercer un rituel. Mais continuons à avancer.

Hypothèses et poursuite des fouilles: une pyramide funéraire?

De là, deux hypothèses:

- L'autel est juste un monolithe, un seul bloc de pierre, destiné à des cérémonies occultes, c'est-à-dire cachées.

- L'autel est creux et, dans ce cas-là, ce n'est pas un autel mais un... coffre.

Les chercheurs décidèrent donc de le sonder. Ruz Lhuillier raconte que le premier foret ne rencontra que la pierre, l'ouvrier n'ayant qu'imperceptiblement penché sa perceuse. Le deuxième essai s'avéra plus fructueux.

L'outil venait de rencontrer le vide. Du coup, on enfonça un fil de fer à l'intérieur qui ressortit couvert de... peinture rouge. Notre archéologue en tomba presque sur les genoux. « *L'émotion était encore plus grande qu'en pénétrant dans la crypte* », nous dit-il. Pour les Mayas, le rouge était la couleur de la mort, mais aussi celle de l'Orient, là où renaît le soleil, là où s'opère chaque jour sa résurrection. C'était le signe de l'immortalité. Il restait maintenant à ouvrir l'autel, mais on était à peu près sûr qu'il s'agissait d'une tombe. On était donc sans doute devant la première pyramide funéraire découverte en Amérique.

La tombe de Pacal, grand roi de Palenque

Gardiens de la tombe du roi maya Pacal.

Armés de crics de camion et de troncs d'arbres, les chercheurs calèrent la « pierre-couvercle » et commencèrent à la soulever. Cette étape dura plus de vingt-quatre heures. Vingt-quatre heures d'efforts ininterrompus. Une fois ouvert, le coffre révéla l'existence d'une cavité. Comme dans le sol du temple des Inscriptions, à l'autre extrémité du passage, elle était fermée par un couvercle parfaitement ajusté et perforé en quatre endroits, scellés par des bouchons en pierre. L'archéologue commença par retirer l'un des bouchons pour éclairer l'intérieur du coffre. À quelques centimètres de lui, sous le couvercle, il aperçut le crâne d'un individu recouvert de jade*. On était bien en présence d'une tombe et manifestement de celle d'un roi-prêtre. On saura quelque temps plus tard, grâce au déchiffrement des glyphes, c'est-à-dire des inscriptions du tombeau, que venait d'être découvert la tombe de Pacal*, roi de Palenque au VIIe siècle de notre ère. Tout alla ensuite assez vite.

> « *On retira le couvercle et le squelette d'un homme d'une quarantaine d'années apparut entièrement recouvert de bijoux en jade et couché sur un lit de cinabre*. »

Le jade, qui ne pouvait s'altérer, et le cinabre, de couleur sang, étaient des minéraux chargés de significations symboliques comme l'immortalité ou la résurrection. C'est pourquoi on les trouve régulièrement dans les contextes funéraires mayas ou encore chinois... Mais revenons à notre défunt si lourdement paré. L'intérieur du sarcophage* fit une très forte impression sur les chercheurs. Le vert du jade explosait littéralement sur la couleur rouge du cinabre. La quantité de perles retrouvées montrait

Le grand roi
Pacal

que le mort avait été enseveli avec plusieurs colliers, pectoraux, boucles d'oreilles, masque... Certaines pièces du masque adhéraient encore au stuc dont la figure du mort avait été enduite, afin de l'y fixer pour l'éternité. Toute la mythologie maya était sculptée sur le sarcophage ainsi que 13 dates qui faisaient remonter l'origine de la tombe vers le milieu du VIIe siècle.

Exemple d'écriture maya extraite du codex de Dresde, conservé en Allemagne.

L'écriture maya, un enjeu politique

L'importance des dates et donc de l'écriture dans la société maya va de pair avec l'instauration d'un système politique centralisateur. Chaque ville, dominée par un roi et sa dynastie, cherchait à s'imposer sur tout le territoire, mais ce système ne fonctionna jamais très longtemps. L'écriture était alors utilisée sur les stèles de pierre, matériau éternel par excellence, pour inscrire l'histoire des rois depuis leur naissance jusqu'à leur mort, en passant par tous les moments forts de leurs règnes. Il existe également certains « textes », appelés codex, inscrits sur des supports « papier », mais ils sont très rares. Nous n'en connaissons que quatre aujourd'hui. Ils étaient de type calendaire, c'est-à-dire décrivant les différentes étapes d'une année...

En définitive, si la pyramide maya ne fait généralement pas office de tombeau, elle est tout de même érigée le plus souvent pour glorifier un souverain et sa dynastie. Elle constitue, avec le calendrier astronomique, le symbole de la civilisation maya dite classique, qui s'est effondrée vers le IXᵉ siècle de notre ère. Aujourd'hui, les populations du Mexique du Sud revendiquent cet héritage et parlent encore la langue ou plus exactement les langues de leurs ancêtres.

Tout reste encore à faire sur l'étude de l'architecture et des croyances qui ont caractérisé les peuples précolombiens. La récente découverte d'un tunnel et de sépultures* sous l'une des pyramides de Teotihuacan* nous oblige une fois de plus à considérer nos données archéologiques comme des hypothèses de travail et non comme des faits établis.

Représentation du roi Pacal.

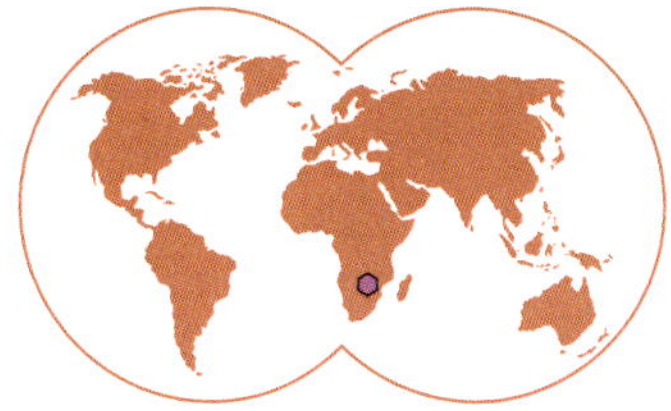

Du Xe siècle au XVe siècle
de notre ère

Le Grand Zimbabwe
ou les «maisons de pierre» de l'Afrique australe

Le continent africain constitue paradoxalement l'un des terrains les plus récents de la grande aventure archéologique. Si l'Asie, l'Amérique et plus encore l'Europe ou le Proche-Orient sont des zones prospectées dès la fin du XVIIIe ou le début du XIXe siècle, l'intérieur de l'Afrique forme encore un blanc sur la carte archéologique jusqu'au début du XXe siècle. Les conditions naturelles et géographiques jouent un rôle important dans ce décalage : entre les déserts et les forêts équatoriales, l'archéologie* africaine est en effet soumise à de véritables contraintes physiques.

Le berceau de l'humanité

Une ville abandonnée

À partir des découvertes paléontologiques décisives faites en 1924, on en est venu à faire de l'Afrique le « berceau de l'humanité ». Un très ancien

hominidé* qu'on appela « australopithèque », littéralement « singe austral », venait de sortir de terre. Son existence allait révolutionner ou plus exactement relancer la recherche sur les origines de l'Homme et son évolution. Mais la concentration des regards sur cette très ancienne préhistoire* a eu pour conséquence de marginaliser les recherches sur les périodes historiques plus récentes en Afrique. La rareté, à travers le continent, des vestiges* monumentaux a renforcé l'idée que l'Afrique subsaharienne n'avait pas été le terreau de grandes civilisations disparues. Seuls l'Afrique du Nord et les rivages de la mer Rouge semblaient avoir participé à la grande aventure des civilisations « antiques », notamment égyptienne, carthaginoise et romaine. Au-delà, et plus précisément à l'intérieur du continent africain, la faiblesse des traces matérielles datant de l'Antiquité*, du Moyen Âge ou de l'époque moderne constituait un véritable obstacle aux menées archéologiques. En somme, les archéologues d'alors, surtout habitués aux temples* grecs, égyptiens ou aux villas* romaines, ne s'attendaient pas à y trouver autre chose. Et pourtant...

Carte du continent africain représentant l'état des fouilles archéologiques au début du XXe siècle (en jaune) et le Grand Zimbabwe* (en violet).

Une ville de pierre

Une découverte surprenante et inattendue allait pourtant changer la donne. En 1871, Karl Mauch (1837-1875), un explorateur allemand, repéra un site absolument exceptionnel bien en dessous de l'équateur et situé à 400 km de la côte du Mozambique. Sur près de 7 km^2, il distingua des structures volumineuses en pierre qui lui firent très vite penser à une ville abandonnée.

Autrefois fermées par une muraille, ces ruines très anciennes étaient désignées comme « *zimbabwe* » par les populations locales, ce qui veut dire « grande maison de pierre » en langue chona. Au nord de cet ensemble de ruines, il aperçut un bâtiment encore plus remarquable ; celui-ci était entouré par une série de murailles emboîtées les unes dans les autres. Elles formaient un système d'enclos connectés par des portes et des passages. La cité semblait tomber du ciel. En outre, le fait qu'elle soit construite en pierre pouvait coller parfaitement à l'idée qu'il s'agissait de ruines appartenant à une civilisation antique. Le mystère restait entier.

Une cité repérée dès le XVIe siècle

À proximité de ces ruines, des mines d'or avaient longtemps été exploitées. Elles avaient alimenté les ports de la côte ainsi que les rêves de richesse qui justifiaient, depuis la fin du XVe siècle, la présence portugaise. Malgré quelques rumeurs qui circulaient autour, l'or continuait à parvenir sur les côtes sans qu'aucun voyageur avant Mauch ait cherché à atteindre ces vestiges. Pourtant, dès 1531, le capitaine de garnison portugais Pegado indiquait, du port de Sofala :

> *« À proximité des mines d'or de l'intérieur, entre le Limpopo et le Zambèze existe une forteresse de pierre d'une taille extraordinaire, sans qu'il semble que du mortier ait été utilisé [...]. Cette construction est entourée de collines sur lesquelles se trouvent d'autres constructions similaires n'utilisant pas de mortier, et l'une d'entre elles est une tour de plus de 22 mètres de haut. Les habitants de la région appellent ces constructions Symbaoe, qui signifie en leur langage : "cour". »*

En fait, Pegado ne faisait lui-même que rapporter des rumeurs. Jusque-là, ces ruines n'étaient donc que mythiques. Mais la légende orale avait su transmettre leurs caractéristiques architecturales, au point de les assimiler à des cours suggérant peut-être l'existence de palais.

Biblique ou phénicienne ?

Mauch pensa aussitôt qu'un tel ensemble monumental ne pouvait avoir une origine autochtone africaine, mais devait être l'œuvre d'une puissante royauté étrangère. Selon un fantasme coutumier aux premiers explorateurs-archéologues, il voulut alors voir dans ces ruines les restes de

Le **roi Salomon** est le fils de David et de Bethsabée. Il est un roi d'Israël du xe siècle avant notre ère. Connu pour sa sagesse et sa justice, il fait construire le premier temple de Jérusalem*. Il est censé avoir reçu régulièrement des cargaisons d'or, d'argent, de santal, de pierres précieuses qui ont fondé la légende des mines du roi Salomon, que l'on a longtemps cherchées, essentiellement aux alentours de la mer Rouge.

La **reine de Saba** est un personnage qui aurait régné sur le royaume de Saba, situé au Yémen* ou en Éthiopie. On la connaît par différents récits dans lesquels on parle de sa rencontre avec le roi Salomon, dont elle aurait souligné la sagesse. Elle est décrite comme une femme magnifique, sage et d'une haute intelligence, magicienne pour certains, démoniaque pour d'autres.

la cité d'Ophir. Celle-ci était évoquée dans l'Ancien Testament* comme le lieu de provenance du fameux or du **roi Salomon**, au-delà du royaume de la **reine de Saba***. Ainsi, un rêve archéologique tiré de la Bible était plaqué sur la réalité d'un plateau de l'intérieur de l'Afrique. En 1892, de retour d'un pèlerinage sans véritables fouilles, le Britannique James Theodore Bent crut y reconnaître la preuve d'une occupation phénicienne, renouant par là avec la légende d'un périple autour de l'Afrique de ces « peuples de la mer » venus du Liban. Dans tous les cas, il était impensable pour eux que ces ruines aient pu être construites par des populations africaines. On était alors en pleine période de domination coloniale. Cette vision changea peu à peu, à mesure que de nombreux sites comparables furent identifiés le long du haut plateau zimbabwéen. Il devenait clair qu'on avait affaire à des générations de constructions successives, étalées sur plusieurs siècles. Ces découvertes discréditèrent définitivement les hypothèses de nos deux archéologues.

Une cité antique autochtone ?

Autour des années 1900, des fouilles plus systématiques, menées par deux archéologues anglais du nom de Hall et Neal, permirent la mise au jour d'ustensiles en tout genre au sein du site. En plus d'objets de la vie quotidienne, huit stèles monolithiques surmontées d'un oiseau rapace furent découvertes. Cet animal symbolique, sans aucun rapport avec la Bible, fut immédiatement perçu comme un emblème religieux. Il devait sans doute représenter une divinité que l'on associa dès lors à un pouvoir royal local. Il fut également retrouvé sur de nombreux autres objets. Ainsi, il devenait de plus en plus tentant d'imaginer l'existence d'une civilisation autochtone, contemporaine de l'Antiquité.

De la Rhodésie au Zimbabwe

En cette fin de XIXe siècle, l'Afrique du Sud, fortement peuplée de colons d'origine néerlandaise et britannique, se transformait en un nouveau paradis, donnant la réplique à l'âge d'or du roi Salomon : après la découverte de mines de diamants à Kimberley en 1867, l'or surgissait à Johannesburg, au cœur du Transvaal, en 1885. Cette nouvelle épopée de l'or eut très vite un héros : Cecil Rhodes, qui aménagea plus tard la première ligne de chemin de fer entre le sud de l'Afrique et le Kenya, au point de donner son nom aux territoires qu'elle traversait. Ainsi naquirent les « rhodésies », dont le cœur mythique était formé par les fameuses forteresses découvertes par Mauch.

L'archéologie, fabrique de mythes

Un trésor* d'une tout autre espèce fut aussi découvert sur le site : hormis des bijoux et des tiges en bronze, on trouva des milliers de têtes de houe et de haches de fer qui semblaient former autant un stock de fournitures qu'une sorte de réserve monétaire. Parmi ces réserves oubliées, gisaient des céramiques* aux motifs persans et de la porcelaine chinoise datant du XIIIe ou du XIVe siècle de notre ère. Retrouvés au cœur de l'Afrique, ces objets manufacturés avaient donc circulé de part et d'autre de l'océan Indien à une époque contemporaine de notre Moyen Âge, c'est-à-dire plusieurs décennies avant que l'ère des « grandes découvertes » ne donne lieu à la première « mondialisation » gouvernée par l'Occident. L'histoire de ces objets et de ces ruines forme ainsi un incroyable chassé-croisé des lieux et des époques. Alors même que les voyageurs occidentaux auraient presque pu observer ces villes au moment de leur déclin, l'archéologie, qui ignorait tout de leur histoire et qui les saisissait trois siècles plus tard, ne put s'empêcher d'en faire remonter l'origine à un temps plus lointain, voire mythique. Difficile parcours que celui de l'archéologue, sans cesse tenté de voir en son site le centre du monde.

Des cités minières

L'édification et l'abandon continu de ces ensembles en pierre, certainement entre le Xe et le XVe siècle, doit être mis en rapport avec l'exploitation de petits gisements aurifères dispersés dans la région. Ces mines d'or s'épuisant régulièrement, il fallait aller creuser plus loin et reconstruire autour ce dont on avait besoin : maisons, palais, greniers... sans doute un peu de tout cela, même si la fonction ou plus exactement la motivation précise de ces constructions en pierre n'est toujours pas déterminée.

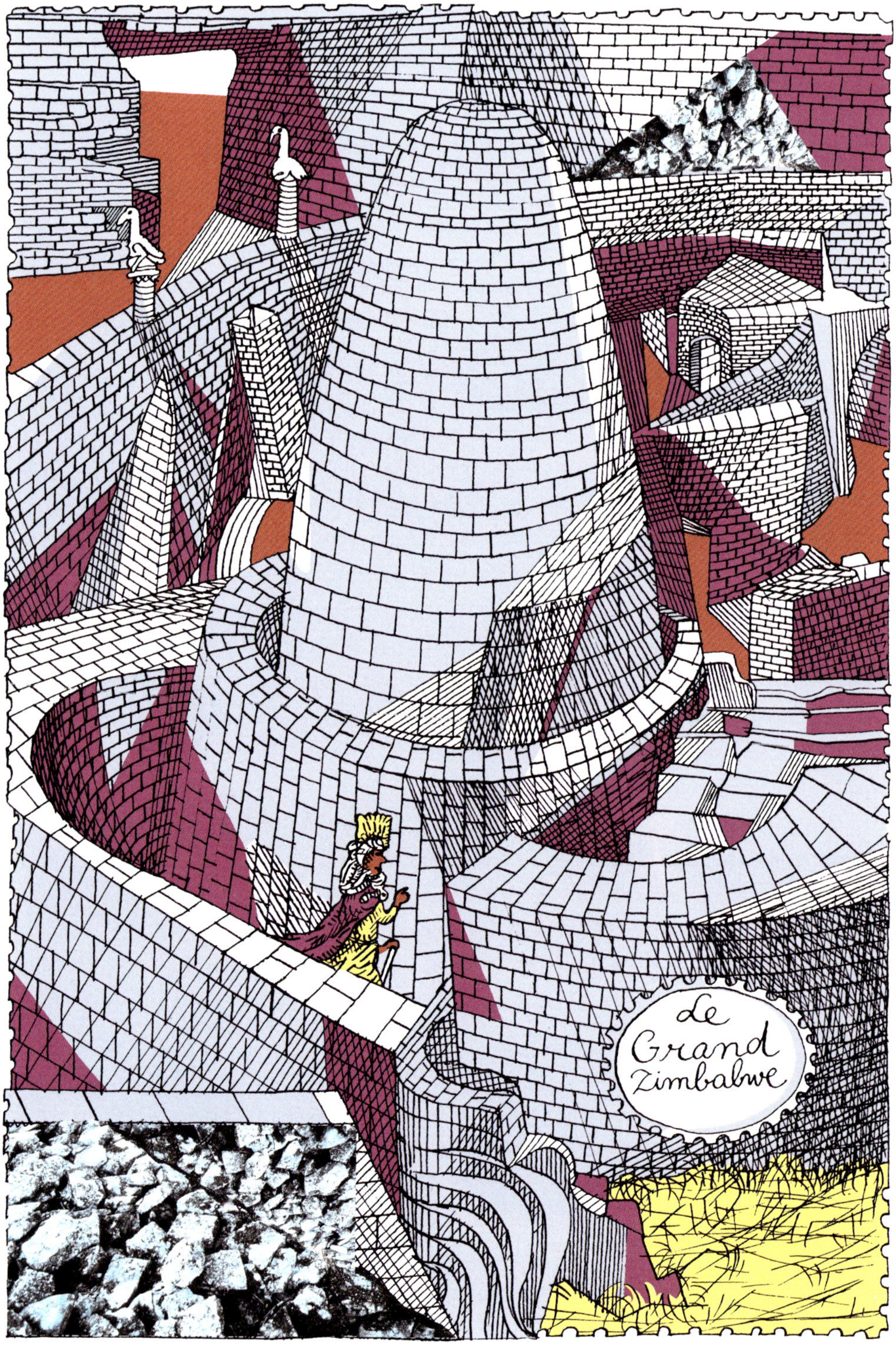
Le
Grand
Zimbabwe

Étaient-elles l'œuvre de petites communautés isolées ou bien appartenaient-elles à un royaume plus étendu et développé ? Difficile de répondre. Au XVIIe siècle, l'ensemble territorial et princier du Monomotapa, dont on sait plus de choses grâce aux récits de voyageurs et aux marchands portugais, pourrait être le dernier héritier en date de ces sociétés politiques vivant du commerce de l'or. Mais les recherches demeurent insuffisantes pour le moment, d'autant plus que le contexte politique et économique du pays, très tendu depuis la guerre civile (1972–1979), ralentit les investigations sur le terrain.

Quoi qu'il en soit, le caractère exceptionnel de ces vestiges et leur dimension monumentale inédite pour l'Afrique expliquent pourquoi, lorsque la Rhodésie du Sud a enfin obtenu son **indépendance**, en 1980, elle a été rebaptisée du nom du site archéologique du « Grand Zimbabwe ». Si l'archéologie monumentale a souvent donné lieu à une instrumentalisation politique des origines nationales ou régionales, le Zimbabwe offre un cas unique où le nom d'un site archéologique est devenu le nom d'un pays.

La même année, cette **indépendance** fut immortalisée par une chanson de Bob Marley intitulée « Zimbabwe ».

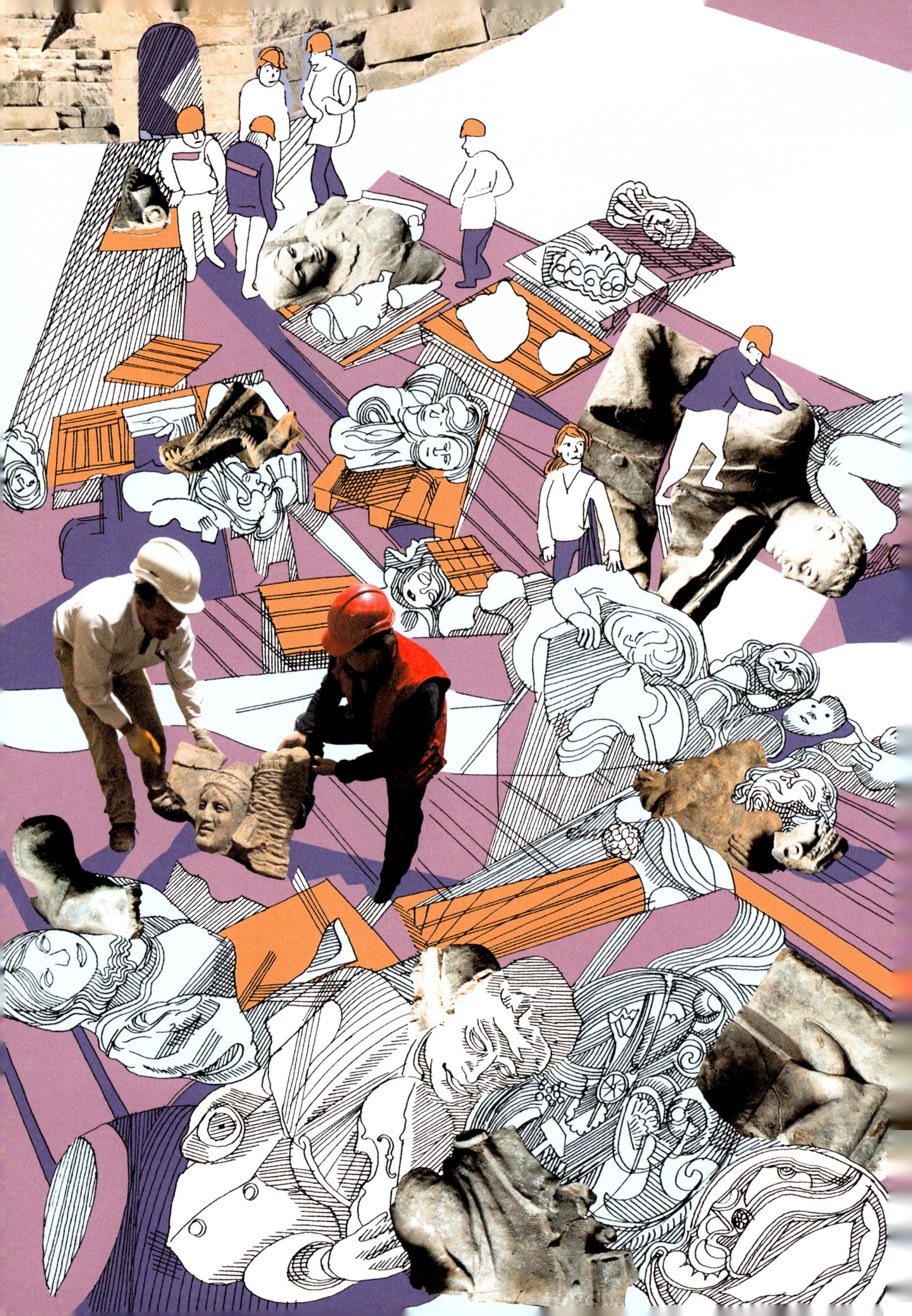

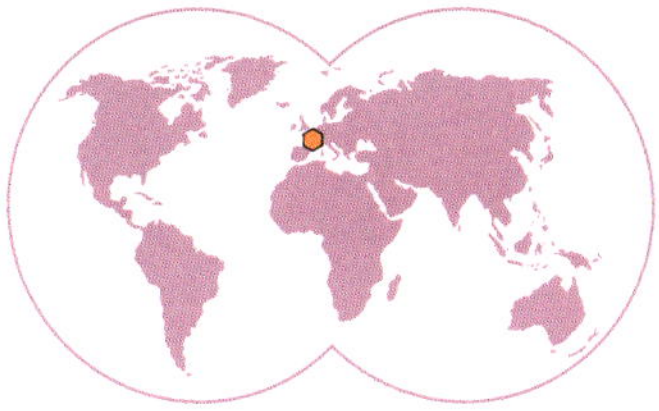

Au XXe siècle

Archéologie et CGT

SI L'ON SAIT QUE LA MÉTHODE ARCHÉOLOGIQUE permet de mieux connaître la préhistoire*, qu'en est-il lorsqu'elle se confronte à des épisodes historiques beaucoup plus proches de nous, c'est-à-dire pour lesquels il existe des textes ou des documents archivés ? Et, a fortiori, que peut-elle nous dire au sujet de périodes où la mémoire des hommes, qui s'étire sur plusieurs générations, est parfois encore vivante ? Prenons un cas extrême.

Une histoire contemporaine tombée dans l'oubli

État des lieux

L'histoire racontée ici est à peu de chose près celle que l'on a entendue sur les ondes de France Culture il y a quelques mois. Vincent Charpentier, archéologue et producteur de l'émission le Salon Noir interrogeait, comme

à son habitude, un archéologue au sujet de ses récentes découvertes. Son interlocuteur, François Gentili, médiéviste de son état, allait nous raconter comment, à la recherche d'un habitat seigneurial médiéval, il venait de tomber sur un pan oublié de notre histoire contemporaine.

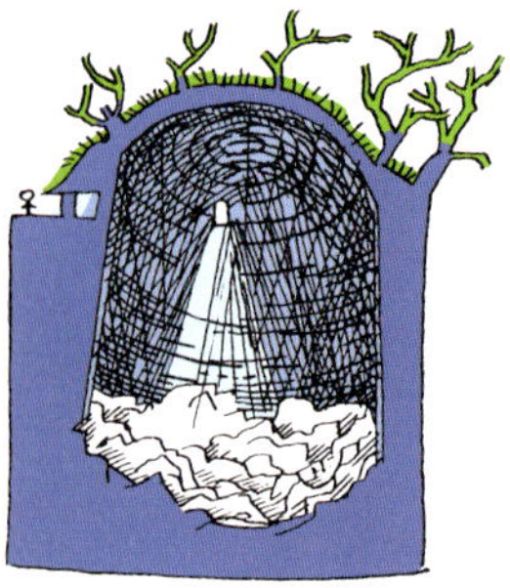

Les **glacières** étaient des cavités en maçonnerie dans lesquelles on accumulait la glace naturelle récupérée en hiver sur les plans d'eau gelés. Ainsi, pendant l'été, on pouvait conserver les aliments, refroidir les boissons ou même fabriquer des sorbets. Elles étaient un monopole seigneurial jusqu'à la Révolution.

Alors qu'il avait effectué plusieurs sondages* dans le parc du château de Baillet-en-France, dans le département du Val-d'Oise, et que rien ne l'incitait à entamer des fouilles archéologiques, il se décida à explorer les **glacières** du château, datées du XVIIe siècle. Il fallait bien en terminer avec cette prospection*. Dans la première glacière, rien d'extraordinaire n'était venu troubler son état des lieux. Dans la seconde, en revanche, la porte avait été murée. Après avoir réussi à s'y glisser, l'archéologue parvint à éclairer un important amoncellement de gravats. Quelle ne fut pas sa stupeur en découvrant, dans la pénombre, des visages le regardant. Il reconnut au premier plan des sculptures de femmes voilées, qu'il prit tout d'abord pour des religieuses ; elles mesuraient plus de deux mètres de haut. De quand pouvaient-elles dater ? Leurs traits ne semblaient faire écho à aucune époque connue de l'histoire de France.

Un monument soviétique emmuré à Baillet

Pourtant, en s'approchant davantage des sculptures, deux emblèmes apparurent : la faucille et le marteau. Tout devenait évident, ce n'étaient pas des religieuses mais des paysannes **soviétiques** qu'il avait aperçues. Or, le seul grand monument construit en France par l'URSS qu'il connaissait, était le pavillon soviétique de l'Exposition universelle qui avait eu lieu à Paris en 1937. Il fallait s'en assurer, chose qu'il fit le soir même. Sur le numéro de la revue *Illustration* daté de 1937, qu'il retrouva chez ses parents, des photos du défilé d'inauguration montraient en gros plan les sculptures qui symbolisaient toutes les républiques soviétiques : le Tadjikistan, l'Azerbaïdjan, l'Arménie, la Géorgie, etc. Elles faisaient partie de deux bas-reliefs qui encadraient de part et d'autre l'escalier d'entrée du pavillon soviétique. On ne pouvait plus douter : c'étaient bien elles qui avaient été emmurées à Baillet. Mais pourquoi là ?

Le terme **soviétique** vient du mot « soviet », qui désignait un conseil d'ouvriers, de paysans et de soldats, organe politique de base en ex-URSS. On l'emploie en général pour parler de l'ex- URSS ou ex-Union soviétique.

L'Exposition universelle de 1937

L'exposition internationale « Arts et techniques de la vie moderne » s'est déroulée entre mai et novembre 1937 à Paris, au pied de la tour Eiffel. Elle voulait démontrer que l'art ne s'oppose pas à la technique mais, bien au contraire, que le Beau et l'Utile doivent être indissociablement liés. Dans un contexte de crise économique et de tensions politiques internationales, elle était censée promouvoir la paix. Plusieurs pays y ont participé. Elle est restée célèbre pour l'affrontement symbolique qui eut lieu entre le pavillon soviétique de l'URSS et le pavillon hitlérien de l'Allemagne nazie, situés de part et d'autre du pont d'Iéna ; le premier avec sa gigantesque statue d'un ouvrier et d'une kolkhozienne arborant les emblèmes communistes que sont la faucille et le marteau, le second avec sa sculpture colossale surmontée de l'aigle nazie. Préfiguration du conflit qui opposera les forces de l'Axe (Allemagne nazie, Italie fasciste et empire du Japon) aux Alliés (France, Royaume-Uni, URSS, États-Unis...), deux ans plus tard, lors de la Seconde Guerre mondiale.

À la recherche d'indices

Le seul indice que l'on avait, dit-il, est que le parc du château de Baillet-en-France avait été acheté en 1937 par l'Union fraternelle des métallurgistes **CGT** de la région parisienne. Elle l'avait transformé en parc de loisirs pour la classe ouvrière au moment des premiers congés payés, instaurés en 1936. Cette œuvre sociale, destinée à améliorer les conditions de vie des ouvriers et de leur famille, perdura jusqu'en 1972. En consultant les archives de la Maison des métallos à Paris, François Gentili découvre également que les

La **CGT** (Confédération générale du travail) est la principale organisation syndicale en France. Elle a été créée en 1895, pour la défense des salariés contre les patrons.

le pavillon soviétique à l'exposition universelle de 1937

bas-reliefs avaient été donnés à la CGT par les Soviétiques en 1938, lors du démontage de l'exposition. Il émet alors l'hypothèse que les camarades du syndicat des métallurgistes avaient donné un coup de main aux Soviétiques pour ajouter les bas-reliefs au pavillon, afin que celui-ci soit prêt en temps et en heure. Grâce à eux, le pavillon soviétique fut effectivement l'un des seuls à être terminés lors de l'inauguration, avec celui des nazis qui avaient fait venir des ouvriers d'Allemagne pour son montage. Les deux ensembles se faisaient ainsi face au moment de l'exposition et rivalisaient pour être celui qui attirerait tous les regards.

Des archives insuffisantes

Aux archives, l'archéologue apprend qu'un seul des deux massifs sculptés a été donné à la CGT. Pourtant, le propylée entier, c'est-à-dire les deux massifs encadrant l'escalier, est présent dans la glacière. Pour quelles raisons les autorités soviétiques avaient-elles abandonné l'autre moitié de l'édifice ? L'histoire ne le dit pas encore. On apprend aussi que très vite, au moment de la déclaration de guerre, le parc de Baillet est réquisitionné. Il devient un camp de rétention pour prisonniers politiques, puis un centre pour la jeunesse pétainiste. Une lettre de témoignage révèle, par ailleurs, que le monument a été détruit à coups de masse au printemps 1941, alors qu'au même moment les nazis envahissent l'Union soviétique. Enfin, une photographie de 1945 montre des membres de la CGT posant devant le monument brisé et remonté avec une pancarte : « LE FASCISME EST PASSÉ PAR ICI ». Celle-ci prouve qu'à cette date les éléments du propylée ne sont pas encore dans la glacière. Après 1945, c'est le silence complet sur le sujet. Plus aucune information jusqu'à leur découverte en 2004. On ne sait ni quand ni pourquoi ce monument a finalement été redétruit et entreposé dans la glacière. Les archives ne disent plus rien.

Histoire trop récente pour être patrimonialisée

Mais n'allons pas trop vite. En 1937, 250 000 personnes campent dans le parc, les premiers samedis chômés s'y déroulent paisiblement ; c'est l'invention du week-end. Après la guerre, la propriété est à nouveau un parc de loisirs pour les ouvriers. On y revient comme avant 1940 ! Dans l'espoir de recueillir des témoignages, François Gentili décide d'interroger les gens qui étaient passés par Baillet, mais aucun d'entre eux ne mentionne les sculptures. Étrange… La mémoire de ce monument semble avoir complètement disparu des esprits. Comment expliquer cela ? Pour notre archéologue, et on a envie de le suivre dans cette hypothèse, si le monument a été détruit, c'est parce qu'il n'avait pas acquis de valeur particulière aux yeux des gens de l'époque. Il n'était pas assez ancien pour être perçu comme un objet appartenant à notre patrimoine social et pour susciter la volonté de le conserver. Il pouvait donc être détruit sans trop de scrupules, sans laisser de trace de son existence ou presque.

On a voulu préserver le monument

Grâce à la méthode archéologique et à sa manie de relever les moindres indices en présence, François Gentili se rend compte qu'il y a pourtant eu une volonté de préserver le monument. Malgré une grande quantité de fragments retrouvés sur place, tous les éléments des deux massifs sculptés ont été conservés. Ce mode de dépôt suggère l'idée qu'on a voulu les mettre à l'abri, peut-être en vue d'un remontage ultérieur. Il est donc probable que le monument a été démonté par des gens à qui il inspirait une certaine sympathie. Mais rien d'officiel à ce sujet et nulle trace d'un tel geste dans les archives.

Emmurés dans la glacière avec les deux massifs, des éléments datant des années 1960 révèlent à leur tour que l'enterrement du monument a forcément eu lieu après cette date. Aujourd'hui, nous n'en savons pas davantage. Le monument a pu être démonté et mis dans la glacière lors de la destruction du château, en 1980. Mais encore une fois, rien ne nous l'assure. On ignore aussi pourquoi les deux parties du propylée entourant la grande sculpture de bronze, repartie en URSS, sont présentes à Baillet et non pas une seule, comme les archives le stipulent. Quoi qu'il en soit, le dossier n'est pas clos, l'archéologue poursuit sa traque.

Cette enquête nous enseigne que l'archéologie*, lorsqu'elle n'est pas occupée à déterrer des vestiges* des temps anciens, permet également de mener des travaux de reconstruction pour des événements historiques très proches de nous, mais complètement disparus de la mémoire des hommes. Grâce à elle, on a ainsi pu rouvrir ce dossier appartenant à notre histoire sociale, lire quelques archives évocatrices, comprendre que le monument avait été mis à l'abri et non détruit, et découvrir enfin qu'une partie de l'histoire du XXe siècle reste encore à écrire.

Dictionnaire

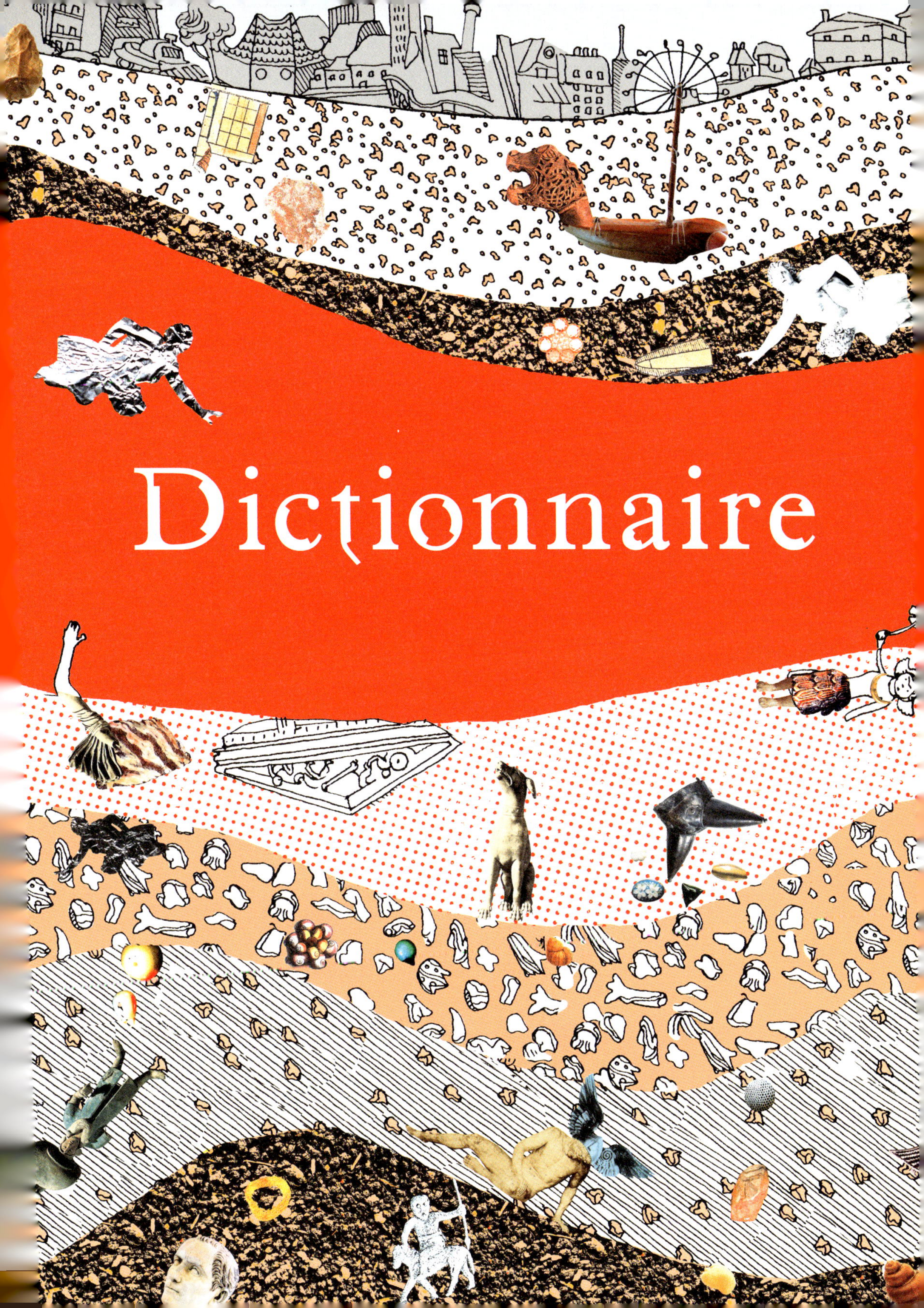

A

Abbasside

Les Abbassides sont les descendants d'Abbas, un des oncles du prophète Mahomet. Ils prennent le pouvoir aux Omeyyades en 750 de notre ère. Cette dynastie régnera sur l'Empire musulman jusqu'en 1258, depuis leur capitale, Bagdad, aujourd'hui en Irak.

* *Voir pages 150, 151.*

Abou-Simbel

Site pharaonique creusé dans une falaise des bords du Nil. Ramsès II, grand pharaon de la XIXe dynastie (XIIIe siècle avant notre ère, Nouvel Empire), y avait ordonné la construction de deux grands temples. Le premier était consacré à Rê et à Amon, respectivement dieu-soleil et créateur de tout. Sa façade, sculptée de quatre statues colossales du roi, était orientée vers le soleil levant. L'astre du matin illuminait l'intérieur du sanctuaire et parvenait, deux fois par an, à éclairer une des statues de Ramsès II située au fond du temple, la rechargeant ainsi en énergie divine. La légende veut que les dates pendant lesquelles ce phénomène avait lieu correspondaient à la naissance et au couronnement de Ramsès II. Mais cela est improuvable dans l'état actuel de nos connaissances, car nous ne trouvons nulle part d'autres références concernant ces deux dates. L'autre temple, plus petit, était dédié à Hathor, la déesse de l'Amour, ainsi qu'à Néfertari, la femme de Ramsès II. La façade était rythmée de statues colossales du grand pharaon et de son épouse préférée. Pour éviter que les temples soient engloutis au moment de la construction du barrage d'Assouan, l'Unesco les a démontés en 1968 et reconstruits 64 mètres plus haut sur une montagne factice. Un rayon du soleil levant vient aujourd'hui éclairer le roi deux fois par an, le 22 février et le 22 octobre.

Achéens

Nom donné par Homère, auteur de l'*Iliade* et l'*Odyssée*, aux habitants de la Grèce continentale. Ils sont célèbres pour avoir gagné la guerre de Troie. Agamemnon, Ulysse et Ménélas sont des Achéens. Les archéologues les assimilent le plus souvent aux Mycéniens, population identifiée au XIXe siècle après la découverte des villes de Mycènes, Tyrinthe…

* *Voir pages 94, 95, 104.*

Achéménide

Dynastie perse qui règne quelques siècles avant notre ère sur le sud-ouest de l'Iran. En 559, Cyrus II, dit le Grand, soumet les Mèdes et s'élance à la conquête du monde. Il conquiert une grande partie de l'Asie centrale et du Proche-Orient. Ses successeurs agrandiront l'empire, de l'Égypte à la vallée de l'Indus. L'Empire perse achéménide succombera finalement sous les coups d'Alexandre le Grand au IVe siècle avant notre ère.

* *Voir pages 137, 140, 141, 142, 143, 149.*

Achille

Héros mythique de la guerre de Troie. Après avoir vaincu Hector, il est atteint au talon, son point faible, par une flèche que lui décoche Pâris. Il meurt devant la ville mythique, ainsi que l'avait prédit la légende.

* *Voir page 96.*

Acropole

Ville haute ou citadelle des villes grecques. Elle est le dernier refuge lors d'une attaque, un peu comme le donjon dans un château fort. Elle est aussi la demeure des dieux, à l'image de l'acropole d'Athènes qui renfermait le Parthénon. Contrairement aux idées reçues, ce dernier n'était pas un temple, dans le sens où aucun culte n'y était rendu. En revanche, il était bâti pour abriter la statue d'Athéna, patronne de la ville, et, plus tard, le trésor des cités associées à Athènes (la ligue de Délos) pour lutter contre les Perses. On peut assimiler l'acropole grecque ou étrusque à l'oppidum celte.

* *Voir pages 75, 102.*

Adobe

Brique crue séchée au soleil. Faite d'argile, d'eau et souvent d'un dégraissant végétal pour la structurer, elle peut être moulée et donc fabriquée en série. Dans l'architecture précolombienne, elle occupe une place de choix. Elle remplace la pierre qui n'a été utilisée que tardivement et seulement dans certaines régions.

* *Voir page 157.*

Agamemnon

Roi de Mycènes et chef des héros grecs qui assiègent Troie, la ville mythique où est enfermée la belle Hélène (XIIIe siècle avant notre ère). Après la chute de la cité, il rentre chez lui où il meurt assassiné par sa femme, Clytemnestre, et son amant Égisthe. Son nom nous est connu par l'*Iliade*, un des grands poèmes épiques d'Homère.
Lorsque le fameux archéologue allemand Heinrich Schliemann découvre un masque en or dans une des tombes de Mycènes, il est sûr d'avoir trouvé la tombe d'Agamemnon. Depuis cette découverte, le nom du masque est associé à celui de ce roi légendaire.

* *Voir pages 94, 103, 104.*

Agora

Lieu d'assemblée politique et de commerce, l'agora grecque est le lieu de rencontre par excellence. Les monuments publics et religieux y ont été construits pour que les habitants de la ville prennent l'habitude de s'y rendre.

Agrigente

Cité grecque fondée au VIe siècle avant notre ère, dans le sud de la Sicile. Elle devient romaine trois siècles plus tard, puis arabe au IXe siècle de notre ère. Elle est surtout connue pour abriter les plus belles ruines du monde grec.

Aï Khanum

Ville d'Asie centrale fondée par Alexandre le Grand

ou peut-être plus probablement par l'un de ses successeurs.

* *Voir pages 138, 144, 145, 147.*

Akhenaton

Pharaon de la XVIIIe dynastie égyptienne (1550-1292 avant notre ère, Nouvel Empire) aussi nommé Aménophis IV, puisqu'il succède à Aménophis III sur le trône d'Égypte. Il est considéré comme hérétique, dans la mesure où il tente de modifier les canons du culte à Amon, le dieu de Thèbes, alors en vigueur. On dit aussi de lui qu'il est le premier pharaon monothéiste. Il ne vénère réellement qu'un seul dieu, qu'il tente à sa manière de rendre plus accessible aux hommes.

L'art de son époque est très différent de celui des autres périodes pharaoniques, figées dans des codes très stricts. Il est à la fois plus naturaliste et plus baroque, car les sujets sont plus quotidiens et plus chargés de sentiments. Sa capitale était Tell el-Amarna, en moyenne Égypte. À sa mort, son fils Tout Ankh Amon restaurera aussitôt l'ancien culte d'Amon.

* *Voir page 89.*

Akkad

Considéré comme le premier empire du monde, il s'étend sur une grande partie du Proche-Orient. Fondé par Sargon à la fin du XXIVe siècle avant notre ère, il est le résultat d'une véritable révolution politique. Auparavant, les rois régnaient sur des cités-États, c'est-à-dire sur des villes et leur territoire alentour. Lors des guerres, les souverains victorieux se contentaient d'un contrôle sur les autres rois de la région. Sargon, lui, décide d'annexer toutes les vieilles cités-États sumériennes au sein d'une seule entité politique et fonde la ville d'Akkad, sa capitale, qui n'a jamais été retrouvée. Ce nouveau pouvoir lui donne alors une dimension universelle, à laquelle il décide d'ajouter un caractère divin. Sargon est ainsi à l'origine de l'idée d'une royauté de droit divin. On connaît l'existence de son empire grâce aux tablettes écrites en akkadien, une langue sémite qui donnera quelques siècles plus tard le babylonien et l'assyrien. Elle devient à cette époque la langue officielle de la région et remplace le sumérien, qui était la première langue transcrite par l'écriture cunéiforme.

* *Voir pages 65, 140.*

Albâtre

Cette pierre tendre, communément appelée calcite, se trouve en Italie comme en Iran, en Inde ou en Égypte. Elle a très tôt été utilisée pour sa couleur blanche translucide. Dans l'Antiquité phénicienne, grecque ou romaine, on en faisait des vases à parfum, car elle était censée préserver parfaitement les odeurs. L'Égypte et le Yémen sont les deux civilisations antiques à l'avoir utilisée à profusion.

* *Voir pages 88, 104.*

Alésia

Cité gauloise fortifiée, dite aussi oppidum. C'est là que se déroule la dernière et célèbre bataille de Vercingétorix contre Jules César, en 52 avant notre ère. Cette année-là, une révolte éclate contre le protectorat romain en vigueur en Gaule. Toutes les tribus gauloises se rallient à Vercingétorix, un noble de la tribu des Arvernes. Après plusieurs mois de combats, l'armée gauloise doit se retirer dans Alésia, où elle est assiégée par les Romains. César sort vainqueur de ce face-à-face et emmène Vercingétorix, fait prisonnier, à Rome. Après avoir servi au dictateur romain d'objet de triomphe, il est égorgé. La Gaule devient alors province romaine. On connaît bien cet épisode historique grâce à *Commentaires de la guerre des Gaules*, récit haut en couleur écrit par César lui-même. Une grande partie des archéologues ayant travaillé sur le sujet pensent que la ville d'Alésia est située sur le site d'Alise-Sainte-Reine, en Côte-d'Or. Pourtant, des fouilles approfondies semblent encore nécessaires pour comparer l'histoire de César avec les vestiges archéologiques.

* *Voir page 124.*

Alexandre le Grand (356-323 avant notre ère)

Roi de Macédoine. Fils de Philippe et d'Olympias, il est élevé par Aristote, le plus connu des philosophes grecs, avec Platon.

Après avoir soumis la Grèce, il conquiert très vite l'Égypte, une grande partie du Proche et du Moyen-Orient. Ses armées iront jusqu'à l'Indus mais ne voudront pas poursuivre plus loin. De retour à Babylone, il meurt d'une fièvre aiguë, sans avoir pu réaliser tous ses projets de conquête. Il laisse notamment derrière lui l'empire des Séleucides, au Proche-Orient, et celui des Lagides, en Égypte, qui favoriseront de véritables rencontres entre l'Orient et l'Occident.

* *Voir pages 98, 142, 144, 145, 147.*

Alexandrie

Ville construite pour Alexandre le Grand sur la côte méditerranéenne de l'Égypte. Elle devient capitale du pays sous la dynastie grecque des Ptolémées ou Lagides, qui régna sur l'Égypte de 320 à 30 avant notre ère. C'est à cette époque que fut construit le phare d'Alexandrie, l'une des Sept Merveilles du monde antique. Alexandrie est alors la capitale intellectuelle de la Méditerranée. Lorsque les chrétiens imposent leur nouveau culte, vers le IVe siècle de notre ère, ils détruisent beaucoup de bâtiments et Alexandrie sombre peu à peu dans l'oubli. L'invasion arabe, au VIIe siècle de notre ère, transforme la cité grecque en ville d'Orient. Alexandrie ne retrouvera jamais son faste antique.

* *Voir page 145.*

Altamira

Grotte du nord de l'Espagne couverte de peintures rupestres préhistoriques datées de la fin du Paléolithique Supérieur (35000-11000) et plus exactement du Magdalénien (17000-11000).

Les peintures sont découvertes en 1879 par une fillette de 8 ans, alors que son père, le marquis de Santuola, commence les fouilles de la grotte. Le style artistique qui la caractérise est essentiellement animalier et très réaliste. Il a permis de mettre un terme à l'idée tenace que les hommes préhistoriques étaient des barbares sans âme et dépourvus de sensibilité. Après la découverte d'autres grottes ornées associées à du matériel paléolithique, l'art préhistorique est enfin reconnu comme tel en 1902.

* *Voir page 45.*

Altitude

La fouille archéologique est une destruction puisqu'elle efface une à une les couches superposées au fil du temps. Pour reconstituer un site archéologique et l'ensemble de ses couches, dites stratigraphiques parce que superposées en strates, il est nécessaire d'avoir pris l'altitude des objets qu'elles contenaient et si possible des couches elles-mêmes. Celle-ci est calculée en fonction d'un point zéro défini au début de chaque chantier et qui ne doit jamais changer. Ce dernier est également mis en rapport avec le niveau de la mer qui correspond au zéro admis par tous. Ainsi, on peut replacer un site dans son contexte géomorphologique.

Amarna (Tell el-)

Capitale du pharaon Akhenaton ou Aménophis IV (1355-1337 avant notre ère). Ce dernier décida de construire sa ville dans un lieu vierge de toute divinité pour la dédier au dieu unique Aton, le disque solaire. Grande audace pour l'Égypte pharaonique. On a d'ailleurs appelé cette période la révolution amarnienne, parce qu'elle prônait une sorte de monothéisme. Alors qu'avant le dieu et sa figure n'étaient accessibles qu'au roi et aux prêtres dans les temples, voilà qu'Akhenaton les voulait proches du peuple. C'en était trop pour son fils Tout Ankh Amon : dès son avènement et sous la pression du clergé, il fit restaurer l'ancien culte d'Amon et transféra à nouveau la capitale à Thèbes, une ville du sud de l'Égypte.
La ville de Tell el-Amarna est construite loin de tout autre sanctuaire ou ville, édifiés en général soit dans le nord, soit dans le sud du pays. Nous sommes là en moyenne Égypte, à un endroit où les hautes falaises de la chaîne arabique, qui se dressent sur la rive droite du Nil, s'écartent pour former un demi-cercle de 12 km de long.
C'est la seule ville de l'Égypte antique que l'on connaît bien, car à la mort du souverain elle est définitivement abandonnée et laissée en l'état. Des tablettes d'argile y ont par ailleurs été retrouvées par les habitants de la région, révélant l'existence d'une correspondance diplomatique entre Akhenaton et les souverains étrangers de l'époque, tels que le roi de Babylone, d'Assyrie... Elles sont pour la plupart rédigées en akkadien cunéiforme.

Amazones

Selon les légendes grecques, les Amazones descendent d'Arès, le dieu de la Guerre, et de la nymphe Harmonie. Ce peuple de femmes guerrières aurait vécu au temps de la guerre de Troie. Gouvernées par une femme, elles n'acceptaient pas d'hommes au sein de leur tribu, tuant ou mutilant les enfants mâles nés de leurs rapports avec les populations voisines.
Plusieurs explications symboliques, psychanalytiques ou historiques ont été avancées pour expliquer cette légende. L'une des plus probables est celle d'une assimilation des Amazones aux femmes hittites du Proche-Orient. Celles-ci auraient pris les armes à la suite d'une sévère diminution de la population masculine, à la fin du XIIIe siècle avant notre ère.

* *Voir page 171.*

Ambre

Il existe deux sortes d'ambre. La première, appelée ambre jaune, est la résine fossile d'un conifère du Tertiaire que l'on trouve en Espagne, en Italie, au Liban, en Sibérie, en Chine et surtout sur les rives de la mer Baltique. C'est avec cet ambre que l'on fabrique des perles et des colliers depuis l'époque néolithique.
La seconde, appelée ambre gris, est une sécrétion produite par le cachalot. Après avoir été exposée à l'air libre pendant plusieurs mois, voire plusieurs années, elle prend une odeur de musc. C'est sous cette forme que l'ambre gris est utilisé au Proche-Orient et dans le monde romain pour fabriquer des parfums.

* *Voir page 104.*

Aménophis III

Grand pharaon qui mène l'Égypte au faîte de sa puissance au XIVe siècle avant notre ère. Pour cela, il préfère la diplomatie à la guerre, notamment avec les souverains du Proche-Orient, qui lui envoient de nombreux et magnifiques présents. Il est également un grand bâtisseur. On lui doit, entre autres, le grand temple de Louqsor à Thèbes.

Il est le père d'Aménophis IV, dit Akhenaton, et le grand-père de Tout Ankh Amon.

* *Voir page 83.*

Amon

Principale divinité du panthéon égyptien et dieu de Thèbes. Son nom, qui signifie littéralement « le Caché », traduit l'impossibilité de connaître sa vraie nature. Il se révèle aux hommes sous de multiples aspects.

* *Voir page 89.*

Amorites

Peuple ou groupe d'individus vivant au IIe millénaire avant notre ère entre l'Euphrate et le Jourdain. On connaît très peu de chose à leur sujet, si ce n'est qu'à cette période ils détruisent Ur et sont les maîtres de la Mésopotamie, où ils fondent la première dynastie babylonienne. Cette dernière est essentiellement connue par un de ses souverains, Hammourabi de Babylone, qui édite le premier recueil de lois. Gravé sur une stèle de basalte, le code d'Hammourabi est conservé au musée du Louvre.

Amphithéâtre

Constitué de deux théâtres réunis, c'est un édifice typiquement romain. C'est là qu'avaient lieu les combats de gladiateurs, les mises à mort...
L'amphithéâtre le plus connu est le Colisée, à Rome.

Amphore

Terme grec qui désigne un récipient en terre cuite, de forme allongée et pourvu d'un col étroit. Elle servait au transport et à la conservation des liquides comme le vin, l'huile d'olive... On en trouve dans tout le monde gréco-romain. En Gaule, on lui préféra assez vite le tonneau.

* *Voir pages 124, 146,*

Ancien Testament

(Voir Testament)

Angkor

Site archéologique qui rassemble les principaux centres urbains et monuments du royaume du Cambodge. Essentiellement hindouistes, les complexes d'Angkor sont caractérisés par des temples-montagnes, lieux de séjour mythiques des dieux qui s'échelonnent sur cinq niveaux. Construits entre le IXe et le XVe siècle de notre ère par le peuple khmer, ils rivalisent tous de grandeur et de sophistication.
En ces temps-là, les Khmers régnaient sur le Cambodge, le sud du Vietnam et le Laos actuels. Le développement extraordinaire de leur autorité est dû en partie aux gigantesques réservoirs permettant la conservation d'importantes quantités d'eau et, du coup, la culture du riz tout au long de l'année. Ce stockage permettait aux cités de pouvoir nourrir et abreuver une population chaque fois plus importante. La gestion de l'eau qui provoquait des inondations catastrophiques pendant les moussons et manquait cruellement dans les périodes de sécheresse, fut donc la clé du pouvoir de ce royaume.
Le site, abandonné pendant plusieurs siècles et enseveli sous la jungle, a été redécouvert grâce à la publication des mémoires posthumes d'Henri Mouhot. Celui-ci, explorateur français, avait visité la cité en 1860.

Anthracologie

Discipline archéologique qui étudie les charbons de bois. Les restes de bois brûlé permettent à la fois d'identifier les arbres dont ils proviennent et de dater l'incendie ou le feu. Par leur analyse, on peut reconstituer en partie le paysage d'une époque.

Anthropologie

Discipline qui étudie l'espèce humaine depuis ses origines jusqu'à nos jours. Elle se divise en deux branches : l'anthropologie physique, qui s'intéresse au corps, à son fonctionnement et à son évolution, et l'anthropologie sociale, qui s'attache aux comportements, aux relations entre individus, au fonctionnement des sociétés…

Antioche

Importante ville de l'Antiquité, aujourd'hui située en territoire turc. Elle est construite par Séleucos Ier, en 300 avant notre ère. Ce général est l'héritier de la partie orientale de l'empire d'Alexandre le Grand. Antioche est fondée pour être la capitale de l'Empire séleucide, qui règne sur tout le Proche-Orient jusqu'à la conquête romaine, vers 65 avant notre ère. Il y a 2000 ans, sa population avoisine un demi-million d'habitants. Elle joue alors le rôle de transmetteur, dans le sens où elle transplante la culture grecque en milieu sémite. Au début du christianisme, Antioche est encore au premier plan, puisque c'est de là que le christianisme se répand vers l'Orient. C'est aussi de là que démarre la route de la soie, route commerciale par excellence, reliant la Chine et l'Inde à la Méditerranée. Elle est empruntée dès le IIIe siècle avant notre ère et continue à l'être jusqu'au XVIe siècle. Cette route est, en réalité, multiple et relie les points de passage des fleuves ou des montagnes les plus faciles à emprunter. L'importance religieuse d'Antioche diminue progressivement à mesure que Constantinople prend de l'ampleur. D'abord ravagée par un tremblement de terre, elle est finalement détruite par les Perses Sassanides en 540 de notre ère. La ville, prise par les Arabes en 638 puis par les Byzantins en 966, devient turque en 1084. Quelques années après, les croisés s'y installent et en font la capitale d'une principauté. Finalement, Baybars, le grand sultan Mamelouk, s'en empare en 1268. Sa chute annonce définitivement la fin de la domination chrétienne en Orient. De cette histoire mouvementée, il ne reste quasiment rien. Le peu de vestiges de la ville antique s'est fondu dans la ville médiévale, disparue à son tour sous la ville moderne d'Antakya, dans l'actuelle Turquie.

Antiquité

Première période de l'histoire. Elle commence avec l'apparition de l'écriture. À partir de là, l'histoire des peuples antiques nous est connue grâce aux textes qu'ils nous ont laissés. L'Antiquité s'étire entre la Préhistoire ou Protohistoire et le Moyen Âge. Elle débute cependant à des dates différentes selon les endroits, puisque l'écriture n'est pas apparue partout au même moment. Les civilisations antiques les plus célèbres sont les Sumériens, les Égyptiens, les Grecs et les Romains… Les peuples voisins qui ne connaissaient pas l'écriture, comme, par exemple, les populations celtiques vivant en Europe, font encore partie de la Protohistoire.

* *Voir pages 11, 60, 82, 84, 94, 98, 110, 111, 116, 117, 127, 129, 188, 190.*

Apis

Dieu taureau égyptien, symbole de la fécondité. En Égypte antique, un taureau était choisi selon plusieurs critères et vénéré comme étant l'incarnation d'Apis. À sa mort, il était momifié et enterré en grande pompe. Le Serapeum à Saqqarah est l'un des principaux sanctuaires d'Apis.

* *Voir pages 82, 83, 84.*

Apollon

Dieu grec de la Musique, de la Poésie et de la Guérison. Il est aussi capable de prédire l'avenir. Delphes est l'endroit où les Grecs viennent consulter ses oracles par l'intermédiaire d'une prêtresse, la Pythie. Très rapidement, les Romains l'adoptent et misent sur ses pouvoirs de guérisseur. Beaucoup de temples sont élevés en son honneur dans le monde méditerranéen. Il est le fils de Zeus et de Léto, mais aussi le jumeau d'Artémis. Tous deux naissent sur l'île de Délos, dans les Cyclades, qui deviendra de ce fait une île sacrée.

* *Voir page 96.*

Aqueduc

Système de canalisation conduisant l'eau d'un point à un autre. Le plus souvent, il désigne un grand monument servant de pont aux canalisations qui sont, elles, en majorité souterraines. Les Romains sont les seuls à leur avoir donné un caractère grandiose. Construits partout dans le monde romain, ils amenaient l'eau vers de grands réservoirs qui, grâce à la pression, la distribuait aux fontaines et aux bains publics. Ils commencent à tomber en ruine à la chute de l'Empire romain dès la fin du ve siècle de notre ère et sont définitivement abandonnés au VIIe siècle. On en voit encore debout qui barrent les paysages du sud de la France, à l'image du pont du Gard.

* *Voir pages 127, 162.*

Archéobotanique

Science consacrée à l'étude des végétaux retrouvés en contexte archéologique. L'archéobotaniste aide l'archéologue à reconstituer les paysages d'une époque et à comprendre le rapport de l'homme à son environnement végétal. Que mangeait-il ? Dans quel type d'environnement, forestier ou ouvert, vivait-il ? Qu'avait-il à sa disposition pour faire du feu, fabriquer des outils, des huttes... ?

Archéologie

Science de l'ancien. Elle cherche à reconstituer le passé à l'aide des traces matérielles laissées par nos ancêtres comme les villes, les temples, les tombes, les poteries, les armes, les vêtements... Elle est une méthode d'enquête qui use de toutes les disciplines possibles pour reconstituer les activités des hommes du passé, aussi bien dans leur milieu que dans leur société.

Les principales questions que se pose l'archéologue sont les suivantes : Qui a le pouvoir et comment s'exerce-t-il ? Quels sont les dieux vénérés ? Comment s'organise la société ? De quoi vit-on ? Quels sont les biens qui s'échangent ou se vendent ? Quelles sont les ressources naturelles exploitées ? sont-elles transformées ?... L'archéologie sert donc à connaître les sociétés sans écriture, mais aussi à confirmer ou infirmer les textes que les populations anciennes nous ont laissés.

* *Voir pages 12, 13, 60, 65, 82, 108, 117, 118, 124, 159, 187, 191, 193, 200.*

Archéologie expérimentale

Méthode qui cherche à comprendre comment tel objet, retrouvé en fouille, a été fabriqué. L'archéologue part du même matériau d'origine et tente de refabriquer cet objet avec les outils dont disposaient les hommes à l'époque. C'est à partir de multiples essais ou expériences qu'il est possible de reconstituer la chaîne opératoire la plus probable. La taille d'outils en silex occupe ainsi la plupart des étudiants en Préhistoire. Alors qu'après la journée de fouilles certains jouent au tarot ou flirtent en jolie compagnie, d'autres, passionnés, continuent à tailler des racloirs, bifaces ou autres types d'éclats à longueur de soirée. Les meilleurs d'entre eux deviendront des spécialistes en technologie lithique.

* *Voir page 12*

Archéomagnétisme

Méthode qui permet de dater des objets en argile,

comme les poteries, les briques, les fours... Elle part du principe que la terre fonctionne comme un aimant, avec un pôle Sud et un pôle Nord entre lesquels circulent des courants électriques. On appelle ces courants le champ magnétique terrestre. L'argile opère comme une boussole, car elle contient toujours un peu de fer. Lorsqu'une poterie cuit, la chaleur oriente le fer contenu dans l'argile vers le pôle Nord et fige ainsi définitivement les éléments ferreux. Or, l'orientation du pôle Nord a changé plusieurs fois au cours de l'histoire et ces changements ont été notés avec précision par les géophysiciens. Les archéologues ont donc à leur disposition des tableaux qui indiquent toutes les orientations du pôle Nord en fonction des lieux et des époques. Le hic est que cette méthode n'est plus précise au-delà de 1000 avant notre ère. Avant cette date, les informations dont nous disposons sont beaucoup trop morcelées pour donner une échelle de temps courte.

Archéologie sous-marine ou subaquatique

Comme son nom l'indique, cette discipline reproduit les mêmes gestes que ceux des archéologues, mais sous l'eau.
Tous les objets, constructions englouties ou épaves sont relevés avec précision avant d'être extraits des fonds marins ou lacustres. Cette méthode permet ensuite de remonter le site archéologique en trois dimensions. Cela peut paraître très attractif pour qui veut allier sport et activité professionnelle. Toutefois, le plus souvent, il s'agit de faire un relevé du site sans toucher aux différents vestiges, puis de les extraire de l'eau à l'aide d'un aspirateur. Mais qui a déjà tenté l'expérience sait que si l'on remue le fond de la mer ou d'un lac, la vase se répand immédiatement et empêche, alors, toute vision pour un bon bout de temps.
Bien des étudiants en archéologie sous-marine ont ainsi été dégoûtés par ce difficile et délicat métier d'homme-grenouille archéologique.

Archéozoologie

Discipline qui analyse les relations entre l'homme et les animaux. Les archéozoologues étudient le plus souvent l'histoire de la domestication, c'est-à-dire de la transformation d'animaux sauvages en animaux apprivoisés. Par ailleurs, en étudiant les os, on arrive à comprendre certaines techniques de chasse, de boucherie... Enfin, en fonction des animaux présents dans un site, on peut aussi reconstituer le climat et la végétation dans lesquels ils vivaient.
Cette étude se fait à partir de collections d'ossements d'animaux déjà constituées dans des fouilles précédentes ou même d'animaux actuels. Ces collections sont comparées avec les ossements trouvés dans la fouille.

Arcy-sur-Cure

Grotte ornée de Bourgogne dont les peintures datent de la période aurignacienne (35000-28000) et sont un peu postérieures à celles de Chauvet. L'animal le plus représenté est le mammouth. Ces peintures rupestres ont été découvertes par un malheureux hasard : connue depuis fort longtemps, la grotte était devenue un lieu de promenade que l'on éclairait à la torche, ce qui eut pour conséquence d'en noircir considérablement les parois. Un bon coup de jet d'eau allait arranger cela, pensèrent les conservateurs du lieu ! Mais lorsque l'eau devint rouge sang, on s'aperçut que, sous la suie, il y avait de la peinture rouge et donc... des fresques. Une partie de ces fresques a ainsi disparu. Toutefois, Arcy-sur-Cure reste une des plus impressionnantes grottes des temps préhistoriques.

* *Voir page 47.*

Ariane

Fille du roi Minos, elle s'éprend de Thésée venu combattre le Minotaure. Elle l'aidera non seulement à le vaincre, mais aussi à sortir du labyrinthe.

* *Voir pages 108, 112.*

Artefact

Objet fait par l'homme et trouvé dans un site archéologique.

Artémis

Déesse grecque de la Chasse. Elle est celle qui connaît le monde sauvage. En cela, elle est complémentaire de son frère, Apollon, qui, lui, incarne la civilisation.

Assurbanipal

Il est le plus célèbre de tous les rois assyriens. Son règne s'échelonne entre 668 et 630. Les Assyriens, conquérants inlassables qui terrorisèrent tout le Proche-Orient antique, étaient aussi des bâtisseurs, des sculpteurs et des lettrés. Assurbanipal en est le meilleur exemple : non content de maintenir l'Empire par la diplomatie et la guerre, il fait de sa capitale, Ninive, le centre du monde. Il y rassemble tout le savoir de son époque et crée la première bibliothèque. Les tablettes de Ninive comprennent notamment la source la plus complète de l'épopée de Gilgamesh, qui est le plus ancien récit légendaire du monde, de nombreux dictionnaires bilingues, des traités d'astronomie... Découverte en 1852, la bibliothèque a permis aux épigraphistes d'avancer sur le terrain du déchiffrement de l'écriture cunéiforme. Les Grecs connaissaient Assurbanipal sous le nom de Sardanapale et le considéraient comme l'incarnation de la luxure. La Bible a aussi conservé son souvenir, sous le nom d'Asenappar.

* *Voir page 62.*

Assyrie

L'histoire de l'Assyrie se résume en trois périodes principales.

La première, encore mal connue, se termine vers le XVe siècle avant notre ère. Elle est celle d'un petit royaume confiné aux alentours de la ville d'Assur, un éperon rocheux surplombant le Tigre, en haute Mésopotamie. Cette époque est essentiellement connue par les tablettes cunéiformes qui nous livrent la correspondance des marchands d'Assur, une ville importante grâce à son commerce avec l'Anatolie, la région orientale de la Turquie actuelle. Celle-ci s'effondre sous les coups d'Hammourabi de Babylone.

Pendant la seconde période, entre le XIVe et le Xe siècle, l'Assyrie est devenu un puissant royaume qui rivalise avec ses voisins babyloniens et hittites. Il finit par péricliter sous les coups des Araméens.

À la période suivante, dite néo-assyrienne, soit entre le IXe et le VIIe siècle, l'Assyrie domine tout le Proche-Orient. En quête d'une impossible paix, les Assyriens fondent plusieurs capitales et maîtrisent avec finesse l'architecture monumentale de leurs palais et de leurs décors. Pourtant, après trois siècles de guerres continues, ils tombent définitivement sous les coups des Mèdes et des Babyloniens, alors que vient de mourir le plus grand de tous les rois, Assurbanipal l'Assyrien.

* *Voir page 142.*

Atahualpa

Dernier empereur inca. Il règne au moment où débarquent les Espagnols. Il sort à peine d'une guerre civile avec son frère Huascar pour la conquête du pouvoir, lorsqu'il apprend l'arrivée de ces « hommes blancs barbus ». C'est lui que les Espagnols convoquent et trompent pour finalement s'emparer du pouvoir en quelques jours.

Athéna

Fille de Zeus. Déesse de la Raison, de la Sagesse et de la Cité, elle est la protectrice d'Athènes. Dans les récits mythologiques, elle est considérée comme la préférée de Zeus, qui cède à tous ses caprices. On l'invoque au même titre que son père ou qu'Apollon, mais c'est surtout dans son rôle de déesse de la Sagesse qu'elle s'impose et en vient à incarner la civilisation grecque.

* *Voir pages 105.*

Athènes

Capitale actuelle de la Grèce. Fondée par le regroupement de plusieurs villages qui cherchent à se défendre contre les envahisseurs, elle devient une ville à part entière vers 800 avant notre ère. Le site d'Athène est précisément choisi pour la forteresse naturelle que représente l'Acropole.

De lieu défensif, ce piton rocheux devient, au VIe siècle avant notre ère, le lieu des cultes et notamment celui d'Athéna, protectrice de la cité. Le Parthénon, grand temple de l'Acropole, a ainsi été construit pour abriter sa gigantesque statue en or et en ivoire, dite chryséléphantine. C'est également là qu'Athènes conservera le trésor de la ligue de Délos, réserve monétaire de toutes les cités grecques pour lutter contre les Perses. Son âge d'or est atteint au Ve siècle avant notre ère sous le gouvernement de Périclès. Elle domine alors toutes les autres cités grecques. C'est là, enfin, que naît la démocratie (du grec *demos*, « peuple », et *kratos*, « pouvoir »), en ce sens que tous les citoyens libres peuvent participer aux décisions politiques. De ces citoyens libres sont exclus les esclaves, les femmes et les étrangers à la cité. Les discussions législatives se déroulent à l'agora, lieu de flânerie, de marché et d'assemblée politique. Athènes est conquise par l'Empire romain au Ier siècle avant notre ère. Même si elle reste un important foyer culturel à cette époque, elle ne retrouvera son rôle majeur dans l'histoire politique qu'au XIXe siècle.

* *Voir pages 12, 93, 108, 112.*

Atlantide

Île de légende engloutie bien avant l'Antiquité. C'est Platon qui en parle le premier dans le *Timée* : « Dans cette île, des rois avaient formé un empire merveilleux [...] » Tous les historiens et géographes s'accordent aujourd'hui pour dire qu'il s'agit d'une fable inventée par Platon pour servir de leçon de morale aux Athéniens qui étaient, selon lui, corrompus. Depuis, une importante littérature n'a toujours pas réussi à épuiser le mythe.

* *Voir pages 111, 112.*

Aurignacien

Adjectif qui qualifie les premiers outils faits par l'homme moderne en Europe. On les dit aurignaciens, car ils ont été reconnus pour la première fois dans la grotte d'Aurignac, en Haute-Garonne. Ils sont datés entre 35000 et 28000 avant notre ère et sont contemporains des derniers outils de l'homme de Neandertal (250000-30000). Les plus caractéristiques sont des lames en silex et surtout des sagaies en os, c'est-à-dire des sortes de javelots. Ces dernières, taillées à une extrémité, s'emboîtaient dans un propulseur et pouvaient ainsi être lancées plus loin. La culture aurignacienne marque, pour les préhistoriens d'aujourd'hui, l'apparition de l'art figuratif. La grotte Chauvet en est le plus beau témoin.

* *Voir pages 36, 52, 53.*

Autel

Table sacrée servant aux rites comme les sacrifices ou les offrandes.

* *Voir pages 88, 181, 182.*

Autun

L'antique Augustodunum, capitale de la tribu des Éduens, est l'une des plus brillantes cités de la Gaule romaine. Vieux complices des Romains, les Éduens ont toujours bénéficié du soutien de César. Après la conquête romaine, ils abandonnent leur capitale, Bibracte, construite sur une colline, pour fonder une ville romaine dans la plaine. Ils lui donnent alors le nom de l'empereur en place à l'époque, Auguste. Au carrefour de plusieurs voies, la ville est conçue selon le plan régulier romain, c'est-à-dire coupée en quatre parts égales par deux grandes rues perpendiculaires, le *cardo* et le *decumanus*. Il ne reste quasiment plus rien de cette ville antique, Autun n'ayant jamais cessé d'être habité et remanié depuis cette première époque.

* *Voir page 124.*

Axoum

La ville, aujourd'hui dans le nord de l'Éthiopie, est fondée au VIe siècle avant notre ère par des tribus venues d'Arabie. Mais c'est au Ier siècle de notre ère qu'elle devient capitale d'un royaume du même nom. Premier État africain à battre monnaie, c'est aussi un des premiers évêchés au monde, puisque le royaume devient chrétien en 340 de notre ère. Il finit par disparaître au XIIe siècle sous les coups simultanés d'un royaume éthiopien voisin et sous la menace grandissante de nomades musulmans venus du Nord.

On connaît surtout le nom d'Axoum parce qu'il a relancé le débat sur les œuvres d'art pillées à l'étranger par les principaux pays européens, œuvres d'art qui font la richesse de nos musées nationaux. En effet, la restitution en 2007 d'un gigantesque obélisque, daté du IVe siècle de notre ère et volé par les troupes de Mussolini en 1937, a été remonté à Axoum. Il ornait, jusque-là, une place de Rome. Par ce pillage, Mussolini voulait s'inscrire dans la lignée des empereurs romains fascinés par la splendeur des constructions pharaoniques. Deux mille ans auparavant, ceux-ci avaient décidé d'importer à Rome des dizaines d'obélisques, dérobés à l'entrée des temples égyptiens. Ils les placèrent devant le grand cirque Maxime. Les papes renaissants les déplacèrent, quelques siècles plus tard, devant les grandes basiliques de la Ville Éternelle, où on les admire encore aujourd'hui. Ils montrent à quel point l'histoire peut être un objet de propagande.

Azilien

Dernière industrie lithique du Paléolithique. Elle a été identifiée comme telle au sortir des fouilles du mas d'Azil, une énorme caverne des Pyrénées. Des couches contenant de nombreux galets colorés ou gravés et des harpons s'intercalaient entre le niveau magdalénien (17000-11000) et le Néolithique (9000-3000). Elle est datée entre 12000 et 9500 avant notre ère et correspond plus ou moins au rétablissement climatique survenu après la dernière glaciation.

Aztèques

Au XIVe siècle, un peuple d'Indiens nomades s'installe aux alentours du lac de Texcoco, au centre du Mexique. Il porte le nom d'aztèque ou de mexica. Selon la légende, ces Indiens viennent d'une région située dans le sud des États-Unis ou dans le nord du Mexique, conduits par leur dieu sanguinaire Huitzilopochtli. On ne connaît rien de plus sur leurs origines. En deux siècles, ils parviennent à étendre leur pouvoir sur une grande partie du Mexique. Leur essor est définitivement brisé par l'arrivée des Espagnols. L'empereur aztèque Moctezuma II (1480-1520) laissera libre cours au conquistador Hernán Cortés. Il voyait en lui le dieu Quetzalcoatl, de retour d'exil, ainsi que les prêtres l'avaient annoncé. La chute de l'Empire suivra très vite après. La civilisation aztèque représente l'aboutissement des anciennes civilisations du Mexique, qu'elle a souvent englobées. Elle est la plus connue des cultures mésoaméricaines, comme les Incas pour l'Amérique du Sud, car ce sont elles que rencontrent les Espagnols.

B

Baalbek

« Sanctuaire du dieu Baal », dieu du Ciel et de l'Orage. Baalbek est cité dans les textes à partir de l'époque séleucide ou grecque, c'est-à-dire à partir du IIIe siècle avant notre ère. Il ne prend son essor qu'avec son intégration au sein de l'Empire romain en 66 avant notre ère. Les ruines que l'on visite aujourd'hui sont d'ailleurs celles des temples romains.

L'essor du sanctuaire de Baalbek demeure toutefois mystérieux. Quelles raisons ont poussé les Romains à construire un ensemble aussi monumental et gigantesque ? Ensemble ayant requis le travail de milliers de personnes, des sommes colossales et deux siècles d'efforts, alors que la cité se trouve dans une zone reculée de l'ancienne Syrie, qu'elle n'est pas sur les routes commerciales de l'époque et que le site n'est pas particulièrement remarquable... Certes, il se trouve au cœur de la plaine fertile de la Beqaa, mais est-ce une raison suffisante pour un tel investissement ? L'explication religieuse semble s'effacer d'elle-même, puisque le dieu local Baal n'a acquis son aura qu'après la construction de son nouveau sanctuaire. Reste le pur prestige politique, la matérialisation de la puissance romaine. L'enquête se poursuit.

Babylone

Elle est sans conteste la ville du Proche-Orient antique qui a suscité le plus de fantasmes. Son importance dans le sud de la Mésopotamie y est naturellement pour beaucoup, mais c'est surtout par la Bible qu'elle nous est connue. Cette dernière nous la présente comme la ville de la captivité des Juifs, la monstrueuse cité de Nabuchodonosor, la Babel mythique, symbole d'orgueil et de déraison. Nabuchodonosor, un des derniers grands monarques babyloniens, avait détruit Jérusalem, capitale de la Judée, et déporté l'élite ainsi qu'une grande partie de la population à Babylone. Cet exil durera une soixantaine d'années, jusqu'à ce que les Perses rendent leur liberté aux Juifs et leur permettent de retourner à Jérusalem. C'est la fin du premier grand exil, grand moment fondateur du judaïsme.

L'origine de Babylone est pourtant bien antérieure au récit biblique. Elle apparaît dans les textes suméro-akkadiens dès la fin du IIIe millénaire. Elle est alors sous la domination d'Ur, la grande ville sumérienne. Sous la dynastie des Amorites,

au début du IIe millénaire, elle devient la capitale d'une grande partie de la Mésopotamie, puis perd son hégémonie jusqu'à l'émergence de l'Empire néo-assyrien à l'orée du Ier millénaire.
Avec l'Empire babylonien et, qui plus est, avec Nabuchodonosor, son fondateur, Babylone est une des villes les plus prestigieuses de l'Orient. Sous les Perses, au milieu du VIe siècle avant notre ère, elle reste une cité importante. C'est là que viendra mourir Alexandre le Grand, en 323 avant notre ère. Finalement, la ville antique disparaîtra petit à petit sous le sable. Elle est aujourd'hui recouverte par une base militaire américaine.
L'histoire de Babylone est assez complexe mais ce qu'il faut surtout retenir, c'est qu'elle a plus d'une fois défrayé les chroniques en raison de sa magnificence.
* *Voir pages 11, 61, 70, 71, 142, 145, 149.*

Bagan
Ville et site archéologique de Birmanie, dans le Sud-Est asiatique. Fondé en 849 de notre ère par le regroupement d'une vingtaine de villages, Bagan est alors la capitale du royaume du même nom. Elle compte plusieurs centaines de monuments essentiellement bouddhiques.
Entre le Xe et le XIIIe siècle, plus d'un demi-million de personnes vivent dans la ville qui sera finalement détruite par les Mongols vers 1287.

Bagdad
Capitale actuelle de l'Irak, elle est fondée par la dynastie abbasside au VIIIe siècle de notre ère. Elle devient alors la capitale de l'Empire musulman, au détriment de Damas et du Caire.
* *Voir pages 149, 151.*

Bam
Ville ancienne située dans le sud de l'Iran. Elle est à la croisée de plusieurs routes marchandes convoyant des produits orientaux vers la Méditerranée. Fondée il y a plus de 2 500 ans par les Parthes, elle sera aussi une ville connue pour son textile.
* *Voir page 151.*

Bamiyan
Au cœur de l'Afghanistan, Bamiyan est situé sur la route de la soie qui sillonnait l'Asie centrale depuis la Chine et l'Inde jusqu'en Méditerranée. Point de rencontre entre les cultures orientales et occidentales, Bamiyan est un des lieux où s'élabore l'art gréco-bouddhique.
Du IIe au IXe siècle, c'est un centre philosophico-religieux aux nombreux monastères bouddhiques. Beaucoup de moines vivent alors en ermites dans les falaises. Le site est connu pour ses statues de Bouddha sculptées dans le roc, à l'intérieur de niches. Certaines d'entre elles pouvaient atteindre 50 mètres de haut, jusqu'à ce que les talibans, des fondamentalistes musulmans, décident de les détruire en 2001 parce qu'elles étaient, selon eux, opposées aux préceptes de l'islam.

Basilique
Édifice public romain et édifice religieux chrétien. La basilique romaine est un lieu où se tiennent procès, réunions politiques et Bourses de commerce. C'est là aussi que se rencontrent les promeneurs. Elle est en général divisée par des rangées de colonnes et comporte trois ou cinq nefs.
La basilique chrétienne est construite sur le même plan auquel on ajoute le transept, vaisseau perpendiculaire aux nefs, qui donne ainsi la forme de croix aux églises. Une église devient basilique par le vœu du pape. Les basiliques sont pour la plupart des lieux de pèlerinage.
* *Voir pages 128, 129, 130, 131.*

Béhistoun
Falaise rocheuse de plus de cent mètres de haut dans l'ouest de l'Iran. En 516 avant notre ère, Darius, roi des Perses, fait graver sur la paroi un bas-relief qui le représente avec deux serviteurs portant ses armes sous le dieu Ahura-Mazda. On voit Darius foulant le corps d'un adversaire vaincu. Des inscriptions en écriture cunéiforme célèbrent sa victoire ; elles sont écrites en vieux persan, en élamite et en babylonien. Grâce à elles, un britannique du nom de Rawlinson parvient à déchiffrer une partie de cette écriture inconnue et accède ainsi à un monde jusque-là mystérieux.

Bibracte
Capitale de la tribu gauloise des Éduens entre le IIe et le Ier siècle avant notre ère. C'est là que César rédigea une partie des *Commentaires de la guerre des Gaules*. En plein Morvan, le site domine tout le pays alentour. Dès la conquête romaine, Bibracte sera abandonnée au profit d'une ville nouvelle dans la plaine, Augustodunum, aujourd'hui Autun.
* *Voir page 124.*

Biface
Outil préhistorique en forme d'amande et taillé sur les deux faces. Selon les régions, il peut être en silex, en quartz, en roche volcanique.
C'est l'outil principal d'*Homo erectus*, qui vivait au Paléolithique, c'est-à-dire entre 2 millions d'années et 400 000 ans avant notre ère. On en fabriquait encore il y a 35 000 ans. Sorte d'Opinel préhistorique, il peut servir à toute sorte de tâches, comme le raclage des peaux, la découpe de la viande, la taille du bois…

Bingham, Hiram (1875-1956)
Homme politique et explorateur américain, il est connu pour avoir découvert le Machu Picchu, en 1911. George Lucas s'est inspiré de lui pour son personnage d'Indiana Jones.
* *Voir pages 153, 154, 155.*

Bonampak
Site maya du Chiapas mexicain, perdu au milieu de la jungle centraméricaine. Il est découvert au milieu du XXe siècle, lorsque les Indiens lacandons révèlent son emplacement à un photographe américain de passage dans la région. Quelle n'est pas sa stupeur lorsqu'il pénètre dans un des temples où de magnifiques peintures murales l'attendent depuis plus d'une dizaine de siècles. C'est d'ailleurs leur état de conservation qui donnera sa célébrité au site. En effet, la pluie s'étant introduite dans le plâtre du toit, elle s'est chargée en carbonate de calcium qui, en ruisselant sur les parois, a recouvert les fresques d'un vernis naturel et a ainsi permis leur conservation. Ces images datant de la fin de la période classique (VIIe-VIIIe siècle) sont tout à fait uniques dans l'Amérique précolombienne. Elles nous révèlent non seulement la vie à la cour des rois mayas, mais aussi les rites et la vie quotidienne avec une force sans égale.
Bonampak était un petit site attaché à Yaxchilan, grande cité maya située à quelques dizaines de kilomètres de là.

Bordes, François (1919-1981)
Préhistorien français et écrivain de science-fiction connu sous le nom de Francis Carsac. Il est le premier à décrire avec précision et à l'aide de statistiques les outils du Paléolithique inférieur et moyen, qu'il parvient ainsi à replacer dans le temps. Il est aussi un des précurseurs de la taille expérimentale, qui consiste à tailler soi-même

des outils en silex pour comprendre les gestes des hommes préhistoriques.

Borobudur

Gigantesque monument bouddhique coiffant le haut d'une colline au centre de l'île de Java, en Indonésie. Construit au VIIIe siècle de notre ère, il est fait de multiples terrasses et stupas, tous recouverts de bas-reliefs relatant notamment la vie de Bouddha.

Bosra

Site antique du sud de la Syrie. Bosra est une ville importante du royaume nabatéen (Ier siècle avant notre ère-Ier siècle après) dont la capitale est alors Petra. Alors que celle-ci est d'une blancheur éclatante, car creusée dans un calcaire très clair, Bosra est noire, car entièrement faite de basalte, une roche volcanique. Cette dernière tombe sous le joug des Romains dès le début du IIe siècle de notre ère. De cette période, il nous reste le plan de la ville, un certain nombre d'édifices en ruine rythmant encore le paysage de colonnes et surtout un magnifique théâtre. En effet, dès le VIIe siècle, au moment où la ville devient arabe, il est recouvert par une forteresse qui l'a protégé et mené quasiment intact jusqu'à nous. Située entre la Syrie et l'Arabie, Bosra est, à l'époque médiévale, une cité caravanière sur la route de La Mecque. Aujourd'hui, un village a pris possession des lieux et des maisons rudimentaires sont installées au cœur des colonnades et sur les bords des rues romaines, ce qui donne à la ville l'air nostalgique. Bosra mérite le détour.

Boucher de Perthes, Jacques (1788-1868)

Fondateur de la science préhistorique, il découvre au milieu du XIXe siècle des outils en silex fabriqués par l'Homme et mêlés à des ossements de grands animaux disparus. Il en conclut que l'Homme a été à un moment leur contemporain. Il écrit à la suite de cette découverte un livre fondateur, *Antiquités celtiques et antédiluviennes*, dans lequel il démontre que l'Homme existait déjà en des temps très reculés. Jusque-là, il était admis que l'apparition de l'Homme avait tout au plus 6 000 ans ; c'est du moins ainsi que l'on interprétait le récit biblique. Il faudra encore attendre plusieurs décennies pour que soit enfin reconnue l'idée que l'Homme n'est pas apparu tel quel sur la terre, mais est descendu d'ancêtres aux caractéristiques physiques différentes des nôtres.

Brassempouy

Village des hautes Landes, Brassempouy est connu grâce à sa *Dame à la capuche*. Figurine sculptée dans l'ivoire et datée du Gravettien (28000-22000), elle représente un visage féminin très réaliste. Contemporaine de nombreuses autres Vénus européennes, elle est devenue l'emblème du musée d'Archéologie nationale, à Saint-Germain-en-Laye.

Breuil, abbé Henri (1877-1961)

Préhistorien français, il est surnommé le Pape de la Préhistoire pour sa classification des industries lithiques, c'est-à-dire des outils en pierre, et pour sa contribution à l'étude de l'art pariétal ou des grottes peintes. Grâce à lui, l'art préhistorique est enfin reconnu comme tel en 1902. Il a effectué les relevés des peintures de beaucoup de grottes ornées françaises et espagnoles ou d'abris-sous-roche sud-africains.

* *Voir pages 44, 45.*

Brique

Matériau de construction en terre, la brique est

utilisée dès le Néolithique pour l'architecture privée ou publique. Dans certaines régions comme la Mésopotamie, la brique remplace très longtemps la pierre, alors inexistante. Elle est en général moulée, puis séchée au soleil. Largement utilisée au Proche-Orient et en Asie du Sud-Est, elle l'est tout autant en Amérique du Sud où on l'appelle adobe. Si on sait la cuire depuis longtemps, c'est avec la conquête romaine que la brique cuite commence à se diffuser à de très vastes régions. Elle demande plus de travail, mais elle est bien plus résistante que la brique séchée. À Rome, elle sera cuite dès l'ère chrétienne et fabriquée quasi industriellement au siècle suivant.

* *Voir pages 60, 65, 74, 76, 143, 146, 149, 157.*

Bronze (âge du)

La mise au point du bronze, alliage précis de cuivre et d'étain, a révolutionné les technologies et les arts du monde antique. Il a sans doute été inventé à plusieurs endroits en même temps, mais le plus ancien foyer de l'industrie du bronze semble être le Proche-Orient du IIIe millénaire avant notre ère. C'est, en tout cas, à partir de cette période que l'on détermine les débuts de l'âge du Bronze. Celui-ci est précédé par l'âge du Cuivre (entre 4000 et 2000 avant notre ère, en Méditerranée) et antérieur à l'âge du Fer (800-50 avant notre ère, en Europe). Évidemment, ses limites chronologiques varient considérablement d'une région à une autre. Par exemple, l'Égypte n'adopte que tardivement cette technologie par rapport au reste du bassin méditerranéen. En Amérique, indépendamment de l'Ancien Monde, le bronze n'apparaît qu'au XIIIe siècle de notre ère, peu avant l'hégémonie inca.
La mise au point du bronze est considérée comme une révolution technologique parce qu'elle modifie en profondeur les sociétés concernées. Elle provoque ainsi l'apparition d'artisans spécialisés, le développement de réseaux d'échanges à moyenne et longue distance, la mise au point de nouveaux outils et produits.
Néanmoins, on a eu tendance à généraliser cette révolution à l'ensemble du monde, à vouloir projeter notre modèle sur les autres continents, alors qu'il correspond plus particulièrement à l'Europe occidentale.

* *Voir pages 93, 94, 102, 106, 109.*

Buffon, Georges Louis Leclerc, comte de (1707-1788)

Naturaliste, biologiste et écrivain. Il est le grand administrateur du Jardin du roi, devenu depuis la Révolution le Jardin des Plantes et le Muséum d'histoire naturelle de Paris. En faisant venir des espèces du monde entier, il en fait à la fois un lieu de recherche et un musée.
Buffon s'est concentré toute sa vie sur l'*Histoire naturelle*, son œuvre majeure publiée entre 1749 et 1788, dans laquelle il synthétise tout le savoir de l'époque dans le domaine des sciences de la vie et de la terre. Il propose, par ailleurs, une nouvelle manière d'étudier l'être humain, fondée sur sa comparaison avec des espaces animales. Or, jusque-là, on supposait que l'Homme n'avait aucun rapport avec le monde animal, qui avait été créé par Dieu pour l'Homme, mais que ce dernier était bien supérieur et ne pouvait avoir aucun lien de parenté avec lui. Buffon alla même jusqu'à envisager une généalogie commune entre l'homme et le singe. Il a aussi cherché à démontrer que tous les hommes faisaient partie d'une seule et même espèce, l'espèce humaine, et que les variétés de couleur de peau étaient issues d'une adaptation aux milieux habités.
C'est sans aucun doute le plus grand vulgarisateur du XVIIIe siècle.

Byblos

Ville située au nord de Beyrouth, elle est habitée depuis l'époque néolithique (9 000-3 000) jusqu'au Moyen Âge. Plaque tournante du commerce du bois mais surtout du cuivre et de l'étain, elle prend véritablement son essor avec l'âge du Bronze, vers le IIIe millénaire avant notre ère. C'est à Byblos qu'Isis, épouse malheureuse d'Osiris, vient rechercher le corps de son mari que son beau-frère Seth avait enfermé dans un coffre. Vers le début du Ier millénaire, la ville de Byblos perd en importance et vivotera jusqu'à ce que le christianisme triomphant lui ôte son prestige religieux, puis que l'islam la prive de ses vignes...

C

Cahokia

Grande cité amérindienne située dans le Missouri, aux États-Unis. Le site, qui s'étend sur 12 km², est constitué de monticules artificiels sur lesquels la ville était construite. Les spéculations quant à son origine vont bon train : certains y voient une construction phénicienne, d'autres galloise, d'autres encore scandinave ou même atlante… Les fouilles, commencées dans les années 1960, ont montré qu'il s'agissait d'un chef-lieu de la culture mississippienne (950-1250) qui s'est développée au bord du Mississippi grâce à sa maîtrise de l'eau. En canalisant les rivières et en favorisant la production agricole, l'élite aurait réussi à gérer un surplus et à créer une administration centralisée. En outre, le site se trouve à proximité de la confluence de trois cours d'eau, l'Illinois, le Missouri et le Mississippi ; il s'agissait donc d'un carrefour commercial important. Cependant, si cette gestion des flux a pu être facteur de prospérité, elle est aussi probablement une des causes de l'effondrement de la cité au XIIIe siècle. Des traces d'inondations catastrophiques ont, en effet, été relevées par les archéologues.

Capitole

Au VIe siècle avant notre ère, un temple consacré à Jupiter, Junon et Minerve est bâti sur la colline du Capitole à Rome. Ces divinités constituent dès lors la « triade capitoline » qui doit veiller sur le destin de la cité. Le temple est de plan carré, formé d'un portique à colonnes et d'une cella, c'est-à-dire d'un sanctuaire contenant les statues des divinités.

Plus tard, les villes de l'Empire voudront elles aussi leur capitole. En Gaule, alors province romaine, les textes n'en citent que trois : celui de Narbonne, de Toulouse et d'Autun. Aujourd'hui, seul celui de Narbonne a été découvert.

Caral

Site archéologique au nord de Lima, perché sur un plateau surplombant l'océan Pacifique.

Apparue il y a 4 500 ans, ce serait la plus ancienne ville américaine connue à ce jour. Elle se développe sur plus de 600 hectares, selon un plan urbain, avec des plates-formes en pierre et en terre et des cours circulaires creuses. Plus de 18 sites semblables ont été identifiés dans la région, mais Caral est le seul à être aussi bien conservé.

Carbone 14

Le carbone 14 est une molécule à la base d'une méthode de datation très régulièrement utilisée en archéologie. Tous les êtres vivants absorbent du gaz carbonique ou CO^2. Celui-ci contient trois types de molécules de carbone : le carbone 12, le carbone 13 et le carbone 14, en proportion constante. Chez un être vivant, la proportion de C12 est 99 fois supérieure à la quantité de C14. Lorsqu'il meurt, le nombre de molécules de C12 reste le même alors que la quantité de C14 disparaît peu à peu. Après 5 730 ans, la moitié de son C14 aura disparu. 5 730 ans plus tard, il en aura encore perdu la moitié et ainsi de suite. Comme la quantité de C12 ne diminue pas, on peut trouver la date de la mort d'un être vivant en comparant la proportion de C14 restant par rapport à celle de C12 qu'il contient. Cette méthode de datation permet de dater la plupart des éléments organiques, comme les os et le bois, de moins de 50 000 ans.

* *Voir pages 10, 45, 50.*

Carnac

Commune du Morbihan, célèbre pour son site datant du Néolithique : plus de 4 km d'alignements de dolmens, d'allées couvertes et de menhirs ou pierres dressées. On en trouve un peu partout en Bretagne, mais les alignements de Carnac sont d'une ampleur inégalée (plus de 4 000). Taillées dans du granit, ces pierres pèsent parfois plusieurs tonnes. La manière dont elles furent déplacées reste un mystère, mais on pense aujourd'hui qu'on se servait de cordes et de leviers pour les faire glisser sur des rondins.

« Ces pierres basses, écrivit le grand historien Jules Michelet, sont le point de départ de l'élan architectural dans l'Occident [...]. Le second pas est le dolmen [...]. Ces pierres tiennent encore à l'époque où la religion est toute engagée dans la nature, l'homme dans l'animalité. »

C'est la sédentarisation — le fait de se fixer durablement sur un territoire — qui a favorisé un culte des morts (tombeaux collectifs, stèles géantes, dolmens et menhirs...). L'homme s'attache en effet à la terre parce qu'elle le nourrit, mais aussi parce qu'elle garde la mémoire du groupe et devient un acteur de son identité à part entière. Ainsi, les archéologues estiment que la construction de ces mégalithes aurait eu lieu entre le Ve et le IIe millénaire, période durant laquelle les hommes se sédentarisent dans la région et commencent à pratiquer l'élevage et l'agriculture.

Carroyage

Avant toute fouille, l'archéologue divise le secteur à étudier en carrés d'un mètre par un mètre. Il les matérialise à l'aide d'un fil reliant des piquets plantés à chaque coin des carrés, et les numérote, comme à la bataille navale, avec des chiffres d'un côté et des lettres de l'autre. Chaque carré peut alors être dessiné sur un plan, et les objets trouvés, repérés par rapport à lui. Le carroyage, c'est-à-dire la mise en place de tous les carrés, se fait avec un théodolite, un instrument de mesure des angles qui replace tout dans l'espace par rapport au zéro du site.

Carthage

Selon Virgile, c'est la reine Didon, sœur du roi de Phénicie, qui est à l'origine de la construction de cette ville. Elle aurait demandé à un roi berbère l'autorisation de fonder un royaume sur ses terres (actuelle Tunisie). Celui-ci, roublard, exauça le vœu de sa voisine mais ne lui accorda que le territoire contenu dans une peau de vache. Didon, extrêmement maligne, aurait alors fait couper une peau de vache en très fines lanières pour

tracer les contours de sa future ville. Des fouilles ont prouvé que la cité avait été fondée par les Phéniciens au IXe siècle avant notre ère.
Puissance dominante en Méditerranée occidentale vers le IVe siècle avant notre ère, elle se heurte aux Romains qui voient d'un mauvais œil le développement de cette ville. Une série de trois guerres, dites puniques, mène à la destruction de Carthage en 146 avant notre ère. Reconstruite par César, elle devient la capitale de la nouvelle province d'Afrique. Chrétienne au IVe siècle de notre ère, elle est une des plus grandes capitales spirituelles d'Occident. Finalement, les Arabes prennent la ville en 698 mais lui préfèrent Tunis, la cité voisine, qui donnera son nom au pays. Carthage perd à jamais sa gloire et son panache. Aujourd'hui, il faut faire preuve de beaucoup d'imagination pour percevoir la ville antique derrière les ruines archéologiques.

Cartailhac, Émile (1845-1921)

Préhistorien français qui a contribué à faire admettre l'existence d'un art pariétal paléolithique, après l'avoir sérieusement mis en doute. Il a longtemps considéré les peintures de la grotte d'Altamira, en Espagne, et globalement tout l'art préhistorique, comme étant des faux. En effet, à la fin du XIXe siècle, on estime encore que l'homme préhistorique est incapable d'être l'auteur de telles fresques. Altamira étant la première grande grotte peinte découverte, le scepticisme pouvait être de mise. Cartailhac est resté célèbre grâce à son *Mea culpa d'un sceptique*, publié en 1902.

Carter, Howard (1874-1939)

Archéologue britannique. En 1922, il découvre la tombe de Tout Ankh Amon, la seule tombe royale inviolée de la Vallée des Rois, avec tous les trésors qu'elle renferme. Carter fera beaucoup d'autres découvertes dans sa carrière d'égyptologue, comme celle de la cache des momies royales à Deir el-Bahari. Mais c'est bien grâce à Tout Ankh Amon qu'il laisse son nom dans l'Histoire.
* *Voir pages 81, 84, 86, 87, 88, 89.*

Catacombe

Galeries souterraines dans lesquelles les anciens enterraient leurs morts. Les plus anciennes que l'on connaisse sont celles de Rome, dans lesquelles juifs et païens se faisaient inhumer. La communauté des premiers chrétiens, non propriétaire de terrains où construire des cimetières communs, s'est ensuite approprié ce mode d'inhumation. Il fallut alors multiplier les galeries souterraines. La règle romaine était simplement d'enterrer les morts hors de la ville, comme le faisaient les Étrusques. Mais les catacombes ne se trouvent pas uniquement à Rome. En France, les plus célèbres sont celles de Paris, qui occupent d'anciennes carrières sous la capitale. Elles ne sont pourtant pas de véritables catacombes : le cimetière des Innocents, qui se trouvait à l'emplacement des Halles d'aujourd'hui, était devenu au XVIIIe siècle une véritable source de puanteur et d'infection. La ville décida donc le transfert des ossements dans les anciennes carrières souterraines. Les catacombes de Lille sont, en revanche, justement nommées, puisqu'elles datent du IVe siècle de notre ère et sont de véritables lieux de sépultures, d'abord païens puis exclusivement chrétiens.

Çatal Huyuk

Elle a longtemps été considérée comme la première ville du monde (7000-5000). Cependant, une étude plus approfondie des données archéologiques a montré qu'elle ne répondait pas tout à fait aux critères urbains. Certes étendue, elle a su développer un riche artisanat, se servir du métal et développer des systèmes d'irrigation permettant une agriculture florissante. Pourtant, elle ne connaît ni hiérarchisation sociale ni redistribution des richesses de la région dont elle est le centre majeur. Sans ces deux éléments qui, selon les chercheurs d'aujourd'hui, créent une ville, elle ne peut prétendre à cette appellation. Çatal Huyuk serait plutôt un grand village de 15 hectares, fait de l'accumulation de maisons rectangulaires accolées les unes aux autres. La circulation dans le site se faisait par les toits en terrasse auxquels on accédait depuis l'intérieur des maisons. Là, des banquettes faisaient office de sièges ou de lits de repos organisés autour d'un foyer central. Dans ces pièces, des enduits peints ou modelés ont révélé l'existence d'un culte au taureau et à la déesse mère, divinités qu'on retrouvera plus tard à travers l'Europe et le Proche-Orient jusqu'à la fin du Néolithique (9000-3000).

Caylus, comte de (1692-1765)

Inventeur d'une idée fondatrice de l'archéologie : les objets retrouvés en fouille peuvent se classer selon des typologies, c'est-à-dire selon des caractéristiques qui révèlent une origine géographique et culturelle commune. Ces objets ou groupes d'objets évoluant dans le temps, ils permettent de dater les couches dans lesquelles on les a trouvés. L'objet devient dès lors un document historique.

Celtes

Nous savons aujourd'hui que les « Celtes » ne sont pas un peuple homogène, mais plutôt de multiples populations que l'on retrouve archéologiquement de l'Irlande à la Hongrie.

* *Voir pages 115, 116, 118, 120, 123, 125.*

Cénotaphe

Littéralement « tombe vide » en grec. Tombeau bâti à la mémoire d'un défunt, mais qui ne contient pas son corps. On en trouve particulièrement dans l'Égypte pharaonique.

Cenotes

Vastes puits naturels creusés dans le sol calcaire du Yucatán, au Mexique. Ces piscines creusées par l'eau peuvent atteindre plusieurs dizaines de mètres de diamètre et jusqu'à cinquante mètres de profondeur. Pendant la ou les saisons des pluies, les *cenotes* se remplissaient d'eau, ce qui permit à la civilisation maya de se développer dans ce territoire assez aride. Beaucoup de grands sites archéologiques de la région sont ainsi construits à côté de *cenotes*.

Un des grands plaisirs lors de promenades archéologiques, habituellement effectuées en saison sèche, est la baignade dans ces piscines, surtout lorsqu'elles sont souterraines.

Céramique

Mot venant du grec *keramikos*, « fait d'argile ». En français, il est synonyme du mot poterie et désigne l'ensemble des objets fabriqués en terre cuite. La céramique apparaît avant la métallurgie et à des périodes différentes selon les régions du monde : vers le VIIe millénaire au Proche-Orient, au VIe millénaire en Europe, au IVe millénaire en Colombie et seulement au Xe siècle avant notre ère en Extrême-Orient. Matériau universel facile à trouver et à façonner, l'argile est ainsi utilisée dès le Néolithique pour combler toute sorte de besoins. Très importante pour les archéologues, la céramique apporte de nombreuses informations sur la vie des hommes, leur savoir-faire, leurs besoins, leurs échanges... De plus, elle se conserve relativement bien dans les sols archéologiques,

à l'inverse des matériaux organiques comme le bois, les os, la paille, qui disparaissent, rongés par l'acidité du terrain. Il est possible de la dater grâce à la thermoluminescence ou à la typologie.
* *Voir pages 63, 111, 121, 149, 159, 162, 163, 191.*

Cerveteri
Site étrusque de la province du Latium, surtout connu pour ses magnifiques nécropoles datées du IXe au IIIe siècle. Une grande partie des connaissances que l'on a aujourd'hui de cette civilisation préromaine est due à l'étude des peintures murales des tombeaux.

César, Jules
(100-44)
Général romain. En fin stratège, il repoussa les frontières romaines jusqu'au Rhin et à l'océan Atlantique. Son fils adoptif Octave achève la réforme de la république et deviendra le premier empereur romain.
César était, par ailleurs, un homme de lettres. Il nous laisse nombre d'écrits, dont ses *Commentaires sur la guerre des Gaules* qui, bien qu'ouvrage de propagande, est une bible d'informations pour cette période charnière de l'histoire de France.
* *Voir pages 98, 116, 117, 124.*

Césarée
Deux villes romaines ont été nommées ainsi parce que reconstruites en l'honneur de l'empereur Auguste (le grand César) :
• Site punique puis romain, situé à une centaine de kilomètres d'Alger.
• Ville construite par Hérode en 13 avant notre ère au nord de l'actuelle Tel-Aviv, en Israël. C'est en partie là que démarra la révolte juive en 66 de notre ère, qui mena à la destruction de Jérusalem, quatre ans plus tard, et au grand exode des Juifs.

Chalcolithique ou âge du Cuivre
(2500-1800 avant notre ère, en Europe)
Période de la Préhistoire. Elle marque la transition entre les dernières industries de pierres taillées et osseuses, caractéristiques du Néolithique final, et l'industrie métallurgique naissante de l'âge du Bronze. Toutefois, cette appellation est impropre dans la mesure où la majorité des objets de cette période sont rarement en cuivre, mais plutôt en pierre et en os que l'on emploie tout autant que l'or et l'argent. Disons qu'on l'utilise davantage pour marquer une nouvelle étape de développement dans l'histoire des sociétés que pour décrire un usage exclusif de ce métal.

Chaldée
Ancienne région correspondant au sud de la Mésopotamie, en Irak actuel, et qui désigne progressivement la région située autour de Babylone.

Chams
Peuple qui vivait entre les débuts de notre ère et le XVe siècle sur les côtes du Vietnam actuel. On connaît son existence par des inscriptions sanscrites, certains bas-reliefs d'Angkor, des chroniques chinoises du IIIe siècle et des monuments bouddhiques et brahmaniques qu'il a laissés. Ce peuple mystérieux disparut dans les montagnes sans laisser d'autre trace.

Champollion, Jean-François
(1790-1832)
Égyptologue français, déchiffreur de l'écriture hiéroglyphique. À 14 ans, il parle latin, hébreu et arabe. Dès le lycée, il se passionne pour les hiéroglyphes et parvient à se procurer une copie de la pierre de Rosette, gravée en hiéroglyphes, en démotique (écriture égyptienne simplifiée) et en grec. En les comparant au grec, connu, et à force d'achar-

nement, il réussit à percer le secret de l'écriture des pharaons en 1822. Il a été enterré au cimetière du Père-Lachaise, à Paris, deux ans après avoir été à l'Académie des inscriptions et belles-lettres.

* *Voir pages 90, 138.*

Chancay

La culture chancay prend son nom d'une vallée de la côte centrale du Pérou. Développée entre le XIe et le XVe siècle, elle est connue pour sa céramique peinte en noir sur fond blanc figurant de très beaux dessins géométriques. On trouve par exemple beaucoup de pots dont la panse forme un corps humain, et le col, une tête. Le site le plus important est celui de Pisquillo Chico, qui comprend des pyramides de terre. De nombreuses tombes très riches ont révélé l'existence d'une société sans doute hiérarchisée.

Chan Chan

Chan Chan est sans doute la plus grande cité pré-inca de l'Amérique. Elle est la capitale du royaume de Chimu, qui a dominé la côte nord du Pérou pendant plusieurs siècles, et a été conquise par les Incas à la fin du XVe siècle, d'après ce que nous relatent les chroniques espagnoles du temps de la conquête.

Chan Chan s'étend sur plus de 24 km², a été construite en adobe, une brique de terre crue séchée au soleil, et selon un ordre planifié remarquablement conservé. Le centre monumental est rythmé par dix citadelles fortifiées, comprenant des salles de cérémonie, des chambres mortuaires, des temples, des réservoirs et des résidences. Chacune de ces citadelles avait de hautes murailles et un labyrinthe. La puissance de Chan Chan a été clairement démontrée par son système agricole et par l'importance de son système d'irrigation très étendu autour de la ville. Les tombes ont, quant à elles, révélé l'existence d'une différenciation sociale au sein du groupe. Ainsi, dans certaines d'entre elles avaient été entreposés des bijoux en or et en argent, des outils et des armes en bronze, des poteries chimu peintes en noir... alors que dans d'autres, rien.

Châtelperronien (38000-32000)

Industrie lithique à cheval entre les Paléolithiques moyen et supérieur. Elle est présente essentiellement dans le sud-ouest de la France, mais aussi dans le nord de l'Espagne, autour de la Loire et dans les environs de Paris. Elle est caractérisée par l'apparition de la parure, par le développement de l'outillage en matières dures animales et par la fabrication d'un certain type de lames comme la « pointe de châtelperron », sorte de couteau de silex courbe. Il est admis que tous ces objets ont été réalisés par les derniers hommes de Neandertal, juste avant ou à l'époque d'arrivée des premiers hommes modernes en Europe, les Aurignaciens.

Chavin

Considérée comme la culture mère des sociétés précolombiennes, elle doit son nom au site archéologique de Chavin de Huantar, perché à 3 200 mètres d'altitude dans la cordillère des Andes. Les travaux de l'archéologue péruvien Julio Tello ont montré qu'elle était une société dirigée par des prêtres dont le culte tournait autour de l'image du jaguar ; culte qui sera le socle commun d'une grande partie des sociétés précolombiennes. Julio Tello raconte aussi que, pendant les cérémonies religieuses, les prêtres consommaient du san pedro, un cactus hallucinogène qui leur permettait d'entrer en transe et ainsi de s'approcher des dieux. En pénétrant dans le temple principal, ils rencontraient « el Lanzon », une stèle représentant

un dieu avec qui ils discutaient sur les décisions à prendre pour le groupe. Selon les archéologues, sous le temple avait été creusé un tunnel, que l'on avait percé de trous et dans lequel avait été dévié un cours d'eau. Lorsque l'eau coulait en abondance, cela donnait un son particulier. En revanche, lorsqu'elle venait à manquer, la résonance du tunnel augmentait et les trous émettaient des sons différents. Cela indiquait la pénurie d'eau et la colère des dieux que seuls les prêtres savaient calmer ou, du moins, prévoir. Stratagème judicieux pour permettre aux prêtres de garder leur pouvoir.
La culture chavin apparut vers 900 avant notre ère, sans que l'on connaisse ses origines, et disparut quelque 800 ans plus tard. Le style artistique qui la caractérise, et que l'on retrouve particulièrement dans sa céramique, s'étendit à beaucoup d'autres populations. Elle introduit, par ailleurs, le travail du bronze et de l'or, qu'elle mania avec beaucoup de finesse, en Amérique du Sud.

Chéops et Chéphren

(Voir Gizeh)

* *Voir pages 84, 86, 109.*

Chichen Itza

Site maya du Yucatán constitué de hautes esplanades pyramidales coiffées de temples. Il est connu pour la beauté et l'importance de ses ruines. Ici point de découverte mystérieuse au milieu de la forêt, la ville est mentionnée dans les chroniques espagnoles dès le XVIe siècle. Son nom vient de *cenote* et veut dire le « puits des Itzas ». La présence d'une cité maya à cet endroit est sans aucun doute due à ces puits profonds, trésors inestimable dans cette région où l'eau manque. On y reconnaît deux styles de construction : un premier, proche du style régional maya des VIIe et VIIIe siècles, dit style puuc, et le second, dit toltèque, du nom de la population venue du Mexique central qui s'y installe entre le Xe et le XIIIe siècle. La ville continuera à être occupée jusqu'à l'arrivée des Espagnols. La plupart des monuments que l'on voit aujourd'hui sont d'époque toltèque, pendant laquelle Chichen Itza devient la capitale.

Chimus

Population précolombienne qui apparaît dans le registre archéologique à partir du Xe siècle de notre ère et qui disparaît, absorbée par l'empereur Tupac Inca Yupanqui, vers 1470. Les Incas intègrent alors leur territoire, sur la côte nord du Pérou, au sein de l'Empire. Les chroniqueurs espagnols ont décrit la culture chimu à partir de témoignages de personnes ayant vécu avant la conquête inca. Les recherches archéologiques laissent penser qu'elle est issue de la culture moche ou mochica (100-700 de notre ère).
Les Chimu vivaient d'une agriculture irriguée, propice dans les plaines où ils habitaient, et de la pêche en mer. Ils adoraient la lune, et non pas le soleil, contrairement aux Incas, car ils le considéraient comme destructeur, probablement à cause de l'impitoyable rayonnement solaire régnant sur cette côte désertique. Les Chimu sont réputés pour leur céramique de couleur noire, aux formes de créatures invraisemblables.

Choquequirau

Site inca des Andes péruviennes. Son inaccessibilité l'a préservé jusqu'à présent des dommages créés, par exemple, sur le site de Machu Picchu par des millions de visiteurs.

Chronologie

Une chronologie est un classement dans le temps d'événements jugés importants pour une période historique choisie. Cette dernière peut s'étendre plus ou moins dans le temps : une chronologie de l'évolution de l'homme s'étire sur plusieurs millions d'années, alors que celle de l'Antiquité se concentre sur quelques milliers d'années. De même, selon la période historique et la civilisation concernée, les dates de références ne sont pas les mêmes : l'année zéro des mayas remonte à l'an 3113 avant notre zéro à nous, qui correspond dans les sociétés judéo-chrétiennes à la naissance du Christ. Le zéro des musulmans est, lui, placé en l'an 622 de notre calendrier, parce qu'il prend en compte la fuite de Mahomet, ou Hégire, de La Mecque vers Médine. De même, la chronologie archéologique a pour zéro absolu 1950, année où fut inventée la méthode de datation par le carbone 14.

* *Voir pages 45, 84, 86, 111.*

Cinabre

Minerai de mercure très exploité comme pigment en raison de sa couleur rouge particulièrement soutenue. Il est utilisé dans des contextes funéraires, car le rouge est fréquemment lié à la mort.

* *Voir pages 182.*

Citadelle

Partie fortifiée de certaines villes, le plus souvent située sur une hauteur naturelle.

* *Voir pages 75, 76, 97, 103, 105, 151.*

Cité-État

Une cité-État est un espace géographique contrôlé exclusivement par une ville. Le terme a été inventé pour décrire le processus par lequel Rome unifie l'Italie au Ier siècle avant notre ère. Il est ensuite appliqué aux États sumériens, à la *polis*, ou ville grecque, et finalement à la *città* italienne des XIIe et XIIIe siècles.

* *Voir page 178.*

Cliff Palace

Village indien construit à l'intérieur d'une falaise du Colorado, aux États-Unis, de 27 mètres de profondeur et 90 mètres de long. La bâtisse qui constitue le gros du village a 150 pièces dont 25 avec des foyers. On imagine qu'aux XIIe et XIIIe siècles, époque de construction et d'habitation de Cliff Palace, entre 100 et 200 personnes habitent sur le site et vivent de leur agriculture. Leur artisanat semble avoir été un objet d'échanges ou de commerce car on en retrouve assez loin du site. Ce village a été conçu par les Indiens pueblos.

Cnossos

Capitale de la Crète à l'époque des Minoens (2700-1200 avant notre ère). Pour Arthur Evans, l'archéologue à l'origine de la découverte de la civilisation minoenne, le site de Cnossos serait le palais du légendaire roi Minos. Son architecture complexe serait même à l'origine du mythe du Minotaure. Le « palais », constitué d'un millier de pièces organisées autour d'une cour centrale, peut être considéré comme un centre administratif et religieux et un lieu de stockage. Mais les restaurations du site entamées par Evans lui-même sont à ce point déplorables qu'il est désormais impossible de faire la différence entre ce qui est ruine et ce qui est décor. Pour comprendre l'organisation d'un palais minoen, mieux vaut se rendre sur les sites de Malia et surtout de Phaïstos.

* *Voir pages 105, 106, 108, 110, 113.*

Combarelles, grotte des

« Énorme pétard dans le monde préhistorique », d'après l'abbé Breuil, qui qualifia ainsi les gravures de la grotte, lors de sa découverte, en 1901. On était alors en pleine controverse entre les « croyants » et les « incroyants » en un art préhistorique. Les gravures des Combarelles, grotte située sur la commune des Eyzies-de-Tayac, en Dordogne, participèrent donc de la polémique. Une bonne centaine de chevaux sont représentés sur les parois, accompagnés de rennes, de félins, d'une magnifique lionne de profil, de quelques bisons, mammouths, ours et enfin de symboles masculins ou féminins. Les gravures sont datées de la fin de la période magdalénienne (entre 13000 et 11000 avant notre ère), grâce au matériel retrouvé au sol.

Copán

Site maya du Honduras. Il connaît son apogée au VIIe siècle de notre ère sous l'influence des rois Jaguar de fumée et 18 Lapins. À cette époque, le commerce fonctionne bien et les temples se multiplient. La population alentour augmente, attirée par la prospérité de la cité. De grandes fêtes rituelles sont organisées par les rois autour de sacrifices humains. Copán devient alors une des plus importantes cités mayas. Un siècle plus tard, des problèmes environnementaux se posent, probablement dus à la grande densité de population et au déboisement de la jungle. La réponse des rois semble avoir été inadéquate. Ils multiplient les fêtes rituelles et la construction de grands monuments, mais ne parviennent pas à rétablir l'équilibre du monde. Au Xe siècle, la ville est abandonnée.
Les archéologues estiment que Copán était un grand centre astronomique. C'est là que le calendrier maya aurait été mis au point. Pour avancer cette hypothèse, ils se fondent sur un relief où figurent des prêtres réunis autour d'une date. Cela paraît maigre, mais il est vrai que les Mayas ont su mesurer le temps avec une précision hors du commun. En outre, leur vie était réglée selon trois cycles différents : le calendrier religieux de 260 jours, le calendrier civil de 365 jours et le compte long ou décompte des jours de 5 125 ans pour la datation des événements historiques.

Copte

Ce terme désigne à la fois les chrétiens d'Égypte et leur langue. Écrite dans un alphabet adapté du grec, le copte a permis à Champollion d'établir les principes de la grammaire de l'égyptien ancien. Au IIIe siècle de notre ère, les premiers écrits chrétiens en copte font leur apparition. L'art copte, essentiellement religieux, s'épanouira jusqu'à la conquête musulmane de l'Égypte, au VIIe siècle.

* *Voir page 82.*

Couche archéologique

Le sol se forme par des dépôts de terre, de sable ou de poussières, appelés sédiments. Ils proviennent de l'usure des roches et sont apportés par les vents, les eaux ou les glaciers. Chaque couche est reconnaissable à sa couleur, au type de sédiment qui la compose, à la grosseur des grains... On parle de couche archéologique lorsqu'il s'agit d'un sol sur lequel vivaient des hommes. Par exemple, des hommes préhistoriques ont vécu à l'entrée d'une grotte. La couche de terre sur laquelle ils vivaient a formé un sol d'habitat. Puis ils sont partis chasser ailleurs et sont revenus là quelques années après. Ils vivent à nouveau sur une couche de terre qui forme alors un nouveau sol. Entre leurs deux « sols d'occupation » se sont déposées des couches non archéologiques, appelées « couches d'abandon », puisque vierges de toute présence humaine. Toutes ces couches d'occupation, d'abandon ou même naturelles, forment ce que l'on appelle la stratigraphie ou superposition de plusieurs strates.

* *Voir pages 10, 18, 19, 28, 50, 63, 69, 101.*

Cratère de Vix

(Voir Vix)

* *Voir pages 120, 123.*

Cro-Magnon

L'expression « homme de Cro-Magnon » désigne un homme préhistorique découvert dans l'abri de Cro-Magnon, dans la commune des Eyzies-de-Tayac, en Dordogne. C'est ainsi qu'ont longtemps été nommés tous les représentants de l'espèce *Homo sapiens*, arrivés en Europe au Paléolithique supérieur (35000-11000). Aujourd'hui ce terme est tombé en désuétude.

* *Voir pages 37, 38, 39.*

Chryséléphantine

Du grec ancien *khrysos*, « or », et *elephas*, « ivoire ». Se dit d'une sculpture dont certaines parties sont d'or et d'autres d'ivoire.

La plus célèbre d'entre elles est la statue de Zeus, réalisée par Phidias, au ve siècle avant notre ère, pour le sanctuaire d'Olympie. Elle a aujourd'hui disparu, mais elle était considérée dans l'Antiquité comme la troisième des Sept Merveilles du monde.

Ctésiphon

Ancienne ville parthe, située sur la rive gauche du Tigre, à 30 km au sud-est de la ville actuelle de Bagdad, en Irak.

* *Voir pages 149, 150, 151.*

Cuzco

Capitale inca construite à 3 400 mètres d'altitude.

* *Voir page 155.*

Cyclopéen

Cet adjectif fait référence au temps légendaire des Cyclopes et définit quelque chose d'indatable et de très ancien. Se dit, par extension, d'une construction préhistorique en pierres non taillées ou entassées. On parle de murs cyclopéens pour les citadelles mycéniennes ou même incas.

* *Voir pages 95, 105.*

Cyrus II

Fondateur de l'empire des Perses Achéménides, il règne sur une grande partie du Moyen-Orient au VIe siècle avant notre ère.

* *Voir page 142.*

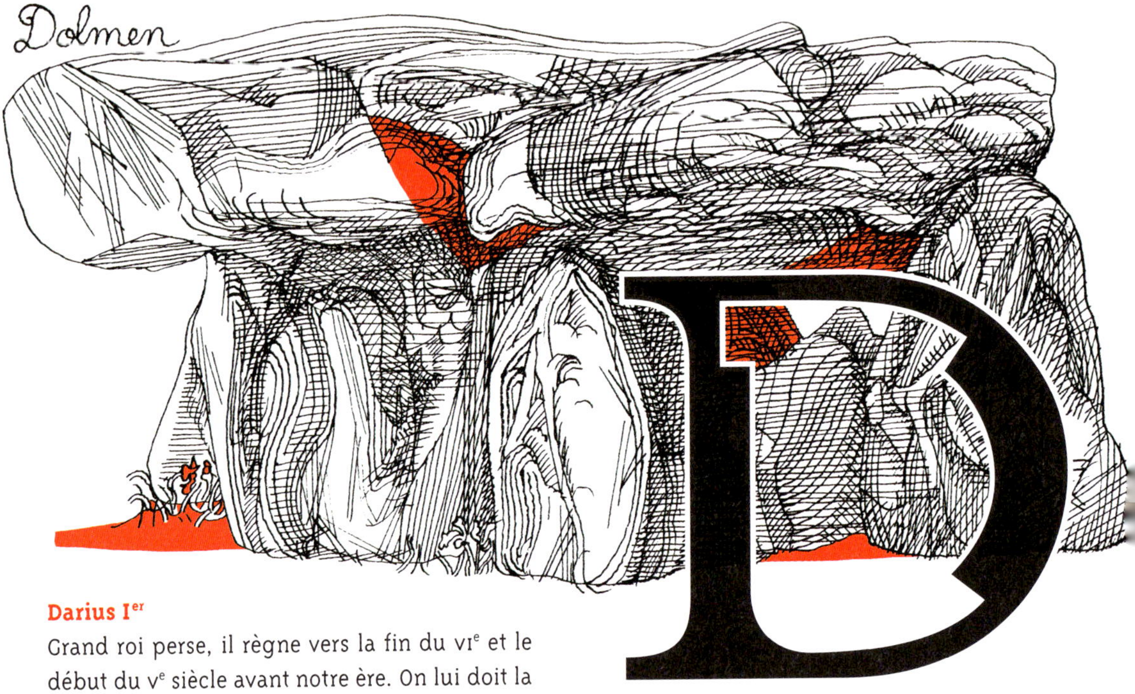

Darius Ier

Grand roi perse, il règne vers la fin du VIe et le début du Ve siècle avant notre ère. On lui doit la transformation de Suse, la capitale de Cyrus, en une ville royale et la construction d'une nouvelle capitale, Persépolis. Par ailleurs, il se soucie des régions de l'Empire situées hors de la Perse (Iran). En Égypte, il fait restaurer le canal des pharaons reliant le delta du Nil à la mer Rouge. À Jérusalem, il fait un don pour la reconstruction du Temple… Pour proclamer sa légitimité, il fait ériger un immense bas-relief sur la colline de Béhistoun. Sur ce bas-relief figurent plusieurs langues qui serviront de base au déchiffrement de l'écriture cunéiforme.

* *Voir pages 139, 140, 142.*

Datation – relative et absolue

Avant la naissance de l'archéologie au XVIIIe siècle, pour connaître la chronologie des civilisations, on disposait de la Bible, des écrits des auteurs antiques, des tablettes, des stèles ou des monuments gravés qui permettaient de les situer relativement les unes aux autres. On ne connaissait alors que des peuples maîtrisant l'écriture. Puis nos connaissances se sont approfondies. On comprit que des écrits fondateurs tels que la Bible n'étaient pas des récits historiques et demeuraient approximatifs ; on découvrit les hommes préhistoriques et des peuples sans écriture. Les datations dites relatives, obtenues grâce aux sources précédemment citées et aux indices archéologiques mis en regard les uns avec les autres, ne suffisaient plus. Aussi, depuis une soixantaine d'années, d'autres procédés, en particulier physiques, ont été mis au point pour affiner cette chronologie et parfois la revisiter complètement. Les principales sont la thermoluminescence, la dendrochronologie et le carbone 14. On les appelle des datations absolues.

* *Voir pages 12, 30, 45, 53.*

Darwin, Charles (1809-1882)

Naturaliste britannique et auteur de *De l'origine des espèces*. Le fondement de sa théorie est que tous les êtres vivants descendent d'une ou de plusieurs espèces communes, qu'ils ont évolué selon une « sélection naturelle » où seuls les mieux adaptés ou adaptables perdurent, et qu'ils se sont diversifiés ainsi. Son ouvrage, publié en 1859, fit scandale mais permit aux chercheurs d'avancer dans leurs travaux sur l'évolution de l'Homme.

* *Voir pages 38, 39.*

Deir el-Bahari

Site majestueux de Thèbes, adossé à la Vallée des Rois. Sur la rive ouest du Nil, « rive des morts », où le soleil se couche, il fait face à la ville de Louqsor et aux temples de Karnak, eux situés du côté des vivants, à l'est du Nil, où le soleil se lève. Vers 1455 avant notre ère, la reine Hatchepsout, pharaon de la XVIIIe dynastie (Nouvel Empire), décide d'y élever son temple funéraire, dédié à Amon, créateur de tout, à Anubis, dieu des Morts, et à Hathor, déesse du Plaisir et protectrice des femmes. Ce type de temple était conçu pour honorer la mémoire des défunts mais ne servait pas de tombeau. La tombe de la reine, située dans la Vallée des Rois, se trouvait derrière cette paroi rocheuse, à l'abri des regards...

Sénènmout, l'architecte de la reine, conçoit ce temple d'une manière harmonieuse : il intègre les trois terrasses d'accès et le temple lui-même à la montagne. La mission polonaise en charge de l'étude du site a par ailleurs révélé l'existence d'un temple funéraire de Thoutmosis III entre la falaise et le temple lui-même. Ce dernier, beau-fils d'Hatchepsout, avait été écarté du trône pendant une vingtaine d'années par sa belle-mère qui prit le titre de pharaon. C'est donc dans un souci de reprendre ce qui lui avait été volé et d'effacer à jamais la mémoire d'Hatchepsout que Thoutmosis III fit incruster son temple entre celui de la reine et la montagne sacrée. Ici, la géographie des lieux est un acteur à part entière de la construction de l'histoire pharaonique.

Deir el-Medineh

Nom arabe d'un village de l'Égypte pharaonique, situé sur la rive ouest du Nil, à quelques kilomètres de la Vallée des Rois. Là vivaient les artisans chargés de construire les tombeaux et les temples funéraires des pharaons du Nouvel Empire (1500-1000 avant notre ère). À l'origine de la plupart des tombeaux de la Vallée des Rois et des Reines, ils formaient une véritable confrérie. Le village, fermé par une haute muraille et constitué de 70 maisons de plusieurs pièces, révèle le statut privilégié des habitants. D'autre part, les fouilles ont mis au jour des milliers d'ostraca, débris de matériaux qui servaient à l'écriture ou au dessin. Ils nous apprennent qu'il s'agissait de gens très qualifiés. La légende selon laquelle les travaux pharaoniques auraient été réalisés par des esclaves tombe ainsi d'elle-même.

Délos

Île des Cyclades de 3,5 km², d'un abord inaccessible quand le vent se lève. Si elle n'avait été le lieu de la naissance divine d'Apollon et d'Artémis, elle serait restée dans l'ombre. En 478 avant notre ère se forme la ligue de Délos, alliance des cités grecques contre les Perses. Le trésor de la Ligue est confié à Délos sous le contrôle d'Athènes jusqu'à l'expulsion de tous ses habitants, à la fin du Ve siècle avant notre ère. Pour conserver le caractère sacré de l'île et fuir le courroux des dieux, des fêtes y sont organisées en leur honneur, ce qui développe aussi les échanges commerciaux. Délos devient ainsi une plaque tournante des matières premières entre l'est et l'ouest, avant d'être laissée à l'abandon au Ier siècle de notre ère.

Delphes

Sanctuaire panhellénique, c'est-à-dire commun à tout le monde grec, où l'on venait consulter l'oracle. Un oracle est la réponse d'une divinité au fidèle qui lui pose une question personnelle.

C'est un aspect fondamental de la religion des anciens Grecs. L'oracle ne peut être rendu que dans certains lieux, par certains dieux et sur certains sujets. Il était bien souvent une parole énigmatique, ou « sibylline », mot qui vient de la sibylle, une prêtresse d'Apollon. Il fallait avoir recours à des officiants qui déchiffraient le message ou bien suivre un apprentissage dans le sanctuaire. Par extension, ceux qui étaient chargés de transmettre et d'interpréter la parole divine étaient aussi appelés des oracles.
L'oracle de Delphes, la Pythie, était particulièrement réputé et l'on venait de toute la Méditerranée pour la consulter. Les fouilles ont montré que le sanctuaire était un des plus visités et des plus riches de toute la Grèce classique. Les principaux monuments étaient construits pour célébrer les dieux. C'est le cas du gymnase, du stade, des temples... Toute la ville de Delphes était ainsi construite autour du culte d'Apollon, de l'oracle et de ses visiteurs.

Démocratie

Système politique dans lequel le peuple est censé être souverain, c'est-à-dire libre de choisir des représentants qui feront voter les lois en fonction de leurs aspirations. La démocratie est un héritage de la pensée grecque et particulièrement athénienne du ve siècle avant notre ère. Là s'était mise en place une certaine forme de démocratie directe avec un sénat, constitué de 500 citoyens tirés au sort qui préparaient les lois, et une assemblée de citoyens dans laquelle tous pouvaient prendre la parole. Mais tout le monde n'était pas citoyen : ni les femmes, ni les esclaves, ni les étrangers ne pouvaient accéder à ce statut. Les classes sociales puissantes faisaient, par ailleurs, mieux entendre leurs voix.

* *Voir page 93.*

Dendrochronologie

Méthode de datation absolue. Elle est fondée sur le comptage des anneaux de croissance des arbres. Prenons par exemple deux chênes ayant vécu chacun 20 ans dont 10 à la même époque. L'un entre 1980 et 2000 et l'autre entre 1990 et 2010. Ils ont tous les deux 20 cernes, une par année de vie. Comme ils ont 10 ans de cernes communes, on sait que les chênes de cet endroit, qui vivaient entre 1990 et 2000, ont les mêmes cernes. En les superposant, on peut donc avoir une image du développement des chênes dans cette région entre 1990 et 2000. Comme un arbre peut vivre plusieurs centaines d'années, en mettant bout à bout les cernes d'une même région mais d'époques qui se suivent et surtout s'entrecroisent, on peut reconstituer une chronologie absolue complète.
Dans certaines régions et avec certains types d'arbres, on arrive à remonter 7 000 ans en arrière, à dater des pièces de bois à un an près et à connaître le climat de chaque année.

Dieux

Pendant l'Antiquité, les Grecs sont les premiers à imaginer les dieux à leur image. Auparavant, ils étaient incarnés par des colosses, des êtres hybrides, des monstres inhumains. Il suffit de confronter les idoles pharaoniques ou mésopotamiennes aux divinités helléniques, c'est-à-dire du monde grec, pour comprendre que le fantastique n'a plus sa place dans les croyances et que le rationnel a pris le dessus. Les dieux ne sont plus incarnés par des êtres inhumains.
La grande idée grecque est que l'invisible, qui fait si peur, doit être compris par le visible. Zeus, par exemple, le plus grand de tous les dieux, est une source d'amusement infini : ses aventures amoureuses, toujours découvertes par sa femme

Héra, sont source de bien des histoires. Au départ, les dieux grecs permettent d'expliquer les forces de la nature, puis ils incarnent la justice, ceux qui reconnaissent le bien et le mal, les défenseurs des opprimés.

* *Voir pages 61, 62, 64, 65, 68, 70, 76, 78, 82, 86, 90, 96, 105, 108, 120, 125, 130, 133, 135, 142, 143, 144, 146, 147, 154, 160, 171.*

Dolmen

Monument funéraire du Néolithique (9000-3000). Il est constitué de plusieurs pierres horizontales qui reposent sur des pierres à la verticale. Il s'agit des ruines d'un couloir enterré menant à une chambre funéraire. Le tout, à l'origine recouvert de terre ou de pierre, formait un tumulus. On en trouve dans l'ouest et le sud de la France, vraisemblablement construits entre le Ve et le IIe millénaire. Ils ont été élevés à la même époque que les menhirs, soit plus de 2 000 ans avant l'entrée en scène des « Gaulois » ou des « Celtes ».

* *Voir page 125.*

Doura Europos

Ville antique du sud de la Syrie, fondée vers 300 avant notre ère par le roi macédonien Séleucos Ier. La ville devient rapidement un carrefour commercial d'importance. Sur l'Euphrate comme sur la route des caravanes reliant la Méditerranée à la Mésopotamie, elle est de toutes les influences. Derrière ses hautes murailles, elle cache ainsi un temple de Mithra, une synagogue mais aussi un des premiers lieux de culte chrétien du monde romain et de nombreux autres temples qui révèlent un véritable syncrétisme, c'est-à-dire un mélange réussi de différentes cultures. Les fresques de tous ces lieux sacrés offrent un cours d'histoire des religions exceptionnel.

E

Ebla

Depuis plusieurs décennies, les archéologues cherchaient la ville d'Ebla quelque part à l'ouest de l'Euphrate, vers la Syrie actuelle. Des textes mésopotamiens parlaient d'une cité de la toute fin du IIIe millénaire, capitale d'un royaume sémitique gouvernant cette région, mais on ne trouvait rien qui corresponde aux textes.

En 1964, alors qu'une équipe italienne prospecte un tell, une colline faite de l'accumulation de vestiges, dans le nord du pays, une inscription au bas d'une statue se dévoile : il s'agit probablement du site d'Ebla. L'excitation gagne tous les membres de l'équipe. Peu à peu, ils mettent au jour une bibliothèque, riche de plus de 15 000 tablettes d'argile gravées en sumérien, la langue savante de Mésopotamie, et en éblaïte, le dialecte local. Toute la vie de ce royaume apparaît alors : dossiers comptables, traités d'alliance avec les autres États, histoires de guerre et de paix, épopées, hymnes religieux… Alors que l'on pensait cette partie du Proche-Orient totalement en marge des sociétés évoluées, on venait de découvrir une cité de lettrés plongée dans l'oubli il y a plus de 3 500 ans. Ebla n'était donc pas simplement la capitale d'un petit royaume, mais bien celle d'une culture à part entière.

Ecbatane

Capitale des Mèdes au VIIIe siècle avant notre ère, elle devient une capitale d'été des Perses lorsque ceux-ci s'imposent dans la région au VIe siècle. En 330, Alexandre le Grand s'en empare, ainsi que du trésor perse caché là après la bataille de Gaugamèles ; bataille qui voit les Grecs battre définitivement les Perses Achéménides. Ecbatane devient la capitale sassanide au IIIe siècle de notre ère.

* *Voir page 142.*

Écriture

Système représentant une langue à l'aide de signes inscrits ou dessinés.

L'invention de l'écriture marque le passage entre la Préhistoire et l'Histoire. Elle apparaît à différentes époques selon les régions. La plus ancienne d'entre elles est sans aucun doute l'écriture cunéiforme, inventée en Mésopotamie vers 3300 avant notre ère, pour des raisons comptables. Quasiment au même moment, mais sous une autre forme, les Égyptiens mettent au point le système des hiéroglyphes, plutôt pour des raisons religieuses.

La civilisation de l'Indus invente à son tour un type d'écriture au IIIe millénaire. Elle est à ce jour non déchiffrée. En Crète, le linéaire A, toujours mystérieux, apparaît, lui, au cours du IIe millénaire. Au XIIIe siècle avant notre ère, les caractères chinois enregistrent déjà les prédictions des dieux. Deux siècles plus tard, sur les côtes orientales de la Méditerranée, les Phéniciens inventent l'alphabet, ancêtre du nôtre. Enfin, en Amérique, les Mayas mettent au point un système d'écriture vers 300 avant notre ère. Cette liste des foyers d'invention d'une écriture, qu'elle ait été pérenne ou non, n'est évidemment pas exhaustive. La discipline qui s'occupe de leur déchiffrement s'appelle l'épigraphie.

* *Voir pages 65, 69, 70, 71, 73, 74, 79, 90, 106, 109, 110, 137, 138, 139, 140, 141, 177, 184.*

Edfou

Cité de haute Égypte, célèbre grâce au grand temple d'Horus, un des monuments les mieux conservés de l'Égypte ancienne. Il date de l'époque grecque, dite ptolémaïque. Sa construction a dû débuter vers 237 avant notre ère. Mais, dès l'Ancien Empire (2700-2200 avant notre ère), on y enterre un des rois de la Ire dynastie.

Les fouilles ont révélé l'existence de tessons mycéniens, qui témoignent de contacts avec la Grèce ancienne. La richesse d'Edfou est certainement due à son emplacement sur la route menant à la mer Rouge, source de matières exotiques, luxe des pharaons.

Égyptologie

Les voyageurs européens se sont intéressés très tôt aux monuments de l'Égypte antique. La beauté et surtout la conservation des temples pharaoniques ont beaucoup contribué à cet intérêt. Les récits antiques faisaient des Égyptiens un peuple très ancien et très cultivé et assimilaient cette quête du beau à un souci de compréhension du monde. L'étude des antiquités égyptiennes prend un aspect scientifique avec l'expédition de Bonaparte, qui voyage sur le Nil avec 170 savants en vue d'étudier tout ce qui peut l'être, entre 1799 et 1801.

À partir de 1822, on peut réellement parler d'égyptologie. Champollion vient de déchiffrer les hiéroglyphes. Le monde des pharaons dévoile enfin ce qu'il cachait depuis presque 2 000 ans, date à laquelle l'usage des hiéroglyphes s'était perdu. Les prêtres ayant été chassés par les Romains, plus personne n'était en mesure de les lire et de comprendre ce monde qui, durant trois millénaires, avait laissé des vestiges considérables et des inscriptions mystérieuses sur les murs.

Après Champollion, c'est Auguste Mariette, au milieu du XIXe siècle, qui organise les études égyptologiques. Premier directeur des Antiquités égyptiennes nommé par le khédive, le gouverneur de l'époque, il fait cesser le pillage systématique et crée le premier musée au Caire, dédié au monde pharaonique. En effet, les Européens, avec au premier rang les Français puis les Anglais, s'étaient partagé le territoire égyptien pour y mener fouilles, missions épigraphiques et pillages de grande envergure. Ce n'est qu'avec l'arrivée au pouvoir de Nasser, au milieu du XXe siècle, que la recherche sera en partie rendue aux Égyptiens et contrôlée par eux.

* *Voir page 82, 84.*

Élam

Territoire situé dans le sud-ouest de l'Iran actuel. En marge du monde mésopotamien, ces régions sont en constante relation depuis la fin du IVe millénaire. Suse, située sur la route entre la vallée du Tigre et les plateaux iraniens, est la ville d'Élam la plus célèbre. Elle deviendra une capitale de l'Empire perse au VIe siècle avant notre ère.

* *Voir page 140.*

Ensérune

Oppidum de la tribu des Ibères qui dominait la plaine et la route côtière entre Béziers et Narbonne. L'établissement, fondé au VIe siècle avant notre ère, est abandonné au début de l'ère chrétienne.

Éphèse

Une des plus anciennes et des plus importantes cités grecques d'Asie Mineure. Ses vestiges sont aujourd'hui situés à 7 km des côtes turques. Pendant l'Antiquité, c'était un des ports les plus actifs de la mer Égée. On y trouve l'Artémision, le grand sanctuaire dédié à Artémis, qui était alors considéré comme l'une des Sept Merveilles du monde. Tour à tour grecque, perse, romaine, byzantine, Éphèse ne conserve pratiquement que des vestiges de l'époque impériale romaine. Elle est pourtant une ville très importante de la chrétienté : deux conciles, assemblées d'évêques dictant la foi et la discipline au monde chrétien, s'y réunissent au Ve siècle de notre ère. La légende veut que la première église au monde y ait été élevée et plus précisément au-dessus de la tombe de saint Jean, apôtre et ami de Jésus.

Épidaure

Cité grecque du nord-est du Péloponnèse, célèbre pour son sanctuaire dédié à Asclépios, dieu de la Médecine. Pendant l'Antiquité, on venait s'y faire soigner de toute la Grèce. Nombre de médecins y avaient élu résidence. Comme dans tous les sanctuaires grecs tels que Olympie, Delphes, Délos..., des épreuves sportives et des représentations théâtrales y étaient organisées en l'honneur des dieux. Les rares fouilles effectuées à Épidaure ont ainsi révélé l'existence de vestiges d'équipements sportifs et surtout d'un théâtre. Son acoustique exceptionnelle, l'harmonie de ses proportions et finalement sa conservation quasi parfaite en font un des théâtres les plus visités de Grèce. En outre, si d'aventure il vous arrivait de vous baigner à Épidaure, vous nageriez au milieu des vestiges d'une partie de la première Épidaure, submergée dès l'Antiquité.

Épigraphie

Étude des inscriptions et des écritures gravées. Champollion, le plus célèbre des épigraphistes, parvient à déchiffrer les hiéroglyphes en 1822 ; sir Henry Rawlinson, l'écriture cunéiforme de Mésopotamie en 1845 ; Michaël Ventris, le linéaire B des Mycéniens en 1952 ; Iouri Knorosov, l'écriture des Mayas... Toutes ces écritures sont encore en cours de déchiffrement mais, grâce à ces grands chercheurs, les systèmes ont pu être au moins partiellement compris.

Éponyme

On dit d'un site qu'il est éponyme quand on y a découvert pour la première fois un faciès culturel, un type d'outils... auquel il donne son nom. Par exemple, l'homme de Neandertal a été appelé ainsi car il fut découvert dans la vallée de Neander en Allemagne. Celle-ci est alors devenue un site éponyme.

* *Voir page 36.*

Étiolles

Gisement préhistorique de l'Essonne fouillé depuis 40 ans par une équipe mixte de recherche, université de Paris I et CNRS. C'est encore un des chantiers-écoles des élèves inscrits en Préhistoire. Une douzaine de campements magdaléniens (17000-11000) y ont été mis au jour. Là, point de cavernes

pour s'abriter, les Magdaléniens du Bassin parisien ont planté leurs tentes en plein air dans des lieux accueillants. Étiolles est un site fort attractif pour cette époque de chasseurs-cueilleurs nomades. Situé à proximité de la Seine, il bénéficie d'un climat relativement doux et abonde en gibier. Mais il est surtout proche d'un affleurement de silex d'une très belle qualité, qui permet de fabriquer armes et outils. C'est ce dernier point qui fait d'ailleurs tout l'intérêt du site archéologique, car toutes les étapes de la chaîne opératoire du caillou à l'outil y sont conservées. Seul bémol, les crues de la Seine empêchaient les hommes de s'y installer durablement. Mais à tout inconvénient son avantage, ces crues ont en effet recouvert et scellé petit à petit les vestiges des Magdaléniens. Les archéologues ont pu étudier les sols d'habitat, nous révélant ainsi les habitudes de vie de ces groupes humains : aménagement, vie en collectivité, occupation de l'espace, organisation des activités...
La découverte, il y a quelques années, d'un galet gravé figurant un cheval très réaliste aux côtés d'une figure mi-humaine, mi-animale, a montré que les Magdaléniens, de l'Espagne à la Pologne, baignaient dans une culture commune. En effet, les thèmes représentés sont identiques à ceux retrouvés dans les grottes ornées de Dordogne et des Pyrénées ou sur les pierres gravées de Rhénanie.

Ethnologie

Discipline qui étudie les populations humaines actuelles et leurs modes de fonctionnement : croyances, relations familiales, mariages, enterrements, coutumes, rituels, économie, langages...

Étrusques

Peuple d'Italie centrale qui apparaît dans le registre archéologique au VIIIe siècle avant notre ère. Dès le XVe siècle, on découvre des tablettes de bronze écrites en caractères étrusques puis, assez vite, les magnifiques tombes de Tarquinia. Depuis, les recherches se sont multipliées, mais la langue étrusque reste en partie indéchiffrée et tous les rapprochements qu'ont voulu faire les linguistes avec les autres langues connues sont restés stériles.
La civilisation étrusque se serait développée entre les VIIIe et IIIe siècles et aurait été en contact avec le Proche-Orient et la Grèce. Les principales cités étrusques sont Tarquinia, Vulci, Véies, Volterra, Pérouse, Caeré (Cumes). Quant à Chiusi et Arezzo, elles auraient été unies en une confédération. L'archéologie étrusque s'est essentiellement tournée vers les nécropoles, si bien que l'architecture civile nous est encore mal connue. Les tombes sont souvent des salles creusées dans le roc de falaises, dans des cavités souterraines recouvertes d'un tumulus ou encore simplement construites à même le sol. Influencée par les débuts de l'art grec classique, la peinture particulièrement raffinée orne les tombeaux de scènes de la vie quotidienne.
À partir du Ve siècle avant notre ère, les Etrusques combattent les Celtes et les Grecs, puis tombent sous le joug des Romains.

Euphrate

Fleuve asiatique de presque 3 000 km de long. Avec son voisin le Tigre, il enserre le sud de l'Irak que l'on appelle la Mésopotamie.
* *Voir pages 59, 60, 69, 140.*

Fayoum

F

Fayoum

Oasis égyptienne et importante région agricole arrosée par un canal venant du Nil. Pendant les trois premiers siècles de notre ère, les habitants du Fayoum et de toute l'Égypte romaine embaument leurs morts et placent un portrait peint au-dessus du visage de la momie. Le climat sec du désert les a préservés de la décomposition. Ils représentent le plus riche ensemble connu de portraits d'hommes et de femmes de l'Antiquité.

Fer (âge du)

Période qui succède à l'âge du Bronze (2000-800 avant notre ère). Comme son nom l'indique, cette période voit peu à peu l'usage du fer se répandre autour du bassin méditerranéen, vers la fin du IIe millénaire. En Europe, il est associé aux populations celtiques et sert d'abord à la fabrication d'objets de prestige comme les bracelets, les colliers et les épées au cours du premier âge du Fer ou Hallstatt (800-500 avant notre ère).

Progressivement, il est utilisé pour des objets plus usuels durant le deuxième âge du Fer ou période de La Tène (500-50 avant notre ère).

L'âge du Fer correspond à une véritable révolution d'un point de vue technique. Contrairement au cuivre et au bronze (un alliage de cuivre et d'étain) que les hommes étaient capables de fondre dans un simple four à bois, le fer nécessitait une chaleur très élevée (1 500 °C) pour pouvoir être travaillé. Il a donc fallu attendre le développement d'un four suffisamment puissant pour atteindre une température capable de rendre le fer malléable.

Cette prouesse technique peut également être qualifiée de révolution, parce qu'elle a engendré des modifications en profondeur dans l'organisation de la société. On assiste en effet à la séparation et à la spécialisation des tâches : les forgerons, qui se consacrent exclusivement au travail de ce métal, n'ont plus le temps de s'occuper des autres activités comme la production de nourriture. D'autres vont alors le faire pour eux. Ainsi, les relations à l'intérieur de la société deviennent interdépendantes.

Néanmoins, la notion d'âge du Fer ne se limite pas aux seules populations celtiques et ne doit pas être perçue comme un stade d'évolution résultant du développement linéaire des sociétés. Son apparition ou son absence dans les autres parties du monde s'explique par des influences

diverses et des savoir-faire propres aux populations locales. Ainsi, en Amérique, par exemple, la technologie du fer est restée inconnue alors que l'on y travaillait le platine. En Afrique, les populations anciennes utilisaient directement le fer sans avoir eu besoin d'apprendre à travailler d'autres métaux ou alliages auparavant...
* *Voir pages 121, 123.*

Florès

Petite île d'Indonésie sur laquelle des archéologues ont exhumé le squelette d'un hominidé en 2003. Certains prétendent qu'il s'agit d'un *Erectus*, qui aurait survécu sur l'île, alors que l'on pensait ce dernier éteint depuis 300 000 ans ; d'autres penchent plutôt pour l'hypothèse d'un *Sapiens* nain... Le débat est ouvert.
* *Voir page 39.*

Font-de-Gaume, grotte de

Très belle grotte ornée située sur la commune des Eyzies-de-Tayac, en Dordogne. Elle servait de terrain de jeux aux enfants, avant d'être officiellement découverte en 1901. Elle compte plus de deux cents gravures et peintures qui représentent des rennes, des bisons, des aurochs... Celles-ci sont attribuées à la dernière période paléolithique, dite magdalénienne (17000-11000).

Forum

Place publique, par excellence, où les Romains se réunissaient pour parler affaires, marchander, discuter, faire justice. Le forum est constitué de temples, de galeries d'art, de boutiques... Au moment de l'expansion territoriale de Rome, chaque ville ou colonie romaine en possède un.

Fouille

Méthode utilisée par l'archéologue pour récupérer les informations conservées dans les sols. Selon que l'on fouille un site préhistorique ou médiéval, les méthodes varient considérablement. Les archéologues peuvent travailler au pinceau comme au bulldozer ; tout dépend du type de sédiment et de ce que l'on cherche. La fouille ne présente qu'une petite partie du travail de l'archéologue. Il y a d'abord un travail de prospection pour déterminer avec exactitude l'endroit où l'on va fouiller. Puis viennent l'enregistrement des données relevées sur le terrain, la conservation des objets et des sols – si besoin est –, l'interprétation des vestiges et enfin la publication des résultats.
La fouille peut être programmée, c'est-à-dire financée pour répondre à un ensemble de questions concernant une époque, une culture... ou de sauvetage, c'est-à-dire réalisée rapidement pour sauver des vestiges ou des informations avant qu'ils ne soient détruits par la pelleteuse des constructeurs d'autoroute, de parking... En France, c'est l'Institut national pour la recherche en archéologie préventive qui en a la charge. Tout grand chantier de construction doit ainsi faire appel aux archéologues si d'aventure des vestiges archéologiques apparaissent dans les sols remués.
Enfin, il existe une archéologie sous-marine, qui consiste à fouiller sous les eaux de la mer, des fleuves, des lacs... Même si elle reste assez proche de la fouille à l'air libre, elle demande un très bon niveau de plongée et quelques instruments de repérage et d'enregistrement spécifiques.
* *Voir page 11 (ce mot se retrouve dans tous les chapitres).*

Fossile

Un fossile est le reste d'un animal ou d'un végétal conservé dans une roche sédimentaire. Il est étudié en paléontologie.
* *Voir pages 11, 12, 17, 19, 25, 28, 29, 30, 33, 35, 36.*

Freyja
Déesse de l'Amour et de la Beauté dans la mythologie nordique.

* *Voir page 171.*

Freyr
Dieu de la Fertilité et du Bétail dans la mythologie nordique.Il est également le frère de Freyja.

* *Voir page 171.*

Funéraire
Terme qui se rapporte aux funérailles, c'est-à-dire à l'ensemble des cérémonies et des pratiques qui s'accomplissent au moment de l'enterrement du défunt.

En archéologie, un site est funéraire lorsqu'il contient des tombes.

* *Voir pages 41, 83, 103, 119, 120, 121, 159, 160, 162, 166, 167, 168, 171, 181, 182.*

Gandhara

Ancienne région de l'Inde, située à la frontière entre l'Afghanistan et le Pakistan actuels. D'abord occupée par les Perses Achéménides puis par les Grecs, elle est envahie au début de notre ère par des tribus de nomades venues d'Asie centrale qui y fondent l'empire des Kushan. Convertis au bouddhisme, ils développent un art, inspiré tout autant de modèles grecs qu'indiens, communément appelé l'art du Gandhara. Celui-ci atteint une finesse remarquable entre le Ier et le IVe siècle, sous la forme de statuettes bouddhiques ou de bas-reliefs sculptés dans les temples.
La plupart des monastères bouddhiques seront détruits par les Huns au VIe siècle et la région abandonnée.

* *Voir pages 145, 147.*

Gargas

Gargas est une grotte ornée des Hautes-Pyrénées. Elle a livré de nombreux indices d'occupation depuis le Moustérien (300000-30000) jusqu'au Moyen Âge. Mais le plus intéressant, c'est la grande quantité de mains négatives noires et rouges qui ont été peintes au pochoir sur les parois au Paléolithique supérieur (30000-11000). Comme à Cosquer, il manque des phalanges sur un certain nombre de mains, ce qui favorise toutes sortes d'interprétations (amputations liées à des rituels, maladies, gelures…).

* *Voir page 47.*

Gaule et Gaulois

La Gaule est un territoire fantasmé par César. Il y réunit les tribus, celtiques ou non, vivant entre le nord de l'Italie et le sud de l'Allemagne en passant par la France, la Belgique et le Luxembourg.

* *Voir pages 116, 117, 118, 123, 124.*

Gavrinis

Au cœur du golfe du Morbihan (Bretagne sud), le cairn ou tumulus de pierre de Gavrinis est une tombe néolithique du IVe millénaire. Il s'agit d'un des chefs-d'œuvre de l'art mégalithique. Il cache une chambre funéraire et un couloir de 14 mètres de long rythmé d'une cinquantaine de dalles juxtaposées et décorées de très beaux reliefs. Des crosses, des haches et des courbes se combinent de multiples façons. Ces représentations symboliques sont considérées comme des attributs divins, typiques de cette époque. Une étude approfondie des pierres a révélé qu'elles étaient de réemploi, c'est-à-dire qu'elles proviennent de monuments plus anciens. Le cas le plus remarquable est celui de la dalle qui recouvre la chambre funéraire. Elle faisait au départ partie d'un menhir de 14 mètres de haut, élevé on ne sait quand à 4 km de là, à Locmariaquer.

Gaza

La ville de Gaza est citée dès le XVe siècle avant notre ère dans les correspondances entre les pharaons d'Égypte et les souverains du Proche-Orient. Elle occupe, de fait, une place stratégique à mi-parcours entre l'Égypte et la Syrie. Au XIIe siècle avant notre ère, les Philistins, un des « peuples de la mer » connus pour avoir attaqué la riche Égypte, s'y installent. Ils laissent d'ailleurs leur nom à l'ensemble du territoire que les Romains appelleront « Palestine ». Tour à tour égyptienne, israélite, perse, grecque, elle passe aussi sous le contrôle des Nabatéens et devient alors le port de Pétra. Puis romaine, byzantine, arabe, croisée, ayyoubide, mamelouk… elle est de tous les combats, à toutes les époques. Comme la mousseline vient de Mossoul, en Irak, le damas, de Damas, en Syrie, la gaze aurait, elle, été inventée à Gaza, en Palestine.

Genèse

Premier livre de la Torah ou de l'Ancien Testament qui explique l'origine de l'Homme et du peuple hébreu. On a longtemps cru qu'elle était d'inspiration divine et donc à prendre au pied de la lettre. Mais les découvertes archéologiques et le croisement avec d'autres textes montrent qu'il faut la considérer comme un texte symbolique plutôt qu'historique.

* *Voir pages 59, 62, 63.*

Géoglyphe

Dessin gravé sur la terre. Les plus connus sont les géoglyphes de Nazca, dans le sud du Pérou.

* *Voir page 157.*

Géologie

Science de la formation et de la transformation de la Terre et de ses matériaux. Elle fait la synthèse de multiples disciplines dont la minéralogie (étude des minéraux qui composent les roches), la sédimentologie (étude des sédiments), la volcanologie (étude des volcans), la tectonique (étude de la croûte terrestre et de ses mouvements), la géophysique (étude du magnétisme), l'hydrologie (étude de la circulation des eaux souterraines). En étudiant la formation des différentes couches qui forment le sous-sol, les géologues construisent des séquences chronologiques ou repères temporels, à l'échelle de la Terre. Pour les préhistoriens, ces séquences peuvent servir de moyen de datation.

Gergovie

Fort gaulois et site de la victoire de Vercingétorix sur César en 52 avant notre ère. Il est situé sur un plateau du Puy-de-Dôme. Après la conquête de la Gaule, les Romains tentent d'en faire une ville, mais doivent y renoncer en raison de la pauvreté du site.

Germains

Les Germains, comme les Celtes, ne forment pas un peuple homogène, mais un ensemble de populations qui partagent un certain nombre de caractères culturels communs. On les retrouve en Allemagne du Nord, aux Pays-Bas, au Danemark, dans le sud de la Norvège et de la Suède. S'ils n'apparaissent que tardivement dans les sources écrites, l'archéologie, elle, nous apprend que ces groupes se constituent dans la première moitié du IIe millénaire, c'est-à-dire au début de l'âge du Bronze (2000-800 avant notre ère). Ils tentent une première fois de progresser vers le sud de l'Europe, mais sont repoussé par les Romains. Dès la fin de l'Antiquité, des tribus dites germaniques traversent le Rhin et conquièrent toute l'Europe latine et même au-delà. Elles fondent sur leur passage des États, par fusion progressive avec les populations autochtones : celui des Wisigoths avec les Hispano-Romains sur le territoire de l'Espagne actuelle, des Vandales en Afrique du Nord, des Francs avec les Gallo-Romains...

* *Voir page 117.*

Gilgamesh

Roi à la fois historique et légendaire. Il est le cinquième roi d'Uruk, une cité-État sumérienne dans le sud de l'Irak actuel.

* *Voir page 62.*

Gizeh

Ville d'Égypte située sur la rive ouest du Nil, non loin du plateau calcaire où se dressent les trois grandes pyramides des rois de la IVe dynastie : Chéops, Chéphren et Mykérinos. C'est là que les pyramides égyptiennes atteignent la perfection, vers le milieu du XXIVe siècle. Chéops, la plus grande, mesure 230 mètres de côté et atteignait 147 mètres de haut. Sa construction a nécessité deux millions et demi de blocs de pierre de 2,5 tonnes. Chéphren est construite sur le même modèle, tandis que celle de Mykérinos est beaucoup plus petite avec 100 mètres de côté pour 62 mètres de haut. Chaque pyramide était reliée à un temple d'accueil par une chaussée. Devant celui de Chéphren, on a sculpté le grand sphinx dans un bloc de calcaire qui faisait masse. Derrière les pyramides, le désert blanc à perte de vue contraste avec la ville grouillante et noire du Caire.

Gravettien

Le site de La Gravette est situé sur la commune de Bayac, en Dordogne. Il donne son nom au Gravettien (28000-22000), phase du Paléolithique supérieur qui s'inscrit entre l'Aurignacien et le Solutréen. Le Gravettien est caractérisé par des lames en silex utilisées, entre autres, comme pointes de projectile. À cette période correspond également le développement des « Vénus », petites statuettes de pierre aux formes féminines très généreuses que l'on retrouve jusqu'en Allemagne. Les plus célèbres d'entre elles sont celles de Lespugue et de Willendorf. La *Dame à la capuche*, découverte à Brassempouy et qui figure le plus ancien visage connu au monde, date aussi de cette époque.

* *Voir pages 47, 49.*

Guillaume le Conquérant (1027-1087)

Duc de Normandie, puis roi d'Angleterre à partir de 1066, il descend en droite ligne des Vikings installés depuis un siècle en Normandie. On connaît beaucoup de détails de sa victoire sur les Anglais notamment grâce à la tapisserie de Bayeux, tissée par sa femme, Mathilde de Flandre.

* *Voir pages 174, 175.*

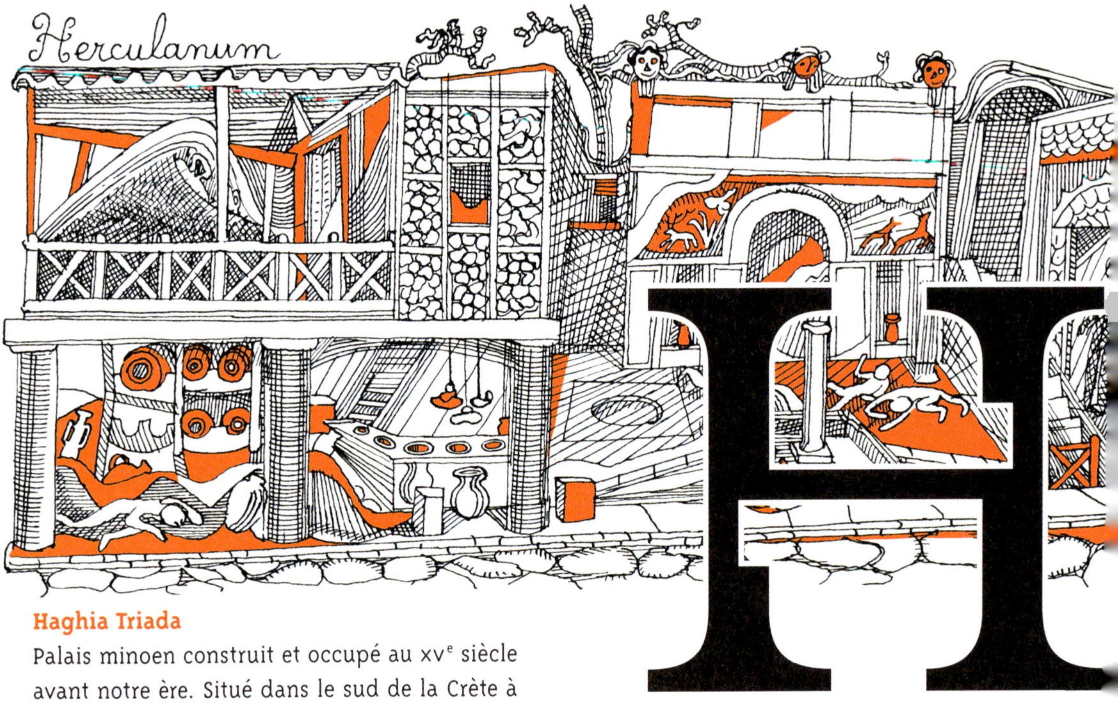

Haghia Triada

Palais minoen construit et occupé au XVe siècle avant notre ère. Situé dans le sud de la Crète à quelques kilomètres du site de Phaïstos, il doit sa célébrité aux objets d'art remarquables qui y ont été retrouvés. Les peintures d'un sarcophage en terre cuite constituent, par exemple, un chef-d'œuvre de l'art antique : sur les petits côtés sont représentées des femmes conduisant des chars tirés par des chevaux ou des griffons ailés ; sur les grands côtés sont peints des personnages féminins et masculins procédant à des libations et à des cérémonies funéraires.

Halicarnasse

Au Ve siècle avant notre ère, Halicarnasse est le centre d'un petit royaume situé sur les bords asiatiques de la mer Égée, dans l'actuelle Turquie. L'historien Hérodote y serait né en 484 avant notre ère. Au IVe siècle, le roi Mausole prend le pouvoir et décide d'en faire une capitale. Il agrandit la ville et y fait construire un port militaire. À sa mort, en 352 avant notre ère, sa sœur et épouse Artémise II fait élever à sa mémoire un tombeau monumental selon des plans qu'il avait lui-même conçus. Depuis, on donne le nom de mausolée, du nom du roi-architecte, à tout monument funéraire de grande dimension. Dans l'Antiquité, le mausolée d'Halicarnasse était considéré comme l'une des Sept Merveilles du monde.

Hallstatt

En 1846, près du village autrichien d'Hallstatt, une gigantesque nécropole est découverte. Après plusieurs mois de fouilles, on dénombre un peu moins de 1 000 tombes cachées sous des monticules artificiels. À partir des milliers d'objets exhumés, les archéologues définiront la civilisation dite de Hallstatt, caractéristique du premier âge du Fer (800-500 avant notre ère).
On allait ainsi découvrir qu'entre l'Europe du Nord, de l'Ouest et même du Sud, beaucoup de populations avaient des traits culturels communs : l'usage d'armes et de biens prestigieux en fer, l'inhumation de l'aristocratie guerrière dans des tombes à char, la construction d'habitats en hauteur protégés par des palissades… On nota aussi que les biens, les idées et les croyances circulaient entre ces populations pourtant fort diverses. Il existait même un véritable réseau commercial avec

la Grèce, comme en témoigne le riche mobilier recueilli dans la tombe de Vix. Le premier âge du Fer, dit de Hallstatt, correspond à la première période de développement commune à plusieurs populations européennes.
* *Voir pages 119, 123.*

Hammourabi

Sixième roi de Babylone (1792-1750), il conquiert peu à peu toute la Mésopotamie et fait de cette ville mythique la capitale d'un immense territoire. Le nom d'Hammourabi est surtout célèbre pour son Code des lois qui était un recueil des décisions de justice. Il n'est pas le plus ancien, mais sans aucun doute le plus complet des textes législatifs de Mésopotamie. À l'époque, ces textes étaient gravés sur des stèles en pierre noire, appelée diorite, que l'on exposait sur la place publique pour être connus de tous. Aujourd'hui, on peut voir le *Code d'Hammourabi* dans le département des Antiquités orientales, au musée du Louvre.

Han

La dynastie des Han règne entre 206 avant notre ère et 220 de notre ère. C'est la première fois que l'on peut parler d'un peuple chinois. Ces empereurs se lancent dans une politique d'expansion vers l'Asie centrale et sont à l'origine de la route de la soie, qui favorise les échanges depuis la Chine jusqu'à la Méditerranée. Les Chinois d'alors inventent la boussole et le sismographe, appareil permettant de connaître la direction des tremblements de terre. Une de leurs grandes innovations réside aussi dans les grès cuits à haute température qui sont les ancêtres des porcelaines.

Harappa

Harappa est l'une des deux grandes villes de la civilisation de l'Indus (3500-1500 avant notre ère), aujourd'hui sur le territoire du Pakistan. Le site a malheureusement été découvert et détruit au même moment par les constructeurs du chemin de fer qui, au début du XXe siècle, utilisent ses briques pour construire les voies ferrées. Malgré cela, on peut reconstituer son plan, qui ressemble beaucoup à celui de Mohenjo-Daro, à savoir une ville basse en bord de rivière et une citadelle en hauteur.
* *Voir pages 74, 75.*

Hatchepsout

Reine d'Égypte. Prétextant sa naissance divine, elle se fait sacrer pharaon et règne de longues années à la place de son beau-fils Thoutmosis III. On lui doit notamment le temple de Deir el-Bahari, adossé à la Vallée des Rois, dans la montagne thébaine.
* *Voir page 86.*

Hathor

Déesse des Fêtes et de l'Amour, elle est considérée comme l'épouse du dieu-faucon Horus, à la fois premier pharaon et dieu dynastique. On la considère aussi comme la nourrice des souverains. C'est pourquoi elle est représentée sous la forme d'une vache ou d'une femme portant un disque solaire entre ses cornes.

Hébreux

Peuple de nomades d'origine sémitique, connu essentiellement par la Bible.
Originaires de Mésopotamie, les Hébreux migrent vers l'actuelle Palestine, qui est située entre la Méditerranée et le Jourdain, aux alentours de 1800 avant notre ère. C'est là qu'Abraham et sa famille se seraient installés après la promesse de Dieu de « donner cette terre à sa descendance ». À la suite d'une famine, ses descendants auraient

choisi l'Égypte comme terre d'accueil. Ils auraient alors été mis en captivité et forcés à travailler pour les pharaons. Leur fuite d'Égypte menée par Moïse aurait eu lieu vers le XIIIe siècle avant notre ère, période où ils reviennent en Canaan et se battent contre les Cananéens et les Philistins pour posséder ce territoire. En tout cas, c'est à Canaan qu'ils finissent par fonder un royaume dont les plus célèbres rois sont David et Salomon, père et fils, qui règnent au Xe siècle avant notre ère.
À la mort de Salomon, le royaume est divisé en deux, Israël au nord, avec Samarie comme capitale, et Juda au sud, avec Jérusalem comme capitale. Ils sont tous deux détruits : le premier par les Assyriens, le second par les Babyloniens qui déportent une partie de sa population à Babylone. C'est le premier exil des Juifs, qui ne pourront regagner Jérusalem que sous la domination des Perses au VIe siècle avant notre ère. Là, ils se mêlent à nouveau à la population cananéenne tout en conservant quelques aspects de leur croyance religieuse. Quand la Judée retrouve son indépendance, elle est très vite intégrée à l'Empire romain. On est alors en 63 avant notre ère.
Après la révolte des Hébreux en 66 de notre ère, Jérusalem est détruite et ils sont condamnés de nouveau à l'exil. Le terme « hébreux » ne sera plus employé que pour faire référence à une vieille tradition.
Voir page 133.

Hector
Fils de Priam et frère de Pâris, il est un des héros de la guerre de Troie, tué par Achille en combat singulier.
* *Voir page 96.*

Hellénistique
On donne le nom d'hellénistique à la période qui suit la conquête de l'Asie par Alexandre le Grand, vers 330 avant notre ère. Particulièrement agitée sur le plan politique, cette époque voit se constituer les grandes monarchies gréco-orientales (les Lagides en Égypte et les Séleucides en Syrie) ainsi que le royaume de Macédoine qui tiendra la Grèce sous sa tutelle. Théoriquement, la période hellénistique devrait se clore à la mort de Cléopâtre, en 30 avant notre ère, avec l'annexion par Rome du dernier royaume d'origine grecque. Mais sur le plan artistique, elle continue à marquer de son empreinte le monde gréco-oriental et même l'Italie du Sud, jusqu'à la fin de l'Antiquité.

Héra
Déesse du Mariage et de la Fécondité du couple dans la mythologie grecque. Elle est aussi l'épouse de Zeus, la femme trompée et jalouse. Les Romains l'appellent Junon.
* *Voir page 105.*

Herculanum
Ville romaine voisine de Pompéi, elle est ensevelie sous 15 mètres de boue et de cendres volcaniques lors de l'éruption du Vésuve en 79 de notre ère. Totalement recouverte, elle a été préservée de la destruction du temps. C'est ainsi que, lors des fouilles, on a pu observer comment vivaient ses habitants il y a plus de 2 000 ans. Même si elle n'est qu'en partie dégagée, s'y promener est un véritable moment d'émotion archéologique. L'essentiel des objets découverts à Pompéi et à Herculanum se trouve au musée archéologique de Naples.

Hérode
Roi de Judée de 40 à 4 avant notre ère, Hérode est placé sur le trône par les Romains.
Tyran paranoïaque, il est aussi un grand bâtisseur.

Il reconstruit le temple de Jérusalem, les murailles de la ville, son théâtre et son amphithéâtre, construit les villes de Césarée, de Massada... Selon la légende, il ordonne la mise à mort de tous les enfants mâles de moins de 2 ans après l'annonce de la naissance de Jésus, le futur « roi des Juifs », par les sages. Un épisode similaire, dans lequel le pharaon ordonne la mort de tous les enfants mâles chez les Hébreux, point de départ de l'Exode, en est peut-être la source d'inspiration.

Heuneburg
Site fortifié, ou oppidum, de l'âge du Fer (800-50 avant notre ère) qui se trouve en Allemagne. Les archéologues l'attribuent à des populations celtiques.

Hiéroglyphe
La plus ancienne écriture égyptienne. Elle est figurative, c'est-à-dire que les caractères qui la composent représentent des objets, des plantes, des hommes, des animaux...
On distingue, en général, trois catégories de signes : les signes-mots, qui désignent un objet ou une action ; les signes phonétiques, qui correspondent à un son, et les déterminatifs, qui ont comme fonction de préciser le domaine ou encore le sujet dont on parle.
* *Voir pages 90, 138.*

Hippone
L'une des plus importantes villes d'Afrique romaine, sur la côte algérienne. Au Ve siècle, elle est aussi l'un des foyers du christianisme, avec saint Augustin comme évêque.

Hissarlik
(Voir Troie)
* *Voir page 97.*

Hittites
Peuple indo-européen installé au IIIe millénaire en Anatolie, la partie orientale de la Turquie actuelle. On le repère archéologiquement vers le XXVIe siècle. À cette époque, la civilisation hittite est florissante et perdurera comme telle jusqu'au XIIIe siècle avant notre ère. Elle vivotera par la suite, s'alliant alternativement avec des royaumes locaux. Outre sa grande puissance militaire, la civilisation hittite semble avoir été d'une grande tolérance aussi bien religieuse que sociale. Connus pour leur maîtrise de la métallurgie et notamment du fer, les Hittites sont les premiers à avoir travaillé les métaux.
* *Voir page 104.*

Homère
Célèbre poète grec, considéré comme l'auteur de l'*Iliade* et de l'*Odyssée*. Ces œuvres majeures ont inspiré beaucoup d'auteurs grecs et latins. Il aurait vécu au VIIIe siècle avant notre ère, mais il est encore difficile d'établir aujourd'hui avec certitude s'il a réellement existé ou si c'est un personnage inventé, une figure de poète.
* *Voir pages 94, 95, 96, 97, 98, 101, 102, 103, 104, 105, 108, 110.*

Hominidé
Mammifère qui peut se tenir debout et marcher. Il est donc au moins en partie bipède, ce qui lui donne certains avantages dont celui de voir venir au loin ses prédateurs.
Vivant en groupe, il montre une certaine capacité à l'apprentissage. Même s'il ne communique pas forcément par le langage, il est capable de transmettre ses émotions. Pour renforcer les liens sociaux, les hominidés se font des soins mutuels. À la différence des autres animaux, ils s'accouplent plutôt de face. La bipédie a sans doute

favorisé l'orientation du bassin et l'équilibre général des postures. Le groupe des hominidés est constitué de l'orang-outan, du chimpanzé, du bonobo, du gorille, mais aussi des australopithèques et de tous ceux qui entrent dans la lignée humaine, *homo* ou non.
* *Voir pages 17, 18, 19, 20, 21, 24, 28, 29, 30, 32, 36, 39, 41, 188.*

Homo
Le genre *Homo* réunit l'Homme et les espèces qui l'ont précédés, depuis l'*Homo habilis* jusqu'à l'homme de Neandertal. Il apparaît il y a près de 3 millions d'années. Le seul représentant sur terre de cette espèce est aujourd'hui l'*Homo sapiens*, c'est-à-dire nous-mêmes.
* *Voir pages 17, 24, 25, 26.*

Horus
Fils d'Osiris et d'Isis, il est le dieu-faucon, une des plus anciennes divinités égyptiennes. Après avoir vengé son père, que son oncle Seth a tué, il reçoit le trône d'Égypte en héritage. Il est donc le premier pharaon. Symbole de l'ordre et garant de l'harmonie universelle, il a plusieurs visages : Horahkty, l'Horus de l'horizon, avatar sous lequel il est associé à Rê, le Soleil. Il est aussi le soleil du soir et du matin sous le nom de Rê Horahkty.
* *Voir page 91.*

Huaca
Pyramide de terre séchée, la *huaca* est construite par les populations de la côte péruvienne et principalement par les Moches ou Mochicas.
* *Voir pages 157, 158, 160, 162.*

Huari
Civilisation précolombienne qui s'est développée dans les Andes péruviennes entre les débuts de l'ère chrétienne et l'an 1000. Elle est caractérisée par sa poterie, que l'on retrouve sur tout le territoire du Pérou actuel, mais aussi par l'architecture de sa capitale, Huari, ville aux multiples quartiers spécialisés et séparés par des murailles. Celle-ci a sûrement servi de modèle aux villes plus tardives de la civilisation chimu, comme Chan Chan.

Huaxtèques
Population d'origine précolombienne de la côte du golfe du Mexique. Les Huaxtèques sont apparentés aux Mayas, car ils parlent une langue appartenant au groupe linguistique maya-quiché. Très peu de fouilles archéologiques ont été réalisées dans le pays huaxtèque, mais on sait qu'ils vouaient un culte à Quetzalcoatl, le serpent à plumes.

Huns
Nom donné à de nombreux peuples nomades d'Asie centrale et du sud de la Sibérie. Ils dominèrent ces régions depuis le IIe siècle avant notre ère jusqu'au IVe siècle après.

Hydratation de l'obsidienne
L'obsidienne est une roche volcanique, transparente et noire. Elle est utilisée pour la réalisation d'objets décoratifs dès l'époque préhistorique. Lorsqu'elle est taillée, l'eau qui se trouve dans l'air agit sur la roche. La surface de l'objet absorbe l'eau, et une couche, dont l'épaisseur augmente au cours du temps, se crée. Il « suffit » de la mesurer pour calculer la période qui s'est écoulée depuis que l'objet a été fabriqué.

Hyksos
Groupe pluriethnique d'origine proche-orientale, connu pour avoir, à plusieurs reprises, envahi l'Égypte pharaonique. Entre le XVIIe et le XVIe siècle, ils parviennent à déstabiliser la monarchie en

place, mettant ainsi fin à la période du Moyen Empire (2050-1785 avant notre ère). Ils règnent alors sur l'Égypte et fondent la XVe et la XVIe dynastie, entre 1674 et 1548. Ils seront finalement chassés d'Égypte par les prêtres de Thèbes, clergé tout-puissant dans l'Égypte des pharaons. Ces derniers installeront sur le trône de nouvelles dynasties qui formeront ce que l'on appelle le Nouvel Empire (1500-1000 avant notre ère).

Hypogée

Tombe souterraine. Les tombeaux pharaoniques de la Vallée des Rois sont les plus connus, mais on en trouve un peu partout dans le monde. Dans les Andes colombiennes, le site archéologique de Tierradentro (VIIe-XIXe siècle) est particulièrement remarquable pour ses hypogées peints de couleurs vives.

Hypostyle

Une salle hypostyle est un espace fermé dont le plafond est soutenu par des colonnes. La plus célèbre est sans doute celle du temple de Karnak, en Égypte.

Ishtar

I

Ibères

Peuple qui a donné son nom à la péninsule Ibérique, qui réunit l'Espagne et le Portugal actuels. Les Ibères vivaient sur les côtes est et sud de cette péninsule au Ier millénaire avant notre ère.

Pour les archéologues espagnols, les Ibères auraient des ancêtres communs avec les Berbères, les Caucasiens et les Basques. Comme la majorité des populations du sud de l'Europe, ils seront finalement absorbés dans l'Empire romain.

La culture ibérique s'affirme pendant l'âge du Fer (800-50 avant notre ère) et son chef-d'œuvre est sans aucun doute la *Dame d'Elche*, buste de femme magnifiquement sculpté. Par ailleurs, la poterie comme l'orfèvrerie seront très marquées par l'influence grecque.

Ida

Montagne de Crète où Zeus, destiné à devenir le dieu suprême, serait né.

* *Voir page 98.*

Ife

Ville importante du sud-ouest du Nigeria, où réside encore le chef religieux des Yorubas, descendant des anciens rois d'Ife. Elle est célèbre grâce à ses bustes d'hommes et de femmes en bronze, en pierre ou en terre cuite, dont l'expression artistique atteindra son apogée entre le XIIe et le XIVe siècle.

Igbo Ukwu

Cette culture se développe au Nigeria oriental sans doute entre le IXe et le Xe siècle. Elle est caractérisée par son travail du cuivre et ses bronzes à la cire perdue, un procédé de moulage. Cette culture nous est révélée par un villageois qui, en 1938, déterra par hasard une importante quantité d'objets en métal. Nettoyés et comptabilisés, les objets forment un véritable trésor : plus de 400 objets en bronze, parmi lesquels de magnifiques sculptures. Vingt-cinq ans plus tard, les archéologues mettent au jour une sépulture royale dans les environs. Un homme est enterré assis dans un cercueil en bois avec tous les insignes de sa puissance : coiffure tressée de perles, couronne de cuivre, pectoral, bijoux de toute sorte. Il est accompagné de cinq autres individus, probablement des esclaves. Tous ces objets sont de style local, mais certains matériaux ont été importés de loin, comme les cornalines, ramenées d'Inde ou de Perse (Iran). Les découvertes d'Igbo Ukwu ne peuvent être rattachées à aucune culture de la région. Elles sont à ce jour les seuls indices qu'ait existé, il y a plus de 1 000 ans, un royaume puissant et raffiné participant à un vaste réseau international.

Iliade (l')

Poème attribué à Homère, probablement rédigé entre 850 et 750 avant notre ère. Son nom vient de l'autre nom de la ville de Troie, Ilion. Cette épopée raconte l'histoire de la guerre de Troie opposant les Achéens, ou Grecs anciens, aux Troyens. Elle se termine par la victoire d'Achille sur Hector et donc des Achéens sur les Troyens. Avec l'*Odyssée*, elle fait partie des textes fondateurs de la mythologie grecque.

* *Voir pages 93, 94, 95, 97, 100, 105.*

Incas

C'est à la fois le nom d'un des plus grands empires de l'Amérique précolombienne et celui de son chef suprême. Le centre de cet empire se situe dans la vallée de Cuzco, dans les Andes péruviennes, où vivait à l'origine une tribu guerrière de langue quechua. Selon la légende, le premier Inca Manco Capac et sa sœur Mama Ocllo, tous deux enfants du soleil, auraient apporté l'agriculture et l'artisanat à cette tribu au XIIe siècle. Il lui faudra encore deux ou trois siècles pour commencer à s'étendre et à conquérir une grande partie des Andes, depuis le nord de l'Équateur jusqu'au milieu du Chili et de l'Argentine. Du plus grand empire américain, les Espagnols ne feront qu'une bouchée. Affaibli par une guerre de succession au début du XVIe siècle, il tombera sous les coups de deux cents Espagnols, même si quelques bastions résisteront un temps. Les Incas profitent de l'acquis économique, social, mais aussi artistique des sociétés amérindiennes antérieures. Ils créent un empire centralisé sans jamais toutefois connaître l'écriture. À ce jour, seul un système comptable, le quipu, des cordelettes sur lesquels on fait des nœuds, a été découvert. Il servait à enregistrer les entrées et les sorties des caisses de l'État. Tout un réseau de relais avait par ailleurs été construit le long de cet immense territoire, chacun à une distance d'une journée de marche. C'est ainsi que la cordillère des Andes est sillonnée de routes pavées, vestiges de cette époque. Ce que l'on connaît le mieux de la civilisation inca est sans aucun doute son architecture de pierre, dite cyclopéenne, comme celle de Machu Picchu, Pisac, Ollantaytambo, Choquequirau...

* *Voir pages 153, 154, 155, 156, 157, 160, 162, 163.*

Indiana Jones

Héros de cinéma créé par George Lucas et Steven Spielberg qui, contrairement à l'idée reçue, n'est pas du tout représentatif des archéologues. Avec sa veste en cuir, son chapeau, son fouet et son pistolet, il est plutôt la figure de l'aventurier sans scrupule. La version féminine d'Indiana Jones est Lara Croft, héroïne du jeu vidéo *Tomb Raider*, qui signifie en anglais « pilleuse de tombe ».

Indo-européen

Concept inventé au XIXe siècle par les linguistes qui découvrent un lien important entre la plupart des langues européennes (latin, grec, langues germaniques, romanes et slaves) et certaines langues d'Asie (iranien ancien, sanskrit et tokhare d'Asie centrale). Depuis, les archéologues sont à la recherche des traces d'un peuple qui aurait parlé la langue mère, principalement entre la mer Baltique et l'Asie centrale, mais sans succès. Cette hypothèse d'un peuple « premier » a été récupérée par des idéologues en mal d'identité. Les nazis, par exemple, ont fantasmé sur cette idée d'un peuple guerrier qui aurait conquis, il y a fort longtemps, les territoires entre l'Inde et l'Europe. Mais aucune trace d'un tel peuple. En fait, il est beaucoup plus probable qu'il y ait eu de multiples migrations de peuples ou tribus, depuis le IVe millénaire. Ces circulations de personnes, de biens et d'idées auraient ainsi créé un ensemble culturel commun propre à cette partie du monde et que l'on retrouve, aujourd'hui, dans certaines racines communes de nos langues.

* *Voir pages 104, 109, 115, 117, 139, 140.*

Indus

L'Indus est un long fleuve de plus de 3 000 km qui traverse la Chine, l'Inde et le Pakistan. Il a donné son nom à la civilisation de l'Indus, l'une des plus grandes de l'Antiquité orientale, qui s'est développée entre 2500 et 1500 avant notre ère.

* *Voir pages 68, 73, 74, 75, 76, 78, 79.*

Ishtar (Innana)

Sans doute l'une des plus importantes divinités de l'Antiquité proche-orientale. Ishtar doit sa renommée à son importance culturelle et mythologique jamais égalée. Elle était déesse de l'Amour, du Sexe et de la Guerre. Aphrodite en Grèce, Turan en Étrurie et Vénus à Rome sont sans aucun doute ses descendantes.

Isis

Déesse maternelle et protectrice des pharaons dans la mythologie égyptienne. Elle est la femme et la sœur d'Osiris.

* *Voir page 91.*

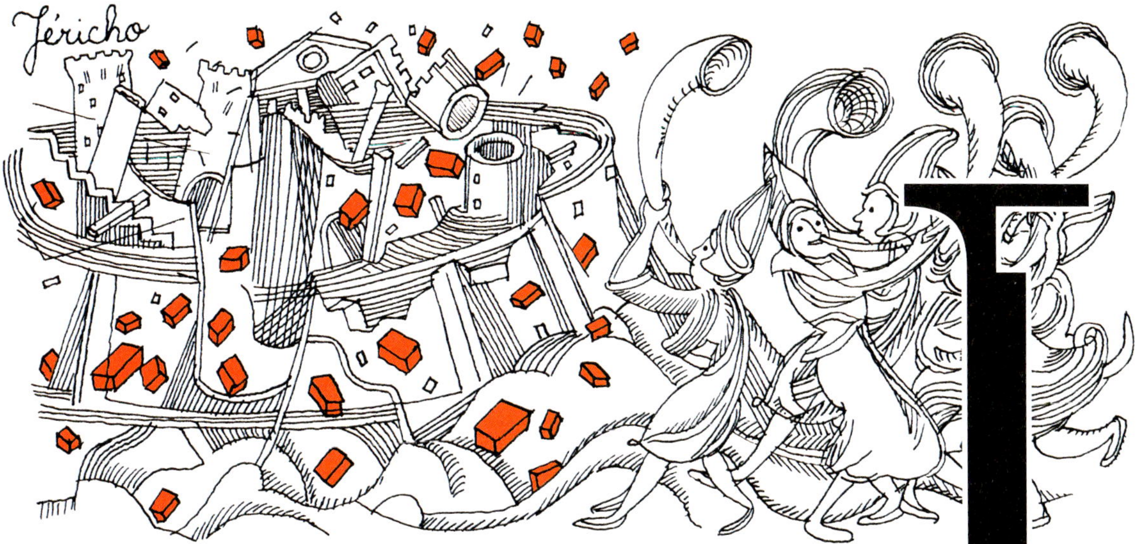

J

Jade

Le jade est une pierre verte semi-précieuse, très dure. Elle est exploitée en Chine pour son inaltérabilité, symbole d'immortalité.
Les Olmèques, les Mayas, et les Aztèques, populations précolombiennes d'Amérique centrale, l'utilisaient aussi dans la plupart des contextes rituels et particulièrement funéraires.

* *Voir page 182.*

Jaffa (Tel-Aviv)

La ville de Jaffa occupe la seule baie de la côte palestinienne entre les monts Sinaï et Carmel. Elle est donc un site portuaire privilégié. Les fouilles ont montré que le site est habité dès le IIe millénaire avant notre ère. Pendant l'Antiquité, elle offre à Jérusalem un accès à la mer. Au Moyen Âge, en revanche, elle n'est plus sur les grandes routes commerciales et perd ainsi en importance. Avec le XIXe siècle et la construction du canal de Suez, qui relie la mer Rouge à la mer Méditerranée juste au sud, l'activité reprend. Enfin, au milieu du XXe siècle, Jérusalem est reliée par le train à Jaffa, déjà appelée Tel-Aviv. L'immigration juive lui redonne définitivement son importance d'autrefois et elle devient la deuxième ville d'Israël, derrière Jérusalem, officiellement la capitale.

Jéricho

Ville antique située au nord-ouest de la mer Morte dans la vallée du Jourdain, à une trentaine de kilomètres de Jérusalem et à 250 m sous le niveau de la mer. Construite à proximité d'une source qui transforme cette partie du désert en oasis luxuriante, elle possède un atout majeur dans le désert environnant. Le plus fascinant à Jéricho est sans conteste la richesse chronologique du site. Tous les niveaux y sont présents depuis la première installation des hommes en village, jusqu'à l'apparition de l'agriculture, de la ville, de la céramique… Le site est ainsi occupé depuis le IXe millénaire, mais la ville, elle, n'aurait été fondée que 2 000 ans plus tard… Néanmoins, peut-on déjà parler de ville ? Y a-t-il un début d'administration centralisée ? une spécialisation des métiers ? Les archéologues s'interrogent encore et les recherches se poursuivent. Jéricho est en tout cas célèbre pour avoir été la première cité cananéenne prise par les Hébreux. Vers 330 avant notre ère, Alexandre le Grand y fonde un domaine royal. Cléopâtre, qui en hérite trois cents ans plus tard, l'offre au roi Hérode qui y fait édifier sa résidence d'hiver et développe le réseau d'irrigation.

Jérusalem

Probablement fondée par les Amorites au début du IIe millénaire avant notre ère, elle est la capitale du peuple hébreu au xe siècle avant notre ère : David, roi d'Israël, la conquiert alors et fait installer un autel sur la colline de Sion, sur le lieu même où, selon la tradition, Abraham aurait construit le sien ; Salomon, son fils, y construit le premier temple et le fortifie. Sous la menace des Assyriens, les Hébreux renforcent ses défenses en élevant une citadelle entre la ville et le temple. Jérusalem devient alors une place forte importante sur la route reliant l'Assyrie à l'Égypte, jusqu'à sa destruction par les Babyloniens en 586 avant notre ère. Les Hébreux sont chassés et déportés à Babylone. C'est la première diaspora. Libérés par Cyrus cinquante ans plus tard, ils rentrent à Jérusalem et reconstruisent le temple. En 63 avant notre ère, la ville passe sous la domination des Romains ; Hérode, nommé roi, restaure et agrandit le temple. En 66 de notre ère, la population se révolte contre le pouvoir en place. L'empereur romain Titus, victorieux, détruit Jérusalem et exile les Juifs dans tout l'Empire : c'est la seconde diaspora. L'empereur Hadrien rebâtit la ville pour les Romains et fait édifier un sanctuaire à Jupiter sur l'ancien temple, ce qui provoque une nouvelle révolte. Au IVe siècle, Hélène, la mère de l'empereur Constantin, visite la ville et identifie les lieux saints. La ville devient chrétienne par volonté politique.

Au VIIe siècle, la ville est prise par les Arabes. Entre le XIe et le XIIIe siècle, elle est sans cesse disputée par les croisés chrétiens et les différentes dynasties de souverains musulmans régnant sur la région. L'épisode des croisades mis à part, la ville est musulmane jusqu'à la création de l'État d'Israël, en 1948. D'un village de montagne, la ville a été la capitale des trois religions du Livre que sont le judaïsme, le christianisme et l'islam.

* *Voir pages 142, 150, 190.*

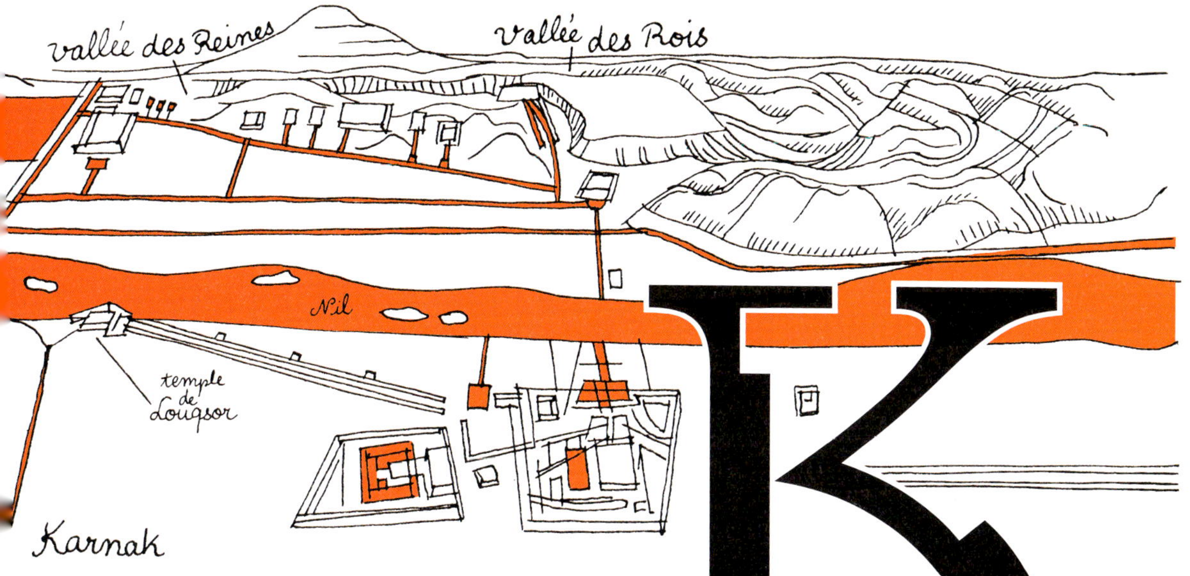

K

Kaminaljuyu

Site maya des hautes terres du Guatemala, il est habité entre 1100 avant notre ère et 800 après. Les vestiges ont été en grande partie détruits, car situés sous les faubourgs de la capitale du pays, Guatemala City. On voit encore plus de 200 monticules artificiels disséminés entre les zones d'habitat, mais ils ont été pour la plupart dégradés en surface. Deux d'entre eux, étudiés par des archéologues américains, contenaient des temples, des tombes et une quantité impressionnante de céramique. Les sépultures trouvées ont donné leur nom au site de *Kaminaljuyu*, « la cité des morts ». La ville semble avoir atteint son apogée entre 400 avant notre ère et 200 après. Elle devait sa prospérité au contrôle qu'elle exerçait sur des mines d'obsidienne, avec laquelle on fabriquait toute sorte d'objets précieux. Son déclin vient du fait qu'entre 250 et 900 de notre ère, les routes commerciales sont perturbées par l'expansion d'un autre groupe maya. En effet, on voit très bien, dans le registre archéologique, qu'à cette période les villes des basses terres du nord du Guatemala, puis, plus tard, des basses terres du sud du Mexique, se développent considérablement au détriment des villes des hautes terres ou même du littoral pacifique.

Karkemish

Située à la frontière entre la Syrie et la Turquie actuelles, la ville antique de Karkemish se développe car elle domine une zone où il est possible de traverser l'Euphrate.

Les fouilles mettent en valeur les niveaux hittites des XIIIe et XIIe siècles. Elle est surtout célèbre pour avoir été le théâtre d'une bataille, mentionnée dans la Bible, entre les Babyloniens et les Égyptiens : à la fin du VIIe siècle avant notre ère, le pharaon Nekao II veut freiner l'expansion vers l'ouest de son voisin Nabuchodonosor II ; il échoue et la ville est détruite. Elle ne sera réoccupée qu'à l'époque romaine, six cents ans plus tard.

Le site de Karkemish a été fouillé à plusieurs reprises depuis le XIXe siècle ; ses plus célèbres fouilleurs sont sans doute Lawrence d'Arabie, archéologue, officier et écrivain, et Gertrude Bell, écrivain, analyste politique et espionne, tous deux à la solde du gouvernement britannique. Ils auront, d'ailleurs, chacun à leur manière, une grande influence sur le développement géopolitique du Moyen-Orient.

Karnak

Situé sur la rive est du Nil, au nord de Thèbes, Karnak abrite le temple principal d'Amon, le grand dieu des pharaons du Nouvel Empire (1500-1000 avant notre ère). C'est de cette époque que sont datés les plus importants vestiges visibles aujourd'hui sur le site. En face, sur la rive ouest, se construit au même moment la nécropole royale de Thèbes, la Vallée des Rois et celle des Reines. Le temple de Karnak a évolué au fil des siècles : chaque pharaon l'embellit et y marque son empreinte. C'est sans aucun doute la plus belle ruine de l'Égypte pharaonique.

Kerma

Capitale du premier royaume de Nubie auquel elle donne son nom, aujourd'hui située au Soudan. Indépendant de sa puissante voisine du nord, l'Égypte, l'État de Kerma connaît son apogée entre 2500 et 1500. Au VIIIe siècle avant notre ère, les souverains de ce royaume prennent possession de l'Égypte, sur laquelle ils régneront pendant un siècle. Développé sur le cours du Nil, ce royaume devient alors la porte d'entrée vers l'Afrique noire. Défaits par les Assyriens, les Nubiens refluent vers le sud et fonderont les royaumes de Napata et de Méroé. L'ancienne cité de Kerma est aujourd'hui un site très érodé dont les ruines d'une forteresse en brique crue apparaissent fantomatiquement dans le paysage ; des centaines de tertres funéraires, pouvant atteindre 100 mètres de diamètre, rythment ce site désertique. Élevés sur une ossature en brique, ces monticules sont constitués d'une chambre funéraire centrale et d'un couloir menant à de multiples sépultures.

Khmers

D'origine indonésienne, les Khmers fondent, sur le territoire du Cambodge actuel, l'empire du même nom (IXe-XIVe siècle). On leur doit de nombreux monuments religieux en pierre très imposants aussi bien en Thaïlande qu'au Cambodge. Le plus connu est le temple funéraire d'Angkor Vat, construit au XIIe siècle, qui se trouve sur le site archéologique d'Angkor.

Les Khmers sont aussi célèbres pour leur gestion hydraulique, clé d'une économie contrôlée : bassins et canaux d'irrigation firent du Cambodge un grenier à riz. La destruction de ce réseau par les envahisseurs venus de Thaïlande au XIVe siècle marque la fin de l'Empire khmer.

Les ruines de la très belle cité Angkor Thom ont été redécouvertes dans la forêt par des voyageurs français au XIXe siècle. Elles étaient connues des populations riveraines, mais cette redécouverte par la France, puissance coloniale forte à cette époque et en cette partie du monde, allait installer pour longtemps les recherches archéologiques sur le site d'Angkor. Angkor devient dès lors l'objet de toutes les convoitises et notamment celle d'André Malraux, futur ministre de la Culture du général de Gaulle. À 22 ans, il tente de dérober les magnifiques bas-reliefs d'un de ces temples perdus dans la jungle ; bas-reliefs qu'il espère transporter discrètement pour les revendre en Amérique et subvenir ainsi à ses besoins. L'art khmer est particulièrement élaboré et fascine un large public. Malraux, pris la main dans le sac, est condamné à la prison ferme par les autorités cambodgiennes. Il sera finalement libéré grâce à une pétition du monde intellectuel de l'époque (Gide, Mauriac, Breton… et Gaston Gallimard) qui fit pression sur les Affaires étrangères.

Khorsabad

À une quinzaine de kilomètres au nord de Mossoul, en Irak, la découverte de Khorsabad a permis d'exhumer une des plus importantes civilisations moyen-orientales, celle des Assyriens sous le règne du roi Sargon. Les inscriptions de Khorsabad ont servi à identifier le site comme étant *Dur Sharrukin,* « la forteresse de Sargon ». La ville ne sera jamais achevée, car Sennachérib, son successeur, établit sa capitale à Ninive. Pourtant, le nom de Khorsabad nous est familier, car depuis 1847 on peut voir au musée du Louvre les taureaux ailés, gardiens de la ville antique, que la France fit démonter et expédier dès la première campagne de fouilles.

Kish

Cité-État sumérienne située à 15 km de Babylone. Berceau de dynasties qui exercèrent le pouvoir à maintes reprises en pays de Sumer, dans le sud de la Mésopotamie (Irak actuel), c'est de là que Sargon partit pour fonder le premier empire du monde, celui d'Akkad. Elle conservera, pendant des siècles, une aura royale que tous les souverains chercheront à s'attacher pour s'inscrire le plus loin possible dans l'histoire. C'est pour cela que le titre de « roi de Kish » sera toujours utilisé par les diverses populations qui régneront sur la Mésopotamie.

Kurgan

Nom russe qui désigne un tertre, ou tumulus, couvrant une tombe. La « tradition kurgan » recouvre des cultures différentes d'Europe orientale et centrale des IVe et IIIe millénaires qui ont en commun certains traits culturels, dont le décor de leur céramique et l'usage du cheval.

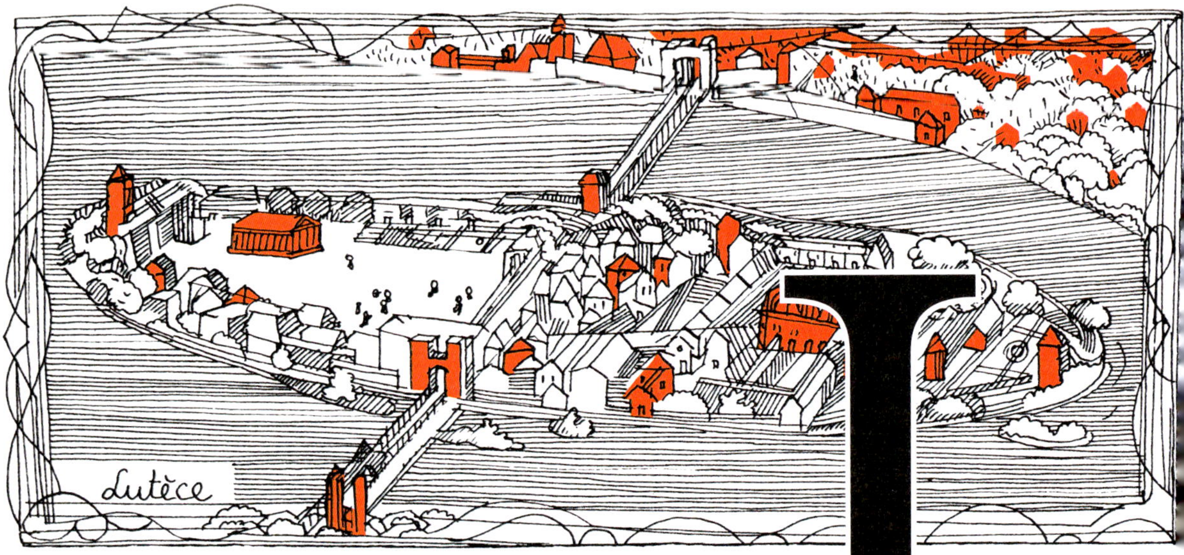

L

Lagash
Cité-État sumérienne, Lagash est une ville florissante pendant le IIIe millénaire. Le site, découvert par Ernest de Sarzec en 1877, révèle au monde la civilisation sumérienne, totalement oubliée. La Bible n'en faisait pas mention et rien ne permettait d'imaginer qu'un tel peuple avait pu exister. Au moment de sa découverte, ce lieu-dit est connu des populations locales sous le nom de Tello. Mais le nom qui apparaît sur les tablettes écrites en cunéiforme, retrouvées dans le site, nous apprend que son nom ancien est Lagash. Fouillée depuis lors, elle est célèbre aujourd'hui grâce à la *Stèle des vautours*, conservée au musée du Louvre, sur laquelle on aperçoit des rapaces s'abattant sur les cadavres des vaincus. Elle commémore la victoire du roi de Lagash.
À l'époque de sa découverte, les objets trouvés ont été partagés entre les autorités du pays en question et celles du pays qui dirigeait les fouilles. Voilà pourquoi, en France, ce nom nous est particulièrement familier.
* *Voir page 70.*

Lagides
Dynastie pharaonique.
(Voir Ptolémées)

Lapis-lazuli
Silicate d'aluminium et de sodium, cette pierre d'un bleu azur est très appréciée des populations proche-orientales de l'Antiquité. Les Égyptiens, en particulier, l'utilisent systématiquement dans la fabrication des bijoux. Les gisements antiques de lapis-lazuli sont encore inconnus : aucune mine datant de cette époque n'a été retrouvée. Les mines exploitées actuellement sont situées en Amérique du Sud, en Sibérie et en Afghanistan. Il est probable que les pierres utilisées pendant l'Antiquité proviennent de cette dernière région.
* *Voir page 89.*

Larsa
Cité-État sumérienne qui connaît son heure de gloire au début du IIe millénaire avant notre ère. Elle contrôle alors un vaste territoire lorsque, en 1764 avant notre ère, Hammourabi de Babylone remporte une victoire décisive contre son puissant souverain, Rîm-Sîn. Larsa perd sa courte hégémonie, qu'elle ne retrouvera jamais.
* *Voir page 11.*

Lartet, Édouard (1801-1871)

Géologue, préhistorien et paléontologue français. Par ses fouilles, il contribue à démontrer que l'homme a vécu à des époques très anciennes, époques à laquelle vivaient des espèces animales aujourd'hui depuis longtemps disparues.
À partir de 1863, il fouille plusieurs sites majeurs du Périgord, dont Le Moustier, Laugerie-Basse et La Madeleine.

Lascaux

Grotte de Dordogne, considérée comme la chapelle Sixtine de l'art préhistorique.
* *Voir pages 44, 45, 46, 49, 52, 53, 54.*

La Tène

Village des bords du lac de Neuchâtel, en Suisse. Il donne son nom au deuxième âge du fer (de 500 à 50 avant notre ère).
Les objets archéologiques découverts dans le lac sont très semblables à ceux que l'on retrouvera de la Hongrie au Danemark, en passant par la France et l'Angleterre contemporains de cette époque.
* *Voir page 123.*

La Tolita

Île du littoral pacifique et site éponyme de la culture Tumaco-La Tolita. Elle est située à la frontière entre l'Équateur et la Colombie. Le nombre de tombes richement pourvues suggère qu'elle était non seulement une métropole régionale de la période du Développement régional (300 avant notre ère-700 de notre ère), mais également un site funéraire pour les élites. Centre politique, économique et religieux, elle contrôlait probablement toute la région. La célébrité de la culture Tumaco-La Tolita est due à la qualité des pièces d'orfèvrerie mêlant parfois or et platine. Par ailleurs, la quantité de débris d'or retrouvés à La Tolita est extravagante. Une entreprise italienne d'extraction d'or s'y est même implantée au début du XXe siècle, alors qu'il n'y a aucun gisement aurifère sur le site.

La Venta

Ancien site cérémoniel du Mexique, daté du Préclassique ancien (1000-400 avant notre ère). Sur le golfe du Mexique, La Venta est attribuée aux Olmèques. Elle est constituée de nombreux tumuli qui, avec la pyramide et les têtes colossales, forment le cœur du site cérémoniel.
Malheureusement, une grande partie des monticules a été détruite par l'exploitation d'un gisement pétrolier, rendant les recherches difficiles.

Leakey, Louis (1903-1972)

Primatologue (spécialiste des singes), paléontologue et archéologue britannique. Il est le co-découvreur d'*Homo habilis*, qu'il décrit pour la première fois en 1964. Mais ce n'est ni sa première ni sa dernière découverte. Leakey a arpenté le Kenya et la Tanzanie de long en large pour rechercher les différents ancêtres de l'Homme.
Un de ses plus grands mérites a sans doute été l'organisation de groupes de recherche constitués de personnes des pays étudiés, formés par lui à l'identification et à la reconnaissance des fossiles sur le terrain. Notre arbre généalogique lui doit une fière chandelle.
* *Voir pages 24, 25, 26.*

Leptis Magna

Ville romaine de Libye, Elle a été établie sur un ancien site punique ou carthaginois, en bordure de la mer Méditerranée. C'est sous l'empereur

romain Septime Sévère que la ville se développe au IIe siècle de notre ère.
Une série de catastrophes environnementales et politiques auront raison de sa splendeur : inondations fluviales, désertification régionale et invasion des Vandales au milieu du Ve siècle ruineront en grande partie la ville.
Reconquise par les Romains un siècle plus tard, elle est finalement prise par les Arabes en 643. Leptis Magna sombrera très vite dans l'oubli pour n'être redécouverte qu'au début du XXe siècle. Les fouilles révèlent une cité romaine typique, avec ses deux artères principales perpendiculaires, le *cardo* et le *decumanus*.

Lerne

Site archéologique du Péloponnèse, en Grèce continentale. Habité depuis l'époque néolithique (9000-3000 avant notre ère), il prend de l'ampleur avec la construction d'une imposante citadelle au IIIe millénaire. Lerne est pourtant abandonnée quelques siècles plus tard. Rien de passionnant, semble-t-il, si ce n'est qu'elle a été le lieu de l'un des plus difficiles travaux d'Hercule, celui de la mise à mort de l'Hydre de Lerne – serpent à corps de chien ou de dragon possédant plusieurs têtes qui se multipliaient lorsqu'elles étaient tranchées. Les multiples gueules de cette créature dégageaient un poison fatal qui empêchait toute approche. Hercule finit par tuer le monstre, mais cet exploit ne sera jamais reconnu car il aurait eu recours à une aide extérieure.
Comme dans toute la mythologie grecque, cette histoire est probablement la métaphore d'un événement antérieur qui eut lieu dans la région. Les chercheurs supposent que ce mythe a été créé après l'assèchement des marais alentour, ouvrage titanesque réalisé pour pouvoir s'installer dans la région.

Leroi-Gourhan, André (1911-1986)

Préhistorien et ethnologue français. Au cours de ses fouilles, dont la plus célèbre est celle du site de Pincevent, en Seine-et-Marne, il propose une nouvelle approche de la méthode archéologique. Ce site, exceptionnellement bien conservé, lui permet de développer une analyse spatiale des vestiges : il importe alors non seulement de recueillir les objets afin de comparer leurs âges relatifs (fouille verticale), mais aussi de retrouver le sol où ils ont été déposés puis abandonnés (fouille horizontale). En fait, l'idée est d'arriver à reconstituer l'habitat des hommes préhistoriques et leurs différents espaces. Une fois tout le sol décapé et les objets laissés à leur place, on peut avoir une vision d'ensemble.
Un autre apport important d'André Leroi-Gourhan est sa méthode d'interprétation de l'art pariétal paléolithique. Il prend en compte l'emplacement des figures peintes sur les parois, par rapport à la topographie de la grotte, puis en fait des statistiques. Ce système lui permet d'aboutir à une interprétation globale des fresques qui le conduit à y voir une partition binaire avec, d'un côté, les figures et symboles féminins et, de l'autre, ceux qui sont masculins.

Ligures

Même si l'origine des Ligures n'est pas connue, on sait toutefois qu'ils constituent un ensemble de tribus ayant vécu entre Marseille et Gênes au Ier millénaire avant notre ère. Le peu de connaissances que nous avons à leur sujet ne nous permet même pas de dire s'il s'agissait d'Indo-Européens ou de populations autochtones plus anciennes. Ils sont connus grâce aux traces que leur langue a laissées dans certains noms de lieux, mais aussi par des sources grecques et latines qui les citent.

Ils vivent sur la côte et dans les sites de hauteur bien protégés de l'arrière-pays provençal et de la Ligurie italienne. Vers le VIIe siècle avant notre ère, ils s'unissent aux populations celtiques voisines et forment le groupe des celto-ligures ou des Celtibères dans la péninsule Ibérique. Tous ces peuples seront finalement absorbés dans l'Empire romain au IIe siècle avant notre ère.

Limes

« Frontière » en latin. C'est aussi le nom donné par les historiens modernes au système de fortifications romain. Établi le long des frontières de l'Empire, il s'étendait sur tout le Nord de l'Afrique, le Proche-Orient, l'Europe occidentale, de l'Atlantique au Rhin en passant par l'Angleterre et l'Écosse. Le *limes* matérialise la frontière entre l'Empire romain et le monde barbare, à savoir tous les peuples ne parlant ni grec ni latin.

Linéaire A

Écriture appartenant à la civilisation dite minoenne (2700-1200 avant notre ère). Elle est découverte par Arthur Evans au début du XXe siècle sur les sites de Crète. Malheureusement, trop peu d'inscriptions sont parvenues jusqu'à nous pour pouvoir la déchiffrer.

* *Voir pages 109, 110.*

Linéaire B

Écriture transcrivant le mycénien, une forme du grec ancien. Elle semble avoir été utilisée entre le XVe et le XIIe siècle en Crète et au Péloponnèse, en Grèce continentale.

* *Voir page 105.*

Louqsor

Ville égyptienne de la rive est du Nil dans laquelle se trouvent les plus beaux vestiges de la Thèbes antique. Le temple de Louqsor est considéré comme l'une des merveilles du monde pharaonique. Opet reset, son ancien nom, signifie « harem du sud », parce qu'il était considéré comme le harem du dieu Amon. Le temple est, pour l'essentiel, construit pendant la XVIIIe dynastie par le pharaon Aménophis III, qui règne sur l'Égypte entre 1390 et 1352. Il sera transformé, comme le temple de Karnak, tout au long du Nouvel Empire (1500-1000 avant notre ère) et même jusqu'à la période Ptolémaïque (330-30 avant notre ère), durant laquelle les Grecs, installés en Égypte par Alexandre le Grand, gouvernent le pays sous la dynastie des Ptolémées.

Lucy

Australopithèque *afarensis* et lointaine grand-tante du genre humain.

* *Voir pages 18, 19, 21.*

Lutèce

Ville gallo-romaine fondée par les Parisii, une tribu gauloise. La Lutèce gauloise est citée pour la première fois dans *Commentaires de la guerre des Gaules*, de César, qui la situe sur une des îles de la Seine. Contre toute attente, de récentes fouilles archéologiques révèlent des indices la localisant sous la ville de Nanterre et non sous celle de Paris. Il est vrai que nombre de villes gauloises ont été déplacées peu de temps après la période romaine. Il s'agissait alors de faciliter les échanges commerciaux entre tous les territoires.
Toujours est-il que la Lutèce romaine se situe bien sous notre capitale, qui prend le nom de Paris au IIIe siècle de notre ère. Paris a gardé de cette époque son orientation sud-ouest, propice à un bon ensoleillement, ainsi que la déclivité naturelle du terrain qui permet d'acheminer l'eau plus aisément depuis les sources voisines. En outre,

le plan gallo-romain et le plan de la ville actuelle se superposent presque parfaitement. D'abord, les voies romaines principales qui se croisent perpendiculairement et qui forment le noyau de toute cité romaine sont encore ici un carrefour important. Il correspond plus ou moins à l'intersection des rues Saint-Jacques et Soufflot. On y retrouve aussi les rues Saint-Martin, Saint-Denis, Saint-Antoine, de Rivoli et même de Vaugirard. En revanche, la rive droite n'était que peu construite et, jusqu'au milieu du Second Empire, vers 1860, la colline de Montmartre était hors de la ville.

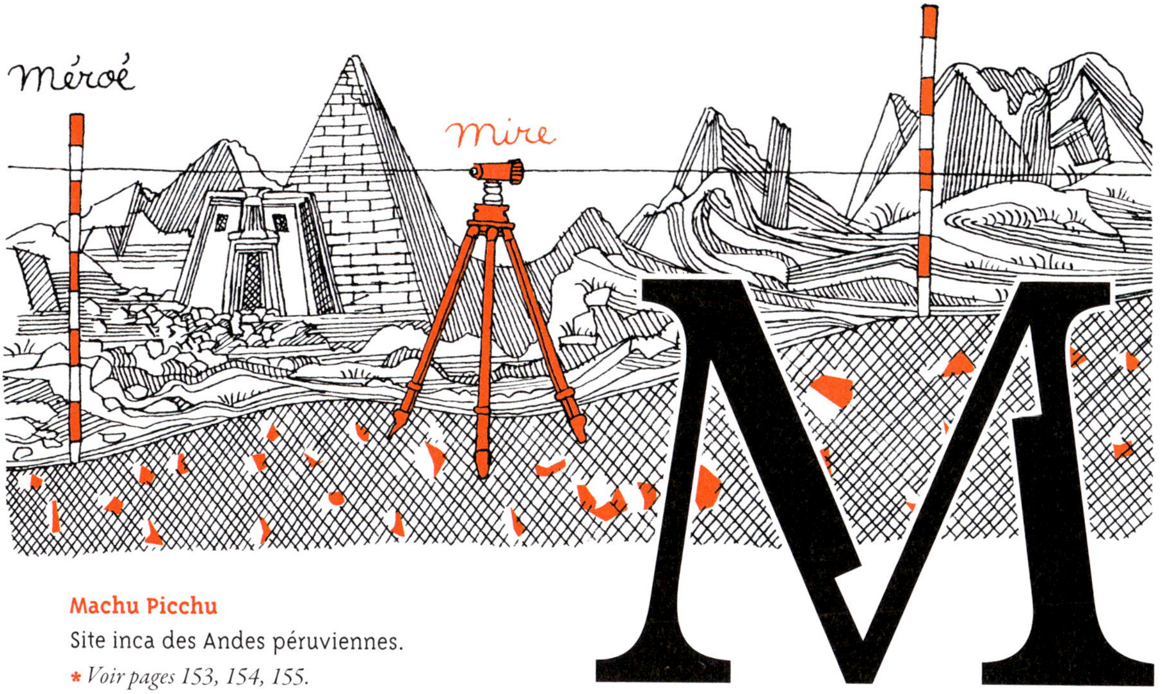

Machu Picchu
Site inca des Andes péruviennes.
* *Voir pages 153, 154, 155.*

Madeleine (La) — Magdalénien
L'abri-sous-roche de La Madeleine est un site préhistorique situé dans la vallée de la Vézère, en Dordogne. Il est le site éponyme du Magdalénien (17000-10000), dernière phase culturelle du Paléolithique supérieur (35000-10000). Le site a été découvert et fouillé par Édouard Lartet de 1863 à 1865. De nombreux objets d'art mobilier ont alors révélé la créativité et l'agilité des artistes de la Préhistoire. Le Magdalénien a longtemps été considéré comme l'apogée de l'art préhistorique, mais les dernières découvertes de grottes ornées ont permis de réévaluer ce jugement. Le Moyen Âge est également présent sur le site : à cette époque, un village troglodytique est creusé dans la falaise et dominé par un château.
* *Voir pages 45, 49.*

Malia
Sur la côte nord de la Crète, Malia est un palais minoen (2700-1450 avant notre ère). Comme Cnossos et Phaïstos, il est articulé autour d'une cour très vaste, centre de la vie palatiale. Autour de lui s'étend une ville minoenne dont seules quelques maisons ont été fouillées. Rien de plus agréable que de se perdre autour du site de Malia et de découvrir, au détour d'une dune et face à la mer, son petit port, ignoré des hordes de touristes.
* *Voir page 110.*

Mari
Cité mésopotamienne située à l'extrême sud-est de la Syrie, sur le moyen Euphrate, à quelques kilomètres de l'Irak. Dès le IIIe millénaire, Mari est très développée. Contemporaine de la civilisation sumérienne qui se développe en basse Mésopotamie, elle est probablement une de ses villes frontières. Mari est surtout connue pour son gigantesque palais de plus de 300 salles, construit par Zimri Lim (XVIIIe siècle avant notre ère) et retrouvé dans un état de conservation hors du commun. Certains murs en brique crue dépassent encore cinq mètres de haut. Découvert par des Bédouins en 1933, le site est fouillé par une équipe du musée du Louvre dès cette année-là. À ce jour et après plus de 40 campagnes

de fouilles, quelque 20 000 tablettes gravées ont été exhumées. Documents politiques et diplomatiques, correspondances avec les peuples voisins, textes administratifs, comptables et juridiques racontent la vie du monde mésopotamien il y a 4 000 ans. Certaines de ces archives relatent des relations avec des tribus nomades, contemporaines d'Abraham et de la naissance du peuple hébreu. C'est donc un site majeur pour l'histoire des civilisations. Seul un dixième de Mari a été fouillé.

Marib

Capitale du royaume de la reine de Saba, Marib est située au Yémen à quelques kilomètres de Sanaa, la capitale actuelle. On a retrouvé la trace de réseaux d'irrigation construits, selon certains archéologues, dès le IIIe millénaire. Ils permettaient de nourrir des milliers de personnes et protégeaient des crues dévastatrices du fleuve Adhanat. À quand remontent exactement ces ouvrages, preuves d'une gestion collective importante ? Nul ne peut trancher. Toujours est-il que, pendant l'Antiquité, les Sabéens étaient en contact avec tout le monde méditerranéen et étaient connus pour leur grande richesse.

Mariette, Auguste (1821-1881)

Égyptologue français, Auguste Mariette crée le musée de Boulaq, futur musée du Caire, et le service des Antiquités égyptiennes, qui supervise encore aujourd'hui toutes les opérations archéologiques menées dans le pays. Il se bat toute sa vie pour que l'Égypte conserve son patrimoine et met au jour beaucoup de sites importants, comme le Serapeum, le sanctuaire des taureaux Apis. Chercheur d'importance, il se voit confier, par le Pacha, les « clés du monde antique » qui resteront dans les mains d'archéologues étrangers jusqu'au milieu du XXe siècle. En 1956, le président Nasser nationalise tout le pays et rend la direction du service des Antiquités aux Égyptiens. Nommé à l'Académie des inscriptions et belles-lettres à Paris, Mariette mourra au Caire, dans sa patrie d'adoption.

* *Voir pages 81, 82, 83, 84.*

Marseille (Massalia)

Marseille est la plus ancienne ville de France. Elle est fondée en 600 avant notre ère par des Grecs de la cité de Phocée, sur l'actuelle côte turque. Aujourd'hui, on la surnomme encore la cité phocéenne, en souvenir de cette première fondation. À cette époque, elle est une république et ouvre des comptoirs commerciaux sur la côte : Agde, Antibes et Monaco. Conquise par Rome, elle devient un port gallo-romain et s'appelle alors Massalia. Par ailleurs, avec la découverte de la grotte Cosquer, en 1991, on sait aujourd'hui que l'occupation du site de Marseille remonte au moins à 25000 ans.

* *Voir page 47.*

Maspero, Gaston (1846-1916)

Égyptologue français. Successeur de Mariette, Gaston Maspero prend la tête du service des Antiquités égyptiennes en 1880. On lui doit l'aménagement de l'actuel musée du Caire qu'il estimait beaucoup trop grand. C'était sans compter les découvertes de la cache des momies royales de Deir el-Bahari, de la tombe de Tout Ankh Amon et d'objets cachés dans le sol et dans le lac du temple de Karnak alors qu'il était en poste. Il est, par ailleurs, le découvreur du « Texte des pyramides », qui est le plus ancien texte religieux du monde jusqu'à preuve du contraire. Il nous révèle les pratiques et croyances funéraires des Égyptiens de l'Ancien Empire (2700-2200). Nommé secrétaire perpétuel de l'Académie des inscriptions et belles-lettres à Paris, il meurt sur son banc pendant une séance, alors qu'il s'apprêtait à prendre la parole. Il laisse derrière lui toute une génération d'égyptologues, formés avec passion.

Massada

Forteresse qui surplombe la mer Morte depuis un plateau perché à 400 mètres de haut. Construite par les Hasmonéens, la dynastie qui règne sur la Judée, au sud d'Israël, entre 140 et 36 avant notre ère, la forteresse prend de l'ampleur avec le roi Hérode (72-4 avant notre ère). Il y construit, entre autres, un palais à l'aplomb de la falaise, des remparts monumentaux, des entrepôts et des citernes d'eau : tout pour en faire une forteresse imprenable. Si Massada est un des symboles de l'identité juive, c'est surtout par l'histoire de sa destruction, qui eut lieu plus d'un siècle plus tard. On la connaît bien grâce à l'historien Flavius Josèphe, qui vécut une partie de la grande rébellion juive contre Rome, en 66 de notre ère. À cette époque, Massada est une garnison romaine qui vient d'être prise par des rebelles juifs. Quatre ans plus tard, alors qu'à Jérusalem le temple est détruit et les Juifs exilés, un certain nombre d'entre eux se réfugient à Massada. En lutte contre le pouvoir en place, ils sont cernés par les Romains en 73 de notre ère. Il faudra attendre quelques mois pour que ces derniers réussissent à percer une brèche dans la muraille et à y pénétrer. Comble du désarroi, la forteresse a été incendiée et tous ses habitants, plus d'un millier de personnes, ont choisi le suicide plutôt que la prison, l'honneur plus que la vie. Ce récit héroïque attira dans le désert de Judée nombre d'explorateurs qui cherchèrent de tout temps à localiser la forteresse. Ce fut chose faite en 1842, mais les fouilles ne commencèrent véritablement qu'en 1963. Aujourd'hui, des volontaires venus de multiples pays veulent participer à cette aventure archéologique. Pour eux, comme pour les Israéliens, Massada symbolise la volonté du peuple juif de vivre libre sur leur terre.

Mastaba

« Banc de pierre » en arabe. Par ce nom, les ouvriers égyptiens qui fouillent les tombes avec Auguste Mariette, au milieu du XIXe siècle, désignent une construction funéraire rectangulaire, destinée à recouvrir une tombe. Dans l'Égypte antique, elle est en pierre ou en brique crue avec, en son centre, un puits creusé qui peut atteindre plusieurs dizaines de mètres de profondeur. Il mène à une chapelle funéraire où est entreposé le sarcophage du défunt. Le mastaba est d'abord utilisé par les pharaons, puis son usage se démocratise lorsqu'ils lui préfèrent la pyramide dès la IVe dynastie, vers 2700 avant notre ère.

Mausolée

Monument funéraire érigé en l'honneur d'un personnage important pour recevoir sa tombe.
Ce terme vient du roi Mausole, qui régnait au IVe siècle avant notre ère sur un petit royaume situé aujourd'hui sur la côte turque. À sa mort, son épouse fait construire une tombe monumentale dont il avait conçu les plans. Considérée comme l'une des Sept Merveilles du monde pendant l'Antiquité, elle est connue sous le nom de « mausolée d'Halicarnasse ». Détruit en 334 avant notre ère, le site d'Halicarnasse est retrouvé au XIXe siècle sous la ville actuelle de Bodrum.

Mayas

Civilisation précolombienne qui s'étend sur le Mexique, le Guatemala, le Honduras, le Belize et le Salvador. Elle se serait formée dans le courant du IIe millénaire pour s'éteindre définitivement au XVe siècle, en raison de la conquête espagnole. Entre les débuts de notre ère et le Xe siècle, période que l'on appelle « Classique » (250-900), les Mayas atteignent un tel développement qu'on les considère comme une des populations préhispaniques les plus fascinantes.

Si l'on déchiffre très difficilement une partie des 800 glyphes qui forment leur écriture, la langue ou plutôt les langues qu'ils transcrivent nous sont heureusement connues. Jusqu'à la fin du Classique, les Mayas écrivent leur langue, utilisent leurs calendriers pour le décompte des jours et des dates rituelles et forment un tout culturel homogène. Leur développement culturel est aussi remarquable par leur impressionnant savoir en mathématiques et en astronomie.

Néanmoins, leur héritage demeure essentiellement architectural, comme en témoignent les imposantes ruines de palais et temples pyramidaux disséminés sous la jungle. Mais si les Mayas étaient des bâtisseurs, des artistes et des savants, ils n'en étaient pas moins d'ardents guerriers. Les villes étaient très souvent en guerre les unes contre les autres pour le contrôle de territoires ou de réseaux commerciaux. Grossièrement, on peut dire que les villes des hautes puis des basses terres du Guatemala, comme Tikal, ont exercé un contrôle politique sur l'ensemble de la zone maya un peu avant et au début du Classique, puis ce sont les villes des basses terres du Nord, comme Palenque, dans le Sud mexicain, qui ont pris le relais. Le pouvoir semble ainsi s'être déplacé du sud vers le nord et des hautes vers les basses terres sans que l'on sache très bien pourquoi les grands centres des premiers temps sont abandonnés. Ceci est un schéma simpliste car, en réalité, chaque ville gère son territoire. Il est vrai, cependant, qu'il y eut à toutes les époques des centres urbains qui concentraient une grande partie de l'activité économique et religieuse.

À la période postclassique (900-XVe siècle : arrivée des Espagnols), les Toltèques, venus du Nord, s'installent dans la zone du sud du Mexique et règnent avec les Mayas en place depuis les villes du Yucatán comme Chichen Itza et Mayapan. Par leur organisation politique rivale, et avec un peu d'audace, on peut comparer les cités mayas classiques aux cités grecques classiques (Ve siècle avant notre ère) ou avec les cités italiennes de la Renaissance.

* *Voir pages 177, 178, 179, 181, 182, 184, 185.*

Médinet Habou

Temple funéraire de Ramsès III, qui règne de 1184 à 1154, pendant la XXe dynastie (1186-1069 avant notre ère). Construit dans la première moitié du XIIe siècle sur la rive ouest de Thèbes, il est un des monuments les plus vastes et les mieux conservés de l'Égypte antique. Enfermé dans une immense enceinte de 10 mètres d'épaisseur et de 18 mètres de haut, il est un des temples pharaoniques les plus visités. On peut y voir des parois couvertes de bas-reliefs et d'inscriptions figurant des scènes mythologiques ou historiques d'une merveilleuse vivacité.

Mégalithe

Du grec *megas*, « grand », et *lithos*, « pierre », c'est un monument constitué d'un ou de plusieurs blocs de pierre. Toutefois, si on utilise ce terme pour décrire toutes les pierres levées à travers la planète et pour toutes les époques, les archéologues se sont surtout interrogés sur les plus anciens d'entre eux. Ils correspondent en Europe à la période néolithique et aux âges des Métaux (6000-50 avant notre ère). Les ensembles de mégalithes les plus célèbres sont les menhirs, les dolmens et les

hypogées, qui sont signalés par une dalle funéraire. En France, les menhirs marquent essentiellement le paysage du Languedoc et de la Bretagne ; ils auraient été érigés entre 3500 et 2000. Les dolmens sont des allées couvertes, sortes de couloirs, recouvrant une tombe ; construits dans le sud et l'ouest de la France principalement, ils dateraient du Ve au IIIe millénaire. Quand il est recouvert de terre et forme une motte, on l'appelle « tumulus ». Cependant, on le découvre le plus souvent dénudé par le temps, et c'est donc la structure intérieure de la tombe que l'on aperçoit.
Il n'est évidemment pas possible de parler d'une culture de la pierre levée, car on retrouve des mégalithes partout en Europe à différentes époques. Il s'agit sans aucun doute de coutumes funéraires mais également de repères géographiques, territoriaux et/ou mémoriels.

* *Voir page 125.*

Memphis

Selon la tradition reportée par l'historien grec Hérodote (484-420), Memphis est fondée par le premier souverain d'Égypte, Ménès. Il aurait unifié le pays qui était alors divisé entre la haute Égypte, au sud, et le delta du Nil, au nord. Pour pouvoir gouverner ce territoire gigantesque, il aurait pris le parti de faire construire sa ville à la jonction des deux anciens royaumes. Memphis, capitale de l'Ancien Empire égyptien (2800-2300), reste le lieu de couronnement des rois jusqu'à la fin de son histoire pharaonique. Les pharaons de l'Ancien Empire se feront enterrer à proximité de ce nouveau centre religieux et administratif. Les pyramides de Chéops, Chéphren et Mykérinos sont à quelques lieux de la cité. Elle est aussi un port important, peut-être le premier port de l'Égypte ancienne. En effet, l'établissement de ports sur la côte méditerranéenne n'a pas été possible avant la période gréco-romaine, parce que les alluvions charriées par le Nil et les bancs de sable qui se formaient le long de la côte empêchaient toute installation portuaire. Il a fallu attendre la construction d'Alexandrie, fondée par Alexandre le Grand en 331 avant notre ère et qui nécessita des travaux de stabilisation du terrain colossaux. Memphis est aujourd'hui en dehors des circuits touristiques, car les ruines ont totalement été pillées lors de la construction du Caire, situé quelques kilomètres plus loin.

* *Voir page 82.*

Ménélas

Au centre d'un épisode mythique fondateur, Ménélas est un des héros achéens de la guerre de Troie. Roi de Sparte, il déclare la guerre à Priam, roi de Troie. En effet, Pâris, le fils de Priam, a enlevé la belle Hélène, épouse de Ménélas.

* *Voir page 94.*

Méroé

En 1822, Frédéric Cailliaud, explorateur français, retrouve la mythique Méroé dont parlaient les auteurs anciens. Elle était alors la capitale d'un royaume de Nubie, actuellement au Soudan. Entre le Ve siècle avant notre ère et le IVe siècle de notre ère, le royaume de Méroé s'étend sur toute la Nubie jusqu'au confluent des deux Nil. Riche en mines d'or, de cuivre et de fer, ce royaume était en contact étroit avec les Perses d'Iran et l'Égypte des Ptolémées. Le site est connu pour ses pyramides pointues dans lesquelles se faisaient enterrer les rois de la ville.

Mesa Verde

Plateau du Colorado à 2600 mètres d'altitude qui abrite une concentration d'habitats amérindiens, creusés dans les falaises. Ces villages dits troglodytiques sont occupés entre le VIe et le XIIe siècle par les populations pueblos, dont le nom signifie « villages » en espagnol. Le plus célèbre des sites de Mesa Verde est Cliff Palace.

Mésopotamie

Région située entre le Tigre et l'Euphrate, qui correspond à une partie de l'Irak actuel. Le terme Mésopotamie, ou « pays entre les deux fleuves », fait référence à l'histoire antique de cette région qui commence au IVe millénaire, vers 3400, époque à laquelle les Sumériens y inventent l'écriture. Ils sont aussi les premiers organisateurs d'un système politique fondé sur les cités-États, qui contrôlent chacune un territoire plus ou moins vaste et étendent tour à tour leur hégémonie sur l'ensemble de la région. Vers 2400, le premier État territorial, que l'on appelle l'empire d'Akkad, est créé. Il contrôle toute la Mésopotamie. Entre 2200 et 2000, cet empire s'effondre du fait d'invasions barbares, et les cités-États sumériennes retrouvent leur indépendance. Elles se fédèrent petit à petit, c'est-à-dire s'allient entre elles, sous les rois fondateurs de la IIIe dynastie d'Ur. Pendant 1 000 ans, Élamites, Babyloniens, Amorites ou Hittites s'échangent le pouvoir. Vers 900 avant notre ère, les Assyriens établissent un empire qui dominera pendant trois siècles tout le Proche-Orient. Celui-ci tombera finalement sous les coups des Mèdes et des Babyloniens dont Nabuchodonosor est une figure de proue. Mais dès le milieu du Ve siècle, les Achéménides, originaires de l'Iran actuel, fondent à leur tour un très grand empire qui va de la Méditerranée à l'Asie centrale.

Avec Alexandre le Grand, et la domination des Grecs sur cette partie du monde, la culture mésopotamienne ne se relèvera pas. Au IIe siècle avant notre ère, les Perses sous l'Empire parthe parviennent à détruire l'Empire séleucide. Ils n'arriveront malheureusement pas à redonner vie à cette culture mésopotamienne, qui ne sera plus qu'un lointain souvenir au moment de la conquête romaine, en 64 avant notre ère.

* *Voir pages 59, 60, 62, 63, 64, 65, 68, 73, 109, 140, 142, 149.*

Minoen

Qui se réfère à la civilisation minoenne (3000-1200 avant notre ère) dont on ignorait l'existence jusqu'au XIXe siècle. Quelques légendes racontaient bien l'histoire du roi Minos, roi mythique qui régnait il y a fort longtemps sur Cnossos. Ce dernier aurait, un jour, enfermé le Minotaure, monstre mi-homme, mi-taureau, dans le fameux labyrinthe construit par l'architecte Dédale. Là s'arrêtait le mythe...

En 1900, Arthur Evans, un archéologue britannique, décide de fouiller le site et révèle une civilisation inconnue. Il décide de l'appeler minoenne en mémoire du roi légendaire. Les fouilles sont très fructueuses et l'on peut rapidement esquisser une chronologie : la période classique, dite des Palais, court entre 2000 et 1450. Les objets trouvés dans les fouilles de Cnossos, Malia, Phaïstos ainsi que les peintures murales d'une très grande finesse ont forgé un nouveau mythe, celui d'une civilisation pacifique résolument tournée vers les arts... Elle aurait, de surcroît, inventé une écriture, le linéaire A, à ce jour non déchiffrée.

Les fouilles donnent peu d'informations concrètes, mais on apprend tout de même que la civilisation minoenne puise ses racines dans le mélange de populations locales installées en Crète depuis longtemps et de populations anatoliennes qui auraient débarqué quelques siècles avant le début du IIIe millénaire. On ne sait pas très bien comment elle s'organisait, si ce n'est que les sites importants que l'on appelle « palais » semblent avoir été le siège de pouvoirs locaux, peut-être sous le contrôle de Cnossos, le plus important d'entre eux.

Vers 1450 avant notre ère, des traces d'une occupation mycénienne apparaissent dans l'île et les Minoens semblent absorbés par cette nouvelle entité culturelle, qui exercera son hégémonie depuis les forteresses du Péloponnèse et principalement depuis Mycènes. Très vite les sites majeurs seront abandonnés.

* *Voir pages 94, 105, 109, 110, 111, 112.*

Minos

Roi légendaire de Crète, fils de Zeus et d'Europe. Il donne son nom à la civilisation minoenne qui s'épanouit en Crète au IIe millénaire.

* *Voir pages 105, 107, 108, 109, 112.*

Minotaure

Monstre mi-homme, mi-taureau, le Minotaure est le fruit des amours d'un taureau et de Pasiphaé, la femme du roi Minos.

* *Voir pages 107, 108, 111, 112, 113.*

Mire

Règle de plusieurs mètres, graduée en centimètres, la mire est l'outil indispensable à toute fouille archéologique. Elle est utilisée pour relever l'altitude des objets ou des couches archéologiques par rapport au point zéro du site. Pour cela, on utilise un théodolite, une sorte de lunette à viseur, que l'on réajuste chaque jour par rapport à ce même point. Ainsi, on peut reconstituer un site archéologique dans toutes ses dimensions et y replacer les couches et les objets sortis lors de la fouille.

Mithra

Dieu indo-iranien très vénéré dans la Rome antique.

* *Voir pages 130, 135, 144, 146.*

Mitterrand, François (1916-1996)

Président de la République française entre 1981 et 1995. Cultivé et fin homme politique, François Mitterrand s'est intéressé de près à l'archéologie de sa région, le Morvan.

Comme Napoléon III, il encourage la recherche archéologique gauloise et finance un centre de recherche européen au pied du mont Beuvray et de l'oppidum de Bibracte, lieu de rassemblement présumé des chefs gaulois pendant la guerre des Gaules contre César. Il a même un temps voulu se faire enterrer dans ce site archéologique...

* *Voir page 124.*

Mochicas

Également appelée « moche », cette civilisation précolombienne s'est développée entre 300 et 900 dans une vallée de la côte nord du Pérou, qui lui donne son nom. On l'appelle aussi mochica, du nom de la langue que parlent encore les Indiens de la région.

L'élément le plus remarquable de cette culture est sans doute la construction de très grandes pyramides en adobe ou briques d'argile séchée, appelées *huacas*. La Huaca del Sol, ou pyramide du Soleil, se compose d'une plate-forme de quatre gradins sur laquelle se dresse une pyramide carrée de six étages. L'ensemble surplombe la vallée de 50 mètres. La pyramide était percée de galeries contenant des tombeaux.

Dans la Huaca de la Luna, ou pyramide de la Lune, sa plus proche voisine, on trouve des fresques murales sur lesquelles figurent l'Étrangleur, la plus importante divinité moche, et des personnages en procession. Ces pyramides, lieux de culte et de réunions politiques, servaient aussi de logements pour les prêtres. Dans ces lieux à la fois publics et sacrés, toute décision importante se décidait.

La poterie des Mochicas, aux formes complexes et au décor naturaliste, est belle : elle représente souvent des scènes de la vie quotidienne. À la fin de la période moche, un décor à caractère sexuel apparaît. Hommes et femmes s'accouplent dans toutes les positions.

* *Voir pages 156, 157, 158, 159, 160, 162, 163.*

Mohenjo-Daro

Site urbain de l'est du Pakistan actuel dans lequel s'épanouit la civilisation de la vallée de l'Indus, entre 2500 et 1500.

* *Voir pages 74, 75, 76, 78.*

Momie

Cadavre conservé naturellement ou non. En haute montagne, par exemple, la glace emprisonne les corps et empêche toute décomposition des parties molles que sont les chairs, les viscères, la peau, les yeux…

Dans certaines civilisations, comme chez les Égyptiens de l'époque pharaonique ou chez les Incas, on avait coutume de momifier les morts. Après avoir enlevé les organes internes, le corps était asséché et désinfecté pour éviter qu'il ne pourrisse. Cette pratique était en général liée à des croyances.

Les Égyptiens de l'Antiquité pensaient notamment que le défunt poursuivait sa vie dans l'au-delà. C'est pourquoi ils enterraient les morts importants avec tout le nécessaire vital : vaisselle, nourriture, boissons, lit…

* *Voir pages 84, 86, 89, 91.*

Monothéisme

Doctrine qui n'admet qu'un seul dieu.

* *Voir page 150.*

Monte Alban

Site zapotèque du sud-ouest mexicain qui connaît son apogée à l'époque dite classique (250-900). Les archéologues estiment à quelque 40 000 personnes la population du centre urbain à cette période, mais il est occupé bien des siècles auparavant. Situé au sommet d'une montagne, il surplombe la vallée de plus de 400 mètres, ce qui en fait un site militaire privilégié. Le cœur de la cité forme l'un des plus impressionnants centres cérémoniels du Mexique. Il est constitué d'une très grande place entourée d'imposantes constructions : temples, plates-formes, pyramides… Le temple des *danzantes*, un des plus anciens bâtiments du site, ferme un des côtés de cette place ; une série de bas-reliefs représentant des individus « dansants » lui a donné son nom. Néanmoins, il ne s'agit probablement pas de danseurs, mais plutôt de prisonniers ou de handicapés représentés nus et en contorsion. Comme dans les sites mayas contemporains, on a également retrouvé les vestiges de bâtiments auxquels on attribue aujourd'hui des fonctions astronomiques.

Le site de Monte Alban est abandonné à la fin du VIIe siècle sans doute au profit de Mitla, l'autre site zapotèque majeur. Comme souvent, on ne connaît pas les raisons de cet abandon : mauvaise gestion du centre cérémoniel, sécheresse, invasion ? Dans le registre archéologique, rien ne ressort clairement. Il sera réoccupé au XIIe siècle par une population que les archéologues appellent les Mixtèques et que les Espagnols rencontreront *in situ*. Une des découvertes sensationnelles de Monte Alban est un ensemble de 172 tombes, dont l'une contenait plus de 300 objets d'une beauté époustouflante. Les matériaux sont certes nobles puisqu'il s'agit d'or, de cristal, de jade, de turquoise et d'argent, mais c'est surtout la finesse de leur fabrication qui fascine les chercheurs. Cette tombe a été construite à l'époque classique. Elle arbore un toit en fausse voûte, caractéristique de cette époque.

Morgan, Jacques de (1857-1924)

Préhistorien et orientaliste français. Ingénieur de formation, Jacques de Morgan est envoyé par des entreprises privées ou publiques à la découverte des mines d'or en Transylvanie, au centre de la Roumanie, des mines d'étain en Malaisie, au Caucase, en Perse (Iran)...

Entre 1891 et 1892, il se rend à Suse où il visite les travaux archéologiques du couple Dieulafoy occupé à révéler l'ancien palais de Darius, grand roi perse. Il ramasse des silex taillés et des poteries faites à la main... Il est persuadé que les collines artificielles ou tells, qui constituent la plupart des sites orientaux, sont le résultat d'occupations successives. Il démontre petit à petit que les vestiges de civilisations oubliées et plus particulièrement les traces de la Préhistoire orientale sont enfouies à cet endroit. Pendant son voyage en Iran, il fait une autre découverte fondamentale dont la France ne percevra que trop tard le caractère éminemment économique, celle d'un gisement pétrolifère... C'est la Grande-Bretagne qui exploitera la première le pétrole iranien, ce qui conduira à la création de l'Anglo Persian Oil Company, devenue depuis la British Petroleum, la BP de nos autoroutes.

Morgan abandonne alors la géologie et choisit l'archéologie. Nommé en Égypte, il se spécialise en Préhistoire égyptienne et crée la Direction des travaux de Karnak, encore en place aujourd'hui, octroyant à la France la mainmise sur les recherches du site. Il parcourt la vallée du Nil et découvre à Abydos la tombe d'un pharaon de la Ire dynastie (fin du IVe millénaire). Mais il considère alors que l'origine de la civilisation égyptienne est plus ancienne et qu'il faut chercher son origine ailleurs, plutôt vers l'est, vers le Moyen-Orient... Très vite, on lui propose de prendre la tête de la Délégation archéologique française de Perse, qu'il accepte. Il dispose de moyens considérables et se lance dans une fouille totale d'une des parties du site de Suse, une fouille stratigraphique jusqu'au sol vierge. Là encore, il révèle l'existence d'une civilisation inconnue jusque-là, celle de l'Élam, et ouvre la voie de la recherche préhistorique en Orient.

Le département des Antiquités orientales du musée du Louvre lui doit une grande partie de sa richesse et, surtout, trois de ses plus belles pièces : le *Code d'Hammourabi* de Babylone, la stèle de Naram-Sin, roi d'Akkad et la statue en bronze de la reine Napir-Asu. Il a donc joué un rôle fondateur dans la reconnaissance de la Préhistoire en Égypte et au Proche-Orient.

Mortillet, Gabriel de (1821-1898)

Géologue français. Son engagement politique dans le camp socialiste, lors de la révolution de 1848, le force à l'exil en Suisse puis en Italie, où il prend goût à la Préhistoire en découvrant le premier site néolithique italien. Il établit le premier système de référence chronologique de la Préhistoire, fondé sur les différents types d'outils en silex.

Moustier

Site éponyme du Moustérien, nom donné au Paléolithique moyen en Europe (300000-30000).

Dans les abris-sous-roche de la commune de Peyzac-le-Moustier, en Dordogne, on découvre une industrie lithique associée à un squelette néandertalien. On associe alors ces outils aux hommes de Neandertal.
Cette industrie, appelée par la suite moustérienne, se caractérise par une méthode de débitage dite Levallois. Celle-ci a comme caractéristique la préparation du silex duquel on enlève un certain nombre d'éclats, ce qui permet d'en sortir des outils aux formes précises. Sur le site du Moustier, on découvre également des outils *sapiens* dans les couches stratigraphiques plus récentes. C'est ainsi qu'on a pu commencer à réfléchir à la transition entre l'homme de Neandertal et l'*Homo sapiens* ; transition qui s'est déroulée il y a quelque 30000 ans. Au Moustérien apparaissent aussi les premières sépultures ainsi que des indices de préoccupations esthétiques.

Moyen Empire
On appelle Moyen Empire une période de l'histoire pharaonique égyptienne qui s'échelonne entre 2050 et 1785.
* *Voir page 86.*

Muiscas (ou Chibchas)
Population précolombienne que les Espagnols rencontrent dans les Andes peu de temps après leur arrivée, au XVIe siècle. Les Muiscas habitaient la cordillère centrale autour de l'actuelle ville de Bogotá, la capitale de la Colombie. Agriculteurs et marchands, ils sont essentiellement connus grâce à leurs objets en or que l'on retrouve dans la plupart des sites fouillés de leur territoire.
Les textes espagnols décrivent une société très hiérarchisée avec des caciques, ou chefs, et des prêtres tout-puissants. L'une des principales cérémonies célébrait annuellement la fusion entre le soleil et le cacique, lequel se couvrait le corps de poudre d'or et s'immergeait dans les eaux du lac sacré de Guatavita ; ce rituel est d'ailleurs à l'origine de la légende d'El Dorado, littéralement « le doré ». L'histoire du cacique couvert d'or incita les Espagnols à poursuivre inlassablement leur quête des richesses cachées du Nouveau Monde.

Murus gallicus
Rempart défensif typique des sites « gaulois » ou « celtes ». Il s'agit d'une construction de terre mêlée à des poutres en bois entrecroisées et parée de pierres sèches.

Muse
Source d'inspiration pour les poètes. Chez les Grecs, les muses sont personnifiées par neuf déesses qui ont la charge des arts intellectuels : Uranie pour l'astronomie, Calliope pour l'éloquence, Polymnie pour la poésie, Clio pour l'histoire, Thalie pour la comédie, Érato pour l'élégie, Terpsichore pour la danse, Euterpe pour la musique et Melpomène pour la tragédie.

Mycènes
Patrie d'Agamemnon, le héros homérique qui conduit l'armée grecque lors de la guerre de Troie. Les fouilles de Schliemann ont valu à Mycènes de donner son nom à la civilisation qui s'épanouit dans le Péloponnèse pendant une partie de l'âge du Bronze (en Europe entre 2000 et 800 avant notre ère). « Civilisation » est peut-être un grand mot, mais disons qu'elle regroupe un certain nombre de cités-États fortifiées, dont Mycènes, « riche en or », comme le chantait Homère et comme le découvrit Schliemann, semblait la plus importante. Les chercheurs y ont découvert nombre de tablettes écrites en linéaire B.
À la différence des Minoens, dont la civilisation

s'épanouit en Crète quelques siècles auparavant, les Mycéniens sont assimilés aux Grecs. On ne connaît pas bien les raisons de l'affaiblissement de leur civilisation, mais les villes sont abandonnées vers le début du XIe siècle avant notre ère. Toute connaissance sur ceux qui avaient construit ces remarquables cités avait disparu bien avant l'époque classique. Les Mycéniens ne furent connus des Grecs que par les mythes et légendes, en partie repris par le poète Homère (l'*Iliade* et l'*Odyssée*), plusieurs siècles après leur disparition.
* *Voir pages 93, 103, 104, 105.*

Mykérinos

Nom grec du pharaon Menkaourê de l'Ancien Empire égyptien (2700-2200 avant notre ère), Mykérinos nous est connu grâce à la pyramide qu'il a fait construire à Gizeh, à côté de celles de son père Chéphren et de son grand-père Chéops.
* *Voir page 86.*

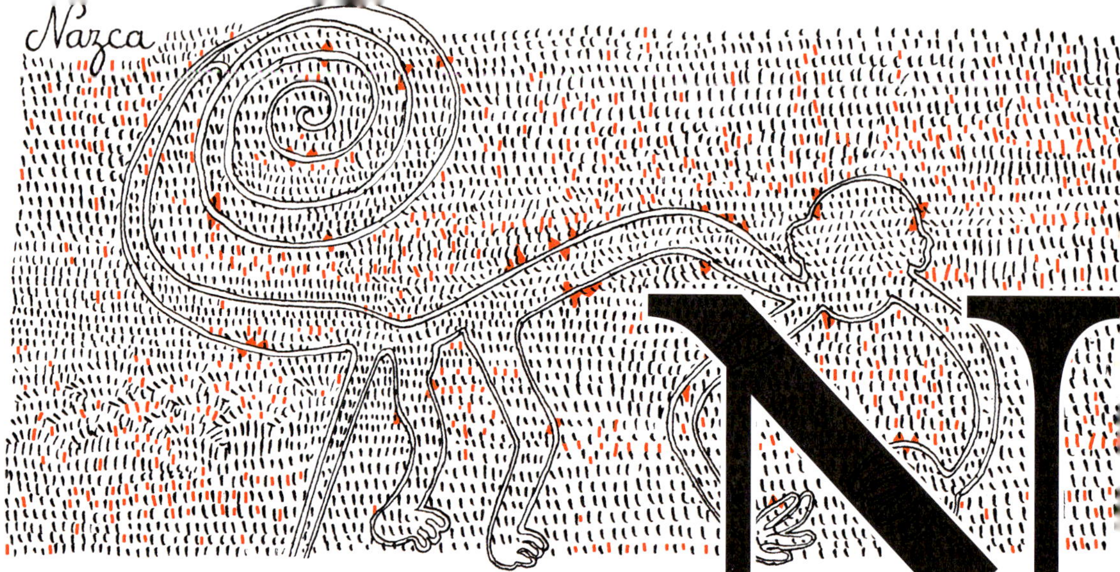

N

Nabatéens

Peuple nomade, les Nabatéens apparaissent dans les textes grecs au IVe siècle avant notre ère. Ils occupent le territoire de l'actuelle Jordanie. Pour les archéologues, ils sont établis dans Pétra dès le siècle suivant. L'Arabie serait leur patrie d'origine. Remarquablement située, la cité caravanière de Pétra se trouve sur les routes du Yémen et de l'Inde, vers le monde gréco-romain et au carrefour reliant l'Égypte, la Palestine et la Syrie. Les Nabatéens sont très vite organisés en un État monarchique, comme en témoigne une inscription royale du tout début du IIe siècle avant notre ère. Sous l'Empire romain, le commerce avec l'Inde passe directement par l'océan Indien et non plus par les côtes de l'Arabie. Pétra perd à cette époque son rôle de capitale, au profit de Bosra, aujourd'hui dans le sud de la Syrie. À l'époque byzantine, elle n'est plus qu'une simple bourgade.

Nabuchodonosor

Roi de Babylone, il règne sur le plus vaste empire babylonien de 604 à 562. Il fait construire de nombreux monuments dont les fameux jardins suspendus de Babylone, créés pour sa femme, qui voulait de la verdure en ces contrées désertiques. Mais il est surtout célèbre pour avoir conquis Jérusalem et fait exiler toute l'élite religieuse, politique et économique de la ville et de sa région, la Judée. Cet événement restera dans l'histoire comme le premier grand exil des Juifs et donc un moment fondateur de leur histoire, raconté dans l'Ancien Testament.

* *Voir page 142.*

Naos

Salle la plus importante dans un temple grec, égyptien ou dans une église chrétienne orthodoxe. Elle abrite la statue du dieu ou les reliques les plus saintes, qui donnent au lieu son caractère sacré. On l'appelle aussi le saint des saints.

Napata

Royaume antique d'Afrique dont la capitale porte le même nom. Il succède au royaume de Kerma et se développe avant celui de Méroé. Tous trois font partie de ce que les Égyptiens appelaient le royaume de Koush, l'actuelle Nubie, au Soudan. Porte d'entrée aux multiples ressources vers l'Afrique noire, la Nubie est l'objet de toutes les convoitises pendant l'Antiquité ; les royaumes qui s'y succèdent sont de fait assez prospères. L'un des souverains de Napata, Piankhy, prit possession de l'Égypte et fonda la XXVe dynastie pharaonique entre 740 et 660. C'est l'époque des pharaons noirs.

Napoléon III (1808-1873)

Neveu de Napoléon Bonaparte, il est à la fois le premier président de la République et le dernier monarque de France, puisqu'il se fait sacrer empereur des Français en 1852. Parallèlement à ce destin politique hors du commun, il met en place une véritable archéologie nationale œuvrant pour la réhabilitation des « Gaulois » comme de bons et anciens ancêtres. Pour ce faire, il réunit une mission topographique afin qu'elle dresse une carte détaillée de la « Gaule ». Il finance de nombreuses fouilles en France mais aussi à l'étranger, et fonde le musée d'Archéologie nationale, à Saint-Germain-en-Laye. On lui doit notamment les fouilles d'Alise-Sainte-Reine, le site probable d'Alésia, et l'érection d'une gigantesque statue de Vercingétorix sur le mont Auxois, non loin de là.

* *Voir pages 12, 117.*

Nazcas

Culture précolombienne de la côte sud du Pérou qui s'épanouit entre 300 avant notre ère et 800 de notre ère. Elle est connue pour ses géoglyphes tracés sur plus de 500 km^2. En raclant le sol, les Nazcas ont fait apparaître la couche gypseuse de couleur blanche sous-jacente, formant ainsi un important contraste avec le désert caillouteux alentour. La conservation des géoglyphes à travers les siècles est due à trois facteurs principaux : le plateau de Nazca est une des régions les plus sèches du monde ; le sol sans végétation réchauffe l'air, créant un coussin d'air qui protège les géoglyphes du vent ; le gypse contenu dans le sol colle le sable et la poussière, ce qui empêche les figures d'être recouvertes. Oiseaux-mouches, singes, condors, spirales et ellipses sont ainsi imprimés sur le sol depuis 1 500 ans. Les chercheurs considèrent que les dessins représentent les personnages du panthéon nazca et qu'ils étaient destinés à des divinités célestes, sans doute de la pluie ou du soleil. On retrouve ces mêmes images sur la très belle céramique polychrome et sur les peintures rupestres des abris-sous-roche nazcas.
Les Nazcas vivaient de l'agriculture intensive qu'ils pratiquaient dans les vallées autour du fleuve Nazca, vallées qui s'épanouissaient entre les Andes et le Pacifique. Ils pratiquaient l'irrigation en construisant des puits profonds reliés par des aqueducs souterrains. Certains sont encore utilisés aujourd'hui. Ils vivaient dans des huttes situées à la limite du désert et des zones cultivables, huttes regroupées en villages autour d'une pyramide en adobe qui servait de sanctuaire. On ne connaît pas les causes de la disparition de la civilisation nazca, mais il est possible que la conjonction de séismes et d'inondations fréquentes ait provoqué une perte de confiance des Nazcas en leurs dieux et prêtres.

* *Voir page 157.*

Neandertal

Représentant fossile du genre *Homo* qui vivait en Europe et au Proche-Orient au Paléolithique moyen (250000-28000). Il a été découvert pour la première fois en Allemagne, en 1856.

* *Voir pages 11, 17, 32, 33, 34, 35, 36, 37, 38, 39, 41.*

Nécropole

Du grec *nekros*, « mort », et *polis*, « cité », autrement

dit « cité des morts ». En archéologie, le terme de nécropole désigne plus spécialement les cimetières antiques importants, dont les plus célèbres sont : le plateau de Saqqarah, là où ont été construites les pyramides, la Vallée des Rois, la Vallée des Reines ou la Vallée des Artisans à Thèbes, en Égypte ; les Alyscamps, d'époque romaine, près d'Arles ou bien encore la nécropole de Varna, en Bulgarie, datée de 4 500 ans avant notre ère. On peut aussi parler de nécropole pour la période médiévale ou moderne. La basilique Saint-Denis est, par exemple, la nécropole des rois de France, où sont enterrés la plupart d'entre eux.

* *Voir pages 82, 83.*

Néolithique

Dit aussi âge de la Pierre nouvelle. Il succède au Paléolithique supérieur (35000-11000) et au Mésolithique (11000-9000). Dernière période préhistorique, le Néolithique est marqué par un mode de vie social et économique nouveau. Regroupés en villages, les hommes produisent désormais leur nourriture, inventent le polissage de la pierre et la céramique. Par ailleurs, ils élaborent des croyances et des cultes associés au monde agricole naissant. C'est au Proche-Orient que cet âge commence entre 10000 et 6000 avant notre ère, ce qui en fait le plus ancien centre de néolithisation connu. Ailleurs, comme en Europe par exemple, c'est seulement vers la fin de cette période proche-orientale que les hommes adoptent ce nouveau mode de vie.

* *Voir page 111.*

Nerja, grotte de

Grotte ornée de la côte méditerranéenne espagnole dans laquelle figurent… des phoques. De récentes datations effectuées sur des charbons de bois retrouvés au pied des peintures, donnent la date de -42000 ans. Si celles-ci se confirmaient, elles seraient non seulement les plus anciennes peintures rupestres connues dans le monde mais, encore plus incroyable, forcément l'œuvre de l'homme de Neandertal, seul présent à cette époque dans la péninsule Ibérique.

Niaux

Grotte gigantesque des Pyrénées. Elle est formée de plus de 2 km de galeries et, par endroits, son plafond culmine à plus de 50 mètres. Sur ses parois, des dessins au trait noir ont été peints il y a plus de 16 000 ans, pendant la période dite magdalénienne (17000-11000). Bisons, chevaux, bouquetins… y sont très réalistes. La plupart des peintures ornent une salle appelée le Salon noir, situé à plus de 800 mètres de l'entrée de la grotte. Les hommes préhistoriques se sont aventurés loin dans ses galeries, parfois en passant par d'étroits boyaux ou en traversant des lacs souterrains. La région de Niaux est riche en grottes préhistoriques peintes, telles que Bédeilhac ou encore la grotte de la Vache…

* *Voir page 45.*

Ninive

Une des plus anciennes et des plus importantes villes assyriennes de l'époque antique, Ninive se trouve au nord de l'Irak, en face de Mossoul. Au centre d'une riche plaine agricole, elle était traversée par la rivière Khosr et construite près d'un gué du Tigre. Par sa situation privilégiée, elle a longtemps été le point de passage obligé des caravanes qui traversaient l'Eurasie. Sous le roi Sennachérib, elle devient la capitale de l'empire d'Assyrie. Par son caractère imposant, elle ressemblait à Babylone. Toutes deux étaient entourées d'un puissant rempart protégeant un grand temple : à Babylone, celui de Mardouk, le dieu suprême ; à Ninive, celui d'Ishtar... La ville est détruite par les Mèdes et par les Perses à la toute fin du VIIe siècle avant notre ère.

C'est à l'archéologue britannique Austen Henry Layard que l'on doit les premières véritables fouilles du site. Dès 1849, il découvre le palais de Sennachérib et ses murs recouverts de bas-reliefs sculptés qu'il s'empresse d'envoyer au British Museum, où ils se trouvent toujours. C'est là aussi que lui et son assistant, Hormuzd Rassam, mettent au jour plus d'un millier de tablettes d'argile écrites (que l'on appelle la bibliothèque d'Assurbanipal). À partir de ces documents, dont une partie décrit l'épopée de Gilgamesh, George Smith poursuit le déchiffrement du cunéiforme. En 1870, Smith reprend les fouilles de Ninive pour continuer la mise au jour de cette archive passionnante qui comprend tout le récit mésopotamien du Déluge.

* *Voir page 62.*

Nippur

Cité sacrée des Sumériens. Habitée depuis le Ve millénaire, Nippur sera occupée jusque vers 800 avant notre ère. La ville a été bâtie sur le même plan que ses voisines, avec une ziggurat dédiée à Enlil, un des dieux les plus puissants de Sumer et d'Akkad ; dieu du Vent, il amène le retour du printemps et de la végétation, mais aussi des tornades. La ziggurat et le temple qui la surplombait ont été un lieu de culte pendant des milliers d'années. Ils ont tous deux été restaurés.

Nok

Région du Nigeria à partir de laquelle a été caractérisé l'âge du Fer ancien en Afrique de l'Ouest. Là s'est épanouie, entre le Ier millénaire avant et 200 de notre ère, une civilisation d'agriculteurs-chasseurs qui taillent des pierres et travaillent le métal. La sculpture en terre cuite représentant des têtes grandeur nature est certainement l'élément qui la caractérise le mieux. Ces visages d'hommes ont un air fantastique.

Nouvel Empire

Période la plus féconde de l'histoire pharaonique. À cette époque règnent les plus grands souverains égyptiens, comme Aménophis III et IV, Hatchepsout, Thoutmosis III, Ramsès II. Ils font graver leurs noms et leurs croyances partout dans le pays, et plus particulièrement à Thèbes.

* *Voir page 86.*

Nubie

Région à cheval entre l'Égypte et le Soudan, la Nubie est traversée par le Nil qui creuse difficilement son lit dans ce plateau en grès. L'agriculture y a donc peu de place. En outre, à cet endroit, le Nil se transforme en rapides et la navigation y est difficile. C'est donc une région assez pauvre, mais elle connaît plusieurs royaumes d'importance pendant l'Antiquité, comme celui de Kerma, de Napata ou encore de Méroé. En lien permanent avec les dynasties pharaoniques, les Nubiens conquièrent l'Égypte au VIIIe siècle avant notre ère et fondent la XXVe dynastie, dite nubienne ou éthiopienne, qui sera chassée dès le siècle suivant par les Assyriens. Son point fort est d'avoir été le pourvoyeur de l'Égypte des pharaons en matières précieuses comme l'or, l'ivoire, l'ébène, les peaux de bêtes, la gomme... Avec la construction du barrage d'Assouan, mis en eau en 1970, la Nubie a été dévastée. Des centaines de villages ont été noyés sous les eaux du lac de rétention et les populations expropriées sans aucune compensation. Seuls quelques temples comme celui d'Abou Simbel ont été sauvés des eaux, mais la majorité du patrimoine archéologique nubien est aujourd'hui submergée.

Obélisque

Colonne de forme carrée qui s'affine à mesure qu'elle se rapproche du ciel. Caractéristique de la civilisation pharaonique, les obélisques symbolisent le dieu-soleil Rê. Ils sont toujours liés à la course du soleil. L'idée qu'ils figurent la pétrification — la représentation en pierre — d'un rayon du soleil est attirante, mais rattacher cette coutume au culte des pierres levées, que l'on retrouve un peu partout dans le monde, semble plus vraisemblable.

Odin

Dieu principal de la mythologie nordique, il est à la fois garant du Savoir, de la Victoire et de la Mort. Il est également le père de Thor.

* *Voir page 171.*

Odyssée (l')

Poème grec écrit par Homère. Dans ce texte qui suit le récit de la guerre de Troie racontée dans l'*Iliade*, Ulysse cherche à rentrer chez lui, mais les dieux s'y opposent. Pendant dix ans, il vivra de nombreuses aventures avec des personnages mythologiques : Calypso, Nausicaa, Circé, les Sirènes, les Cyclopes... Sa femme, Pénélope, l'attendra toutes ces années, malgré les avances appuyées de nombreux prétendants. Pour leur résister, elle met au point un stratagème faisant croire à ces hommes que le jour où elle aura fini sa tapisserie, elle épousera l'un d'eux. Mais chaque nuit, elle défaisait ce qu'elle avait tissé le jour. Télémaque, leur fils, désespère de revoir son père quand, enfin, Ulysse revient...

* *Voir page 97.*

Olduvaï (oldowayenne)

Canyon de Tanzanie creusé sur le versant ouest de la vallée du Rift. On y a retrouvé de très anciens fossiles d'hominidés ainsi que des pierres taillées sur une face ou deux, appelées depuis « industrie oldowayenne ». Les archéologues s'accordent pour la dater vers 1,8 million d'années.

* *Voir pages 24, 25.*

Ollantaytambo

Forteresse inca et siège de violents combats contre les Espagnols. Manco Inca, le dernier empereur inca, s'y réfugie pour organiser la résistance après la chute de Cuzco, capitale tombée aux mains des Espagnols. Il s'agissait sans doute d'une ville avec rues, temples et quartiers. Mais sans fouilles précises, il est difficile de déterminer la fonction des différents bâtiments qui la structuraient. Au sommet du site, un temple en monolithes de porphyre rouge était dédié au soleil. Les blocs ont probablement été transportés jusque-là par des systèmes de cordes, de rondins et de plans inclinés, depuis les carrières situées à plus de 5 km.

Olmèques

En nahuatl, la langue des Aztèques, cela signifie les « gens du pays du caoutchouc ». En archéologie, Olmèque désigne la population vivant il y a 3 000 ans sur la côte du golfe du Mexique et, plus tard, dans le centre et le sud du Mexique. C'est la culture mère des civilisations méso-américaines. Si San Lorenzo est sans conteste le site olmèque le plus ancien, c'est la cité de La Venta qui va influencer pendant plusieurs siècles le développement urbain en Amérique centrale. La pyramide de terre de plus de 30 mètres, érigée au centre d'un complexe de temples et de cours ouvertes, forme la base des centres cérémoniels méso-américains.

Les Olmèques sont les premiers à utiliser la pierre, qu'ils vont chercher dans de lointaines montagnes, pour leurs constructions et leurs sculptures. C'est d'ailleurs grâce à ces dernières que ce peuple mystérieux a été découvert. On peut sans mal imaginer la surprise de l'explorateur qui, en 1862, tomba nez à nez avec une énorme tête en pierre figurant un visage au nez épaté, aux lèvres épaisses, au crâne lisse et au front bombé... Le travail des sculpteurs y est aussi élaboré que sur les nombreuses figurines de jade retrouvées sur les sites funéraires, sur les autels ou sur les stèles qui jalonnaient le territoire. Ces figurines représentaient des personnages, mais aussi des jaguars sous toutes leurs formes ; le jaguar allait plus tard devenir un animal culte du panthéon amérindien. Les Olmèques sont aussi les initiateurs du jeu de balle et du calendrier de 260 jours, repris par les Mayas et les Aztèques. Enfin, leur système d'« écriture » a joué un rôle de précurseur dans l'élaboration des hiéroglyphes mayas. Les Olmèques disparaissent en se mêlant à d'autres populations, après avoir marqué de leur empreinte l'ensemble des cultures centraméricaines.

Olympie

Situé dans une vallée du Péloponnèse, le site d'Olympie est occupé depuis fort longtemps. Le culte de Zeus y est célébré au moins depuis le Xe siècle avant notre ère. Son sanctuaire abritait l'une des plus fortes concentrations de chefs-d'œuvre du monde antique : la troisième des Sept Merveilles du monde, la statue chryséléphantine de Zeus, y trônait en majesté, du haut de ses 12,75 mètres. En pl us des temples, on y trouve des vestiges de toutes les installations sportives destinées à la célébration des jeux Olympiques, jeux consacrés aux dieux et qui avaient lieu tous les quatre ans depuis 776 avant notre ère.

* *Voir page 103.*

Omo

Rivière éthiopienne qui prend sa source non loin d'Addis-Abeba, la capitale éthiopienne, et se jette dans le lac Turkana. Sa vallée a fourni nombre de fossiles d'hominidés importants pour la reconstitution de l'évolution humaine.

Oppidum

Site le plus souvent en hauteur, sur lequel les habitants de la Gaule bâtissaient leurs villages. Les oppida étaient protégés par des murs de pierres et de terre, renforcés de traverses de bois et de métal, que l'on appelle *murus gallicus*. Dans

Commentaires de la guerre des Gaules, César décrit ces places marchandes où les voyageurs pouvaient se ravitailler.

Parler de proto-urbanisation semble approprié au mode de vie des populations de l'âge du Fer (800-50 avant notre ère). Beaucoup d'oppida seront abandonnés après la conquête romaine pour des sites de plaine.

* *Voir pages 120, 124.*

Orrorin

À ce jour, un des plus vieux ancêtres de l'homme, qui vivait il y a environ 6 millions d'années. Retrouvé en l'an 2000 au Kenya, Orrorin semble avoir été bipède...

* *Voir pages 19, 20, 22.*

Oseberg

Ferme de Norvège dans laquelle a été découvert un bateau funéraire viking.

* *Voir pages 165, 166, 169.*

Osiris

Nom grec d'une divinité de la mythologie égyptienne. Dieu des Morts, Osiris est le garant de la survie du défunt dans le monde souterrain.

Dans le « Texte des pyramides », texte gravé sur les parois intérieures des pyramides depuis la Vᵉ dynastie (2500-2300 avant notre ère), le pharaon mort est toujours assimilé à Osiris. Néanmoins, à partir du Moyen Empire (2050-1785 avant notre ère), l'immortalité n'est plus le privilège du souverain. Chaque défunt peut accéder à la vie éternelle, devenant lui-même pareil au dieu Osiris. C'est sans aucun doute la divinité la plus attachante de la mythologie égyptienne, peut-être parce qu'il lui arrive des aventures plus rocambolesques les unes que les autres.

* *Voir pages 83, 91.*

Ostéologie

Science qui étudie les os. L'analyse des ossements retrouvés sur un site peut fournir beaucoup d'éléments à l'archéologue, comme, par exemple, ce que les hommes mangeaient, comment ils se déplaçaient, de quelles maladies ils souffraient...

Ostie

Ancien port situé à l'embouchure du Tibre, en Méditerranée, à 35 km de Rome. Par là transitaient les marchandises nécessaires à la population romaine. Au IIᵉ siècle de notre ère, Ostie compte 50 000 habitants : armateurs, marchands, artisans, fonctionnaires... Petit à petit le port s'ensable, Ostie sombre dans l'oubli et n'est jamais réoccupée. Aujourd'hui, les ruines témoignent de la vie de cette ville romaine pendant l'Antiquité et l'on peut se promener aisément dans ses ruelles découvertes.

Ostracon

Tesson de poterie qui servait de support à l'écriture. Il s'agit d'une sorte de brouillon sur lequel Grecs, Romains et Égyptiens gravaient ou écrivaient la liste des courses, le plan d'une maison... Une découverte remarquable a été celle de la fosse aux ostraca, située en face du village des artisans de Deir el-Medineh. Ces ostraca ont livré moult détails sur la vie quotidienne des hommes il y a 4 000 ans. N'étant pas destinés à laisser un message à la postérité, ils sont dénués de propagande et reflètent les préoccupations du commun des mortels, faisant ainsi la joie des archéologues.

Otzi

Nom donné au corps d'un homme momifié dans la glace et découvert en 1991 par des randonneurs, dans la vallée d'Otzal, en Autriche. Ils ont évidemment cru qu'il s'agissait d'un alpiniste pris dans une avalanche, d'autant que son corps ne montrait aucune trace de décomposition. Otzi vivait en plein âge du Cuivre, il y a 5 300 ans. Son autopsie a révélé qu'une flèche avait causé sa mort et qu'il souffrait de dysenterie et d'arthrose. La glace ayant, par nature, tout conservé, sa dépouille est une véritable mine d'or pour les archéologues : habillé de vêtements en cuir tanné et coiffé d'un bonnet en peau d'ours, il avait dans son sac un arc en bois avec sa corde en cuir, des flèches, une hache, un couteau en silex… Otzi nous apprend comment les hommes vivaient il y a plus de 5 000 ans.

Oxus

Oxus est l'ancien nom de l'Amou Daria, un fleuve d'Asie centrale qui traverse l'Ouzbékistan, une partie du Turkménistan pour finalement dessiner pendant des centaines de kilomètres la frontière entre l'Afghanistan et le Tadjikistan.
Oxus est associé à deux grandes découvertes archéologiques : celle d'un temple du feu et celle d'un trésor d'objets en or et en argent. C'est à l'officier britannique Richard Burton que l'on doit la découverte de ce trésor que des marchands afghans lui vendent en 1880. Ce trésor, dont on ignore l'origine exacte, a finalement été racheté par le British Museum, où l'on peut encore le voir aujourd'hui. Constitué de milliers d'objets datés entre le ve et le IIe siècle, il pourrait être le butin d'Alexandre le Grand, amassé lors de ses victoires sur les Perses.

P

Pacal (603-683 de notre ère)

Il est le plus grand roi de Palenque, une cité-État maya du sud mexicain. Pacal redonne à Palenque sa suprématie sur les cités voisines comme celle de Calakmul et lance une politique de grands travaux. La physionomie de l'immense site archéologique de Palenque lui doit beaucoup.

* *Voir pages 182, 185.*

Paestum

Paestum-Poseidonia, en Italie du Sud, est une cité grecque du VIIe siècle avant notre ère. Elle devient romaine en 273 avant notre ère puis décline lentement. Au Moyen Âge, Paestum est complètement abandonnée. Au XIXe siècle, c'est l'époque du Grand Tour de la jeunesse dorée européenne qui visite les sites de Pompéi, Herculanum et Paestum. Ils permettent à cette élite de faire l'économie d'un voyage en Grèce. Grâce aux marais alentour, longtemps infestés de malaria, le site a été heureusement préservé des installations sauvages ou du pillage. C'est aujourd'hui un très beau site archéologique, constitué essentiellement par trois temples grecs de style dorique, reconnaissables par leurs colonnes massives posées à même le sol et leurs chapiteaux évasés sans volutes.

Palatin

Une des sept collines de Rome.

* *Voir pages 128, 131, 133, 134.*

Palenque

Importante cité maya du Chiapas, située dans le sud du Mexique.

* *Voir pages 178, 182.*

Paléoanthropologie

Science qui étudie l'évolution humaine, c'est-à-dire les liens de parenté possibles entre l'Homme actuel, ou *Homo sapiens*, et ses ancêtres potentiels comme australopithèque, *Homo habilis*, *Homo erectus*, l'homme de Neandertal.

* *Voir pages 15, 19.*

Paléographie

Étude des écritures manuscrites anciennes.

Paléolithique

Première époque de la Préhistoire, avant le Mésolithique et le Néolithique. Le Paléolithique

ou âge de la Pierre ancienne est la plus longue période de l'humanité : elle s'étend sur plusieurs millions d'années. Pendant cette période, les hommes vivaient des produits de la chasse, de la pêche et de la cueillette. Le Paléolithique débute avec l'apparition de la taille de la pierre, que l'on situe vers 2,7 millions d'années. « Apparition de la taille » signifie un choix dans le caillou à tailler et la répétition de certaines techniques qui se « transmettent ». Il est divisé en trois grandes périodes. D'abord, le Paléolithique inférieur avec les bifaces comme outils caractéristiques et la maîtrise du feu, il y a plus de 450 000 ans. Puis le Paléolithique moyen (300000-35000), caractérisé par des éclats chaque fois plus spécialisés et où l'on voit apparaître les premières préoccupations esthétiques et spirituelles. En Europe, c'est la grande époque de Neandertal. Enfin, le Paléolithique supérieur (35000-11000), caractérisé par la multiplication des types d'outils comme le grattoir, le burin, le harpon, le propulseur et les lames retouchées.
Aujourd'hui, les chercheurs ont tendance à préférer les dénominations moins connotées que sont Paléolithique « ancien », Paléolithique « moyen » et Paléolithique « récent ». C'est à cette période que se développe l'art pariétal. À partir de la fin de la dernière période glaciaire, c'est-à-dire entre 12000 et 10000, de profonds changements socio-économiques ont lieu et les sociétés de chasseurs-cueilleurs paléolithiques vont peu à peu faire place à des sociétés productrices, ou agricoles, qui caractériseront, jusqu'à l'industrialisation, la plupart des sociétés humaines.
* *Voir pages 46, 53.*

Paléontologie

Science qui compare l'anatomie des hommes ou des animaux disparus. La paléontologie cherche aussi à établir les origines lointaines d'une évolution et les liens entre les espèces. Elle essaie, enfin, de situer les fossiles dans le temps en s'aidant de toutes les techniques de datation. La paléontologie humaine étudie ainsi l'évolution de l'homme pour comprendre qui étaient nos ancêtres.
Au Moyen Âge et même après, l'idée d'évolution humaine est impensable : la religion s'y oppose tout à fait.
Au XVIIIe siècle, un courant scientifique puissant entraîne des chercheurs à entreprendre des travaux monumentaux. En 1735, Linné, un naturaliste suédois, établit une classification de tous les êtres vivants et inscrit l'Homme à son sommet. En 1788, Buffon écrit une histoire naturelle qui intègre l'Homme comme une espèce animale. Enfin, en 1859, Boucher de Perthes fait accepter par l'Académie des sciences l'existence d'un homme antédiluvien (d'avant le Déluge), contemporain des grands mammifères disparus. La même année, Darwin publie *De l'origine des espèces*, proposant sa célèbre théorie fondée sur la sélection naturelle. Ce n'est qu'au XIXe siècle que l'on peut se pencher scientifiquement sur cette question. À cette époque, l'idée que l'homme est un mammifère participant au même système évolutif que les autres animaux devient prédominante, notamment grâce au développement de son cerveau. On sait aujourd'hui que s'il a réussi à les surpasser, c'est parce qu'il a d'abord évolué sur le plan physique. L'homme préhistorique, que l'on voit dans les BD, dans les films de science-fiction ou même dans la plupart des documentaires, ressemblant à un singe peu redressé, fortement poilu, mais au regard et au geste déjà humains, est donc une image complètement fausse. Pour être dans le vrai, il faut imaginer l'inverse, c'est-à-dire que son évolution physique a précédé son évolution intellectuelle.

Palmyre

Oasis de Syrie située à 210 km au nord de Damas, Palmyre est une cité caravanière à l'époque romaine. Elle faisait partie d'un réseau marchand reliant la Mésopotamie à la Méditerranée. Entre le Ier et le IIIe siècle, c'est la plus grande puissance commerciale de la région. Seule étape possible dans le désert syrien, elle contrôle toutes les routes caravanières venant de Chine, d'Arabie ou de Méditerranée, ainsi que les caravansérails qui les jalonnent. On peut y admirer un temple dédié à Bel, un dieu important, érigé au Ier siècle avant notre ère. Il n'a pas été détruit pour pouvoir fouiller les niveaux plus anciens.

Palynologie

Étude des pollens et des graines fossiles. Très résistantes, ces dernières peuvent se conserver pendant des milliers d'années. En étudiant une graine au microscope, le palynologue peut reconnaître une espèce et reconstituer alors le milieu et le climat de l'époque où la plante vivait. S'il s'agit de céréales, il détermine leur nature, sauvage ou domestique et, ainsi, si elles ont été cultivées par nos ancêtres. La palynologie est donc aussi un marqueur chronologique : elle permet de connaître l'époque pendant laquelle les hommes ont commencé à cultiver les plantes et sont devenus sédentaires.

Panthéon

Temple que les Grecs et les Romains consacraient à leurs dieux. Par association d'idées, ce terme signifie aussi l'ensemble des dieux d'un pays, par exemple le panthéon grec. On parle aussi du panthéon de l'humanité formé par les personnages les plus illustres. À Paris, le Panthéon, construit au XVIIIe siècle dans le style néogrec, était au départ une église dédiée à la patronne de la ville, sainte Geneviève. La Révolution en fit un temple voué au souvenir des grands hommes du pays avec sa célèbre inscription : « Aux grands hommes, la patrie reconnaissante ».

* *Voir pages 160, 171.*

Pâques

Île chilienne très éloignée des côtes du pays. Elle mesure environ 250 hectares et doit sa célébrité aux ancêtres des habitants actuels qui y ont érigé d'énormes statues de pierre, les *moaï*, représentant des têtes humaines.

Paracas

Sur la côte sud du Pérou, Paracas est connue pour ses momies et la conservation des tissus retrouvés dans les tombes de ses nécropoles. La région est occupée depuis des millénaires par les Nazcas, puis par les Incas.

Pariétal, art

Œuvres que l'homme a laissées sur les parois des grottes.

* *Voir pages 43, 45, 46, 53, 55.*

Pâris

Fils de Priam, roi de Troie, Pâris provoque la guerre de Troie en enlevant la reine de Sparte, Hélène, dont il est fou amoureux. Ménélas, son mari, convainc Agamemnon, le chef des Grecs, de se lancer à l'assaut de la ville. Cette histoire nous est contée par le poète Homère dans l'*Iliade*.

* *Voir page 95.*

Parthénon

Temple d'Athènes dédié à la déesse grecque Athéna Parthénos. Construit au temps de Périclès, au Ve siècle avant notre ère, en pleine époque classique, le Parthénon est une magnifique construction en marbre, périptère et d'ordre dorique, c'est-à-dire entouré d'une rangée de colonnes simples, par opposition à l'ordre corinthien, aux colonnes plus décorées. La frise des Panathénées, fêtes en l'honneur d'Athéna, ornait le plafond des galeries. Transformé en église au VIe siècle puis en mosquée au XVe siècle, il est utilisé comme poudrière pendant la guerre contre les Turcs en 1687 et presque détruit par une explosion. Une partie de ses reliefs et sculptures, emportés à Londres en 1816, est réclamée aujourd'hui par la Grèce.

Parthes

À la fin du IIIe siècle avant notre ère, les Parthes sont les maîtres d'un État situé au centre de l'Empire séleucide. Au fil des siècles, il s'agrandit jusqu'à devenir, au début du IIIe siècle de notre ère, un empire qui s'étend de la mer Caspienne à l'Euphrate. Le Turkménistan, l'Afghanistan, le Pakistan, l'Iran, l'Arménie, l'Irak et même la Syrie ont subi l'influence parthe dans la construction de leur identité. La dynastie parthe qu'on appelle des Arsacides, du nom d'Arsace Ier, son fondateur, est attachée à la dynastie des Perses Achéménides. Les Parthes ont créé un art original surtout connu pour sa peinture et ses bas-reliefs. Dans la sculpture, le thème récurrent est le personnage masculin à barbe et à moustache, vêtu de la tunique et du pantalon de cavalier.

* *Voir pages 137, 138, 147, 149, 151.*

Pasargades

Cité antique bâtie à 2 000 mètres d'altitude, dans les montagnes d'Iran, au VIe siècle avant notre ère. Elle aurait été fondée par Cyrus le Grand (560-529 avant notre ère) sur le site de sa dernière bataille contre les Mèdes, qui lui donnent les clés de l'empire d'Asie. C'est ainsi que le raconte Strabon, géographe grec des débuts de notre ère. Il semblerait qu'en réalité Pasargades soit le berceau d'une des trois tribus perses, celle dont sont issus les Achéménides, la famille régnante. Toujours est-il qu'elle est la première capitale des Perses Achéménides jusqu'à ce que Darius (550-486 avant notre ère) lui préfère Persépolis.

Aujourd'hui, sur le site de 160 hectares, les vestiges sont très disséminés. On y reconnaît le mausolée de Cyrus, plusieurs bâtiments et des jardins clos. Ces derniers sont les plus anciens représentants du concept de paradis perse : en persan, « enclos fermé » se dit *paridaiza* et s'est transformé, dans la religion judéo-chrétienne, en paradis ou jardin d'Éden, dont le rôle était de procurer relaxation spirituelle et récréative. Notre idée du paradis comme lieu de repos ultime vient donc de là.

Par ailleurs, la tombe de Cyrus, constituée de cinq gradins qui surélèvent une chambre funéraire, est décrite par Alexandre le Grand lorsqu'il visite le sanctuaire au cours de ses expéditions asiatiques : « [...] un lit en or, une table montée avec des verres et des boissons, un cercueil en or et de nombreux bijoux [...]. » Sur la tombe on pouvait lire : « Passant, je suis Cyrus le Grand, j'ai donné aux Perses un empire et j'ai régné sur l'Asie, alors ne jalouse pas ma tombe. » Le grand roi aurait-il craint qu'on lui dépouille son ultime demeure ? Dès la deuxième visite d'Alexandre sur ce lieu de mémoire, la tombe est déjà profanée.

* *Voir pages 142, 143.*

Pausanias

Géographe et voyageur grec qui parcourt les contrées méditerranéennes au IIe siècle de notre ère. À l'image d'un guide de voyage, il décrit avec force détails les sites qu'il visite et les légendes qui s'y rapportent. *Description de la Grèce* est une excellente source pour les archéologues ;

bon nombre de prospections et de fouilles ont confirmé ses dires.
* *Voir pages 103, 104.*

Pech-Merle

Grotte ornée du Lot dans laquelle on trouve des chevaux, des bisons et des mammouths ainsi que des mains négatives et des points de couleur rouge. La qualité des dessins est telle qu'elle est considérée comme une des grottes majeures de l'art préhistorique. Datée de 25 000 ans, elle s'inscrit dans la période dite gravettienne (28000-22000), comme la grotte Cosquer, en Provence.
* *Voir page 47.*

Pedra Furada

Vaste abri-sous-roche orné de peintures rupestres. Situé au nord-est du Brésil, dans le parc national Serra da Capivara, on ne sait pas à quelle époque rattacher les dessins. Au milieu des années 1990, des chercheurs sont parvenus à dater des charbons de bois provenant de foyers (emplacements choisis pour faire un feu) : la plus ancienne occupation du site remonterait entre 48000 et 32000. Ces datations anciennes provoquent un débat virulent au sein de la communauté scientifique parce qu'elles remettent en cause une hypothèse jusque-là admise : si l'homme a peuplé l'Amérique par le détroit de Behring, hypothèse la plus probable, les plus anciens sites archéologiques devraient se trouver au nord du continent et non au sud. Les détracteurs de cette hypothèse ont supposé que les charbons de bois provenaient de feux de forêt naturels, ce qui exclurait une présence humaine. Il semble, malgré tout, que ces charbons proviennent bien de foyers construits par l'homme. Les défenseurs de ces datations ont rétorqué que les hommes ont pu, depuis le détroit de Behring, descendre vers le sud du continent en passant par le littoral, axe de peuplement privilégié, et que les sites de bord de mer ont été ensevelis avec la remontée des eaux de la mer, après la dernière période glaciaire. Hypothèse plausible, mais invérifiable pour le moment. Les recherches se poursuivent.

Péloponnèse

Péninsule montagneuse située au sud-ouest d'Athènes et au nord de la Crète. Elle abrite, entre autres, les sanctuaires d'Épidaure et d'Olympie. Son nom est resté célèbre dans l'histoire car elle a été le théâtre d'affrontements entre Sparte et Athènes, respectivement à la tête de la ligue du Péloponnèse et de la ligue de Délos, au IVe siècle avant notre ère. Cette guerre, qui a duré 27 ans, s'est achevée par la victoire de Sparte sur Athènes. Elle a été fidèlement relatée par l'historien grec Thucydide dans son *Histoire de la guerre du Péloponnèse*.
* *Voir page 104.*

Pergame

Ancienne ville d'Asie Mineure, aujourd'hui en Turquie, Pergame est située à 25 km des côtes de la mer Égée. Le site est habité depuis plusieurs siècles lorsqu'elle devient capitale impériale au IIe siècle avant notre ère. Sous l'Empire séleucide, elle règne, indépendante, sur un vaste territoire en Asie Mineure qui ne fera que s'agrandir après son alliance avec Rome.

La ville, construite sur une colline, est la juxtaposition de trois villes réunies par des escaliers. Dans la ville haute se trouvent les bâtiments administratifs et cultuels ; dans la ville moyenne, le gymnase, et dans la ville basse, le centre commercial. En plus d'être une réussite architecturale, Pergame se trouve au centre d'un terroir agricole riche en blé, vignes, oliveraies et bétail. Ville prospère pendant l'Antiquité, on y fabrique du parfum, des draps et des parchemins. Enfin, sa bibliothèque rivalise avec celle d'Alexandrie. Aujourd'hui encore, les fouilles se poursuivent sur le site archéologique en vue de la reconstitution totale de la ville hellénistique.

Périclès

Homme politique du Ve siècle avant notre ère, à l'époque dite classique ou aussi âge d'or athénien. Périclès est considéré comme un des fondateurs de la démocratie. Il fait de la ligue de Délos, au départ association de différentes cités grecques luttant contre les Perses, un empire athénien qui se bat contre Sparte pendant la guerre du Péloponnèse. Par ailleurs, sous son gouvernement, les arts se développent à tel point qu'Athènes est depuis lors considérée comme le centre culturel du monde grec. L'Acropole et le Parthénon témoignent de ce qu'on appelle le « Siècle de Périclès ».

Période

L'histoire de l'humanité est divisée en grandes périodes. Chaque début et chaque fin de période sont marqués par une date charnière, qui correspond souvent à un événement important. Par exemple, le XIXe siècle ne se termine pas en 1899 mais en 1914, année où débute la Première Guerre mondiale. Elle inaugure ainsi le XXe siècle et ses conflits mondiaux. L'ensemble des périodes constitue une chronologie. La chronologie européenne se déroule ainsi : la Préhistoire, la Protohistoire, l'Antiquité, le Moyen Âge, la Renaissance, l'époque moderne et l'époque contemporaine, qui forment chacune une période.

* *Voir pages 12, 20, 34, 45, 47, 49, 59, 78, 86, 90, 93, 100, 117, 118, 123, 125, 137, 142, 151, 168, 175, 177, 188, 190, 195.*

Persépolis

Capitale de l'Empire perse achéménide. Persépolis a été fondée par Darius Ier, un de ses grands rois (550-486 avant notre ère). Elle fait partie d'un programme de constructions monumentales destiné à mettre en valeur à la fois l'unité et la diversité de l'Empire achéménide. Ouvriers et artisans venus de tout l'Empire réussissent une combinaison originale des styles de toute l'Asie, fixant ainsi le style perse.

Elle est considérée comme capitale parce qu'elle est choisie par le roi et sa cour, en constant déplacement, comme lieu de séjour régulier. En revanche, si cette installation est temporaire, on sait que la ville est occupée en permanence et fonctionne, pendant toute la période perse, comme un siège du gouvernement de l'Empire. C'est ce qu'ont dévoilé les dernières archives découvertes dans les bâtiments du Trésor. Persépolis est détruite par Alexandre le Grand après sa victoire sur les Perses en 331 avant notre ère. Abandonnée, elle ne sera plus jamais réoccupée. La ville antique comprend un vaste ensemble administratif et rituel constitué de tombes royales, d'autels, de jardins et de palais… le plus spectaculaire étant l'Apadana, salle où recevait le roi. Son décor nous apprend beaucoup sur la diversité des peuples qui composaient l'Empire, mais également sur le pouvoir royal, qui se voulait protecteur, souverain et légitime. Les multiples inscriptions royales gravées à divers endroits du site et transcrivant le vieux persan, le babylonien ou l'élamite ont, par ailleurs, permis aux épigraphistes de déchiffrer l'écriture cunéiforme du Proche-Orient, jusque-là mystérieuse. Toute une partie de son histoire s'ouvrit ainsi au monde occidental. Le site est classé Patrimoine mondial par l'Unesco depuis 1979.

* *Voir pages 138, 142.*

Perses

Peuple d'origine indo-européenne, probablement venu du nord du Caucase, qui pénètre en Iran occidental au début du Ier millénaire avant notre ère. Il apparaît déjà dans un texte des annales du roi d'Assyrie, Salmanasar III, daté de 834 avant notre ère. Au VIIIe siècle, un petit royaume perse est fondé par Achéménès, ancêtre de la dynastie des Achéménides. Le territoire de l'Iran actuel est alors partagé entre les Mèdes et les Perses jusqu'à ce que Cyrus II, dit le Grand, unisse les deux royaumes au VIe siècle et parte à la conquête de toute l'Asie occidentale.
Les Perses Achéménides régneront de l'Indus à la Méditerranée jusqu'à la conquête d'Alexandre le Grand, au milieu du IVe siècle. On leur doit, entre autres, la constitution du premier empire universel, c'est-à-dire qui s'étend sur la majorité du monde connu à l'époque. C'est également eux qui libèrent les Juifs de Babylone, ville où ils avaient été envoyés en exil par Nabuchodonosor, quelques décennies auparavant.
Les deux grandes dynasties parthe et sassanide régneront dans cette région de l'Asie centrale jusqu'au VIIIe siècle de notre ère, époque à laquelle les Arabes prendront possession des lieux. Pour schématiser, on peut dire que les Perses sont aux Arabes ce que les Grecs sont aux Romains, c'est-à-dire que, conquise militairement, la Perse va peu à peu conquérir culturellement son vainqueur.
* *Voir pages 137, 140, 141, 142, 143, 144, 145, 146, 147, 149, 150, 151.*

Phaïstos

Dominant la plaine de la Messara, dans le sud de la Crète centrale, Phaïstos est l'un des plus anciens palais minoens. La ville alentour est assez mal connue, car les efforts des archéologues se sont davantage portés sur le palais lui-même. Construit au tout début du IIe millénaire, il est détruit par un tremblement de terre vers 1700 avant notre ère. Un palais légèrement décalé lui succède sur le même site, mais il n'a plus l'importance qu'il avait précédemment : la villa d'Haghia Triada, à quelques kilomètres de là, lui vole la vedette. Le palais de Phaïstos est moins labyrinthique que celui de Cnossos, mais il est construit sur le même plan, autour d'une immense esplanade. Le site est abandonné vers 1450 avant notre ère comme les autres palais minoens, à l'exception notable de Cnossos. Les archéologues ont retrouvé à Phaïstos un disque d'argile sur lequel des signes idéographiques ont été gravés sur les deux faces à l'aide de poinçons. Ceux-ci figuraient un seul signe, ce qui permettait de l'imprimer autant de fois qu'on le voulait. On dénombre 45 signes différents, ce qui est peu pour un syllabaire ou une écriture de caractère hiéroglyphique, mais trop pour un alphabet. L'existence de poinçons favorise la thèse d'un usage répété, donc courant, des signes imprimés. Dans la même couche archéologique datée du XVIIe siècle avant notre ère, des tablettes en linéaire A ont également été mises au jour.
* *Voir page 110.*

Pharaon

Titre des anciens rois d'Égypte qui régnèrent de 3200 à 30 avant notre ère sur la vallée du Nil.
* *Voir pages 82, 84, 86, 89, 90, 91.*

Pharaonique

Qui se réfère aux pharaons égyptiens.
* *Voir pages 65, 81, 82, 83, 84, 86, 88, 89, 90, 110.*

Phéniciens

Population qui habitait la région de Canaan (côtes de l'actuel Liban), au Ier millénaire avant notre ère. Leurs villes principales étaient Byblos, Berytus

(Beyrouth), Sidon et Tyr (Sur). Les Phéniciens ne forment pas un État ni ne constituent un peuple. Ils vivent dans des cités indépendantes, chacune gouvernée par un roi et protégée par une divinité qui lui est propre. Elles font allégeance à l'un ou l'autre des grands souverains de la région comme le roi des Hittites ou le pharaon d'Égypte. Parmi les divinités qui dominent le panthéon cananéen, et donc phénicien, il y a le dieu de la Vie et de la Mort Baal (même racine sémitique que Yahvé ou Allah), que l'on retrouve à Baalbek, au Liban. Il y a aussi la déesse de la Fécondité Ashtart (Astarté pour les Grecs et Ishtar pour les Mésopotamiens). Et enfin, le jeune dieu de la Végétation qui meurt et ressuscite régulièrement. Pour les Grecs, il est connu sous le nom d'Adonis.
Les Phéniciens vont chercher richesse hors de leur territoire et deviennent des marins et des commerçants. Ils apprennent à naviguer le long des côtes de la Méditerranée et de la mer Noire. Leur vocation maritime a fait leur réputation. Partis de leurs cités-États de Phénicie, ils fondent de nombreux comptoirs tout au long de la Méditerranée, dont Carthage en 814 avant notre ère.
Néanmoins, si ce peuple est si célèbre, c'est surtout parce qu'il est l'inventeur de l'alphabet. Vers 1300 avant notre ère, il décide de simplifier les deux écritures dont il dispose : l'écriture cunéiforme de Mésopotamie et les hiéroglyphes des bords du Nil. Ces écritures dérivées d'idéogrammes (un dessin = un mot) sont essentiellement syllabiques : à chaque syllabe correspond un signe, ce qui donne plus d'un millier de signes. Les Phéniciens ramènent les caractères aux sons et non plus aux syllabes et transcrivent tous les mots de leur langue avec seulement 22 caractères qui ne sont que des consonnes. L'alphabet est né. Les Grecs l'empruntent et y ajoutent les voyelles. Puis, par l'intermédiaire des Romains, il passera jusqu'à nous sans changement. Les Phéniciens disparaissent avec la chute de Tyr, due à Alexandre le Grand, au IVe siècle avant notre ère.

Piazza Armerina

Villa romaine située au sud de la Sicile. Les archéologues supposent qu'elle a été construite au IIIe siècle de notre ère par un homme influent dont on ne connaît pas l'identité. Elle compte plus de 30 pièces aux sols couverts de mosaïques. Des scènes de chasse se mêlent à des jeux de gymnastique ou d'eaux, en fonction des salles où elles se trouvent.
Au XIIe siècle, la villa est détruite par un incendie, puis par un glissement de terrain qui l'engloutit littéralement. Ses ruines seront découvertes au XIXe siècle et fouillées un siècle plus tard.

Pierre de Rosette

Fragment de stèle en pierre, de plus d'un mètre de haut et de 76 cm de large. Elle a été découverte en 1799 dans le village de Rachïd (Rosette) pendant la campagne d'Égypte de Napoléon Bonaparte. Elle est couverte d'un texte reproduit en hiéroglyphes, en démotique (l'égyptien ancien en caractère grec) et en grec, qui permit à Champollion de déchiffrer les hiéroglyphes.
* *Voir page 138.*

Pincevent

Site préhistorique de Seine-et-Marne, Pincevent est fouillé de 1964 à 1985 par l'équipe d'André Leroi-Gourhan. Il permet aux chercheurs de faire des progrès importants dans la connaissance du Magdalénien (17000-10000) comme dans la mise en place de nouvelles méthodes de l'archéologie préhistorique.
Le site a été occupé il y a environ 12 500 ans à plusieurs reprises, du début de l'été au début de

l'hiver : c'est donc un site saisonnier. Le principal gibier chassé par ses habitants était le renne. La particularité de Pincevent est la qualité de conservation des vestiges lithiques et osseux ainsi que des foyers, due à la déposition fine et graduelle des limons d'inondation de la Seine. L'étude du matériel a permis de mettre en évidence des aires d'activités circulaires correspondant probablement à l'emplacement des habitations, qui pourraient ressembler aux tipis de nos bandes dessinées. Les archéologues s'échinant pendant leurs longues soirées d'hiver à remonter éclat par éclat le silex en entier, ont constaté que, dans ces tentes, il y avait certes des tailleurs doués, mais aussi d'autres tout à fait maladroits. Les ossements, eux, ont montré que des animaux entiers étaient ramenés au campement avant d'être partagés entre les différentes habitations.
La conservation exceptionnelle de Pincevent a permis la mise au point de techniques de fouille et d'enregistrement des vestiges plus précises qu'auparavant. Elles ont eu pour objectif de pouvoir tout repositionner dans un espace en trois dimensions et ainsi de permettre l'étude des gestes et d'imaginer au plus près le mode de vie de nos lointains ancêtres.

Platon
(424-348 avant notre ère)
Philosophe grec, il est contemporain des déboires de la démocratie athénienne naissante. Il se sert du travail de ses aînés comme Socrate pour élaborer sa propre philosophie.
Intéressé notamment par la politique, il réprouve souvent les mœurs de ses concitoyens.
Le mythe de l'Atlantide fait partie des histoires qu'il crée pour leur faire comprendre où est le Bien, le Juste...
* *Voir pages 111, 112.*

Pline le Jeune
(61-114)
Écrivain et homme politique romain. Il vit à l'époque de l'empereur Trajan, avec qui il entretient une correspondance. Publiée après sa mort, elle constitue pour les historiens une mine d'informations sans précédent sur l'administration romaine. Pline le Jeune assiste à l'éruption du Vésuve en 79 de notre ère, au cours de laquelle son oncle Pline l'Ancien, auteur d'une monumentale encyclopédie sur l'histoire naturelle, meurt. Dans une lettre à Tacite, un historien célèbre, il fait une description très précise de ce tragique événement qui voit la fin d'Herculanum et de Pompéi.

Polythéisme
Doctrine qui admet l'existence de plusieurs dieux.

Pompéi
L'archéologie moderne débute en 1748 avec la découverte des villes romaines d'Herculanum et de Pompéi, toutes les deux ensevelies sous de la lave et des tonnes de cendres et de boue après l'éruption du Vésuve en 79 de notre ère. Au départ, chacun cherche à s'approprier les antiquités dont raffolent nombre de collectionneurs, puis les premières techniques de fouille sont peu à peu inventées. On y a découvert un morceau de rempart, un forum, une basilique, un capitole, des temples, des thermes, un théâtre, un odéon, un amphithéâtre... mais aussi des maisons, des bars, une boulangerie, une blanchisserie et même un hôtel de passe. Les cendres et la lave durcie ont préservé l'ensemble des vestiges. Quelques individus malchanceux, qui n'avaient pas réussi à s'échapper, ont également été figés dans la lave. Leurs corps ont certes disparu, mais ils ont laissé leur forme dans la lave. En versant du plâtre dans

ces blocs vides, les archéologues ont pu reconstituer les derniers instants de ces hommes. Grand moment d'émotion archéologique. Les fouilles continuent sans cesse de livrer de nouvelles données sur la vie quotidienne de ces hommes et femmes du Ier siècle de notre ère.

* *Voir page 12.*

Poséidon

Dieu des Mers et des Océans, il est l'une des principales divinités du monde grec. Les Romains l'identifient à Neptune. Armé d'un trident, il peut également être représenté par un taureau.

* *Voir pages 105, 108.*

Préhistoire

Période qui s'étend depuis les débuts de l'histoire humaine (vers 7 millions d'années) avec la découverte de Toumaï, jusqu'à 4000 avant notre ère avec l'âge des Métaux et l'invention de l'écriture. Certains chercheurs la font débuter plutôt avec l'apparition du genre *Homo*, c'est-à-dire entre 2,8 et 3 millions d'années.

* *Voir pages 12, 27, 46, 188, 195.*

Préhistorique

Qui se réfère à la Préhistoire.

* *Voir pages 12, 33, 43, 44, 45, 46, 47, 53, 56.*

Priam

Roi mythique de Troie. Il est aussi le père de Pâris et d'Hector, héros de la guerre de Troie.

* *Voir pages 96, 101, 102.*

Prospection

Première période du travail archéologique qui consiste à rechercher un site propice à des fouilles. Cette prospection peut être rationnelle, mais aussi fortuite. Les grands travaux comme la construction des autoroutes, des parkings, des immeubles, des villes nouvelles... font également l'objet de prospections. Si le résultat est positif et qu'il y a bien des vestiges archéologiques, l'archéologue doit les exploiter au plus vite avant que les constructeurs détruisent tout avec leurs bulldozers.

* *Voir pages 18, 28, 49, 94, 196.*

Protohistoire

C'est la période qui succède à la Préhistoire et qui précède l'Histoire. Elle correspond aux âges des Métaux : l'âge du Cuivre (4000-1800 avant notre ère), l'âge du Bronze (2500-800 avant notre ère) et l'âge du Fer (800-50 avant notre ère). Une civilisation appartient à la Protohistoire lorsqu'elle ne possède pas l'écriture mais que d'autres la mentionnent dans les textes. Par exemple, les Celtes n'avaient pas d'écriture, mais ils vivaient au même moment que les Grecs ou les Romains qui, eux, en avaient une. Ces derniers font ainsi partie de l'Antiquité, tandis que les Celtes sont des populations protohistoriques. La Protohistoire se termine donc à des dates différentes selon les pays. Pour la Gaule, les archéologues ont l'habitude de la faire terminer en 52 avant notre ère, date de la prise d'Alésia par Jules César. Ainsi, il n'existe pas de chronologie universelle puisque les civilisations n'ont pas évolué au même rythme.

* *Voir page 118.*

Ptolémées

Ptolémée, un des grands généraux d'Alexandre le Grand, reçoit l'Égypte à la mort de ce dernier, en 323 avant notre ère. Il fonde alors la dynastie des Ptolémées, ou Lagides, du nom de son père, Lagos. On l'appelle aussi dynastie ptolémaïque. Sa capitale est Alexandrie, laquelle devient une ville opulente et un grand centre intellectuel. Il demande à chaque pays connu de lui faire parvenir les œuvres de tous les auteurs qu'il faut traduire en grec. Alexandrie étant un port, il demande également à tous les navires qui y font escale de donner leurs livres afin qu'ils soient copiés puis traduits. L'original était conservé à la bibliothèque, la copie rendue au capitaine. Avec cette technique, la bibliothèque contient vite plusieurs centaines de milliers d'ouvrages. Les Lagides règnent un peu moins de trois siècles et font de l'Égypte une des premières puissances du monde antique. Cette dynastie s'éteint avec Cléopâtre. Elle perd sa souveraineté à la bataille d'Actium au profit de l'empereur Auguste. L'Égypte est alors intégrée à l'Empire romain, en 30 avant notre ère.

Pylônes

Tours massives qui flanquaient les portes de pierre des grands temples égyptiens. Par exemple, le temple de Karnak en possède une dizaine : six rythment l'axe principal, est-ouest, et quatre, l'axe secondaire, nord-sud.

Pyramide

Nom donné par les Grecs à un monument funéraire égyptien. Imhotep, l'architecte du pharaon Djéser, construisit la première pyramide à Saqqarah. Jusqu'à la IIIe dynastie, les tombes des pharaons étaient de forme rectangulaire simple qu'on appelait mastaba. Imhotep suréleva le monument par une superposition de six mastabas de plus en plus étroits. Ainsi, il obtint la pyramide à degrés, ancêtre de la pyramide dite classique des IVe et V[e] dynasties, c'est-à-dire celles de Chéops, Chéphren et Mykérinos, construites un peu plus loin sur le plateau de Gizeh. Par extension, les pyramides découvertes en Amérique latine portent le même nom en raison de leur forme pyramidale.

* *Voir pages 84, 86, 109.*

Qadesh

Ville antique de Syrie située sur la rive ouest de l'Oronte, à proximité de l'actuelle frontière libanaise. L'histoire l'aurait probablement oubliée si elle n'avait été le lieu de la célèbre bataille qui opposa les deux plus grandes puissances de l'Antiquité, les Hittites et les Égyptiens. Elle eut lieu au XIIIe siècle avant notre ère. Son déroulement nous est conté par Ramsès II sur la façade du grand temple de Louqsor, en haute Égypte. Pourtant, l'issue de la bataille est encore aujourd'hui incertaine. En effet, les sources égyptiennes relatent une victoire de Ramsès II, alors que les fouilles archéologiques évoquent une défaite cuisante pour le grand pharaon, qui serait rentré en Égypte, dépité.

Qin Shi Huangdi
(259-210 avant notre ère)

Empereur fondateur de la dynastie Qin (221-207 avant notre ère). À ce titre, il met fin à la période féodale des royaumes combattants, qui avaient plongé la Chine dans une crise politique et morale et dans une profonde anarchie. Il unifie l'écriture, la langue, la monnaie, les poids et mesures. En somme, il pose les bases de l'Empire chinois. Considéré comme le père de la Grande Muraille, c'est surtout son caractère cruel et autoritaire que l'histoire retiendra de lui. Ou plus exactement aurait retenu si la découverte exceptionnelle du site de Xi'an, sans précédent dans l'histoire, n'était survenue un beau jour de 1974…

Quaternaire (ère)

La terre s'est formée il y a plus de quatre milliards d'années. En général, on divise l'histoire de la terre en plusieurs grandes périodes d'inégale durée, dont la dernière, l'ère quaternaire, a commencé il y a environ deux millions d'années et n'est pas encore terminée. Elle est avant tout définie par l'apparition des grandes glaciations. Elle est divisée en deux périodes principales : le Pléistocène, ou époque glaciaire, qui se termine il y a 10 000 ans, et l'Holocène, ou époque interglaciaire, dans lequel nous sommes actuellement. Il y eut des changements climatiques plus ou moins brusques, tout autant refroidissements que réchauffements.
S'il est vrai que l'homme a aujourd'hui un impact sur son environnement plus important que jamais,

les variations actuelles ne sont, toutefois, pas plus fortes qu'à d'autres époques.

* *Voir page 49.*

Qumran

Qui aurait imaginé qu'au milieu du désert israélo-palestinien se cachait un tel trésor depuis plus de 2 000 ans ? Qui n'a jamais rêvé d'entrer dans une grotte, à l'écart des chemins, et de tomber sur une jarre remplie de parchemins ? des parchemins relatant les grands événements fondateurs des religions monothéistes, lors des derniers siècles avant l'ère chrétienne ? Le destin voulut qu'un jeune Bédouin, parti sur les traces d'une de ses chèvres égarées, découvrit des manuscrits hébraïques dans une grotte restée intacte depuis des siècles : les manuscrits de la mer Morte. Les fouilles entreprises mirent au jour l'existence d'un site d'habitation et de onze autres grottes contenant des rouleaux manuscrits. Depuis lors, toute la région a été passée au peigne fin : pas une pierre qui n'ait été retournée, pas une faille qui n'ait été inspectée. Plus de quoi s'exciter, mais la promenade est belle. D'un côté la mer Morte, de l'autre la montagne ; au milieu, la route qui longe le littoral salé du nord au sud. Il n'en faut pas plus pour se chausser et escalader le versant peu abrupt qui vous fait face et, en quelques dizaines de minutes, vous retrouver surplombant un paysage désertique, abandonné depuis plus de deux mille ans.

Les fouilles ont montré que, pendant l'Antiquité, le site avait été un lieu de retraite de la secte des esséniens, qui y auraient vécu entre le IIIe siècle et l'an 68 de notre ère, soit jusqu'à la prise du pouvoir par les Romains et la destruction du temple de Jérusalem. Flavius Josèphe, un historien juif du Ier siècle de notre ère, parle de trois grandes sectes qui formaient la population juive à cette période : les saducéens, qui étaient les prêtres et les aristocrates ; les pharisiens, les gens du peuple, et les esséniens, un groupe dissident formé en partie par des moines retirés dans le désert pour éviter la perversion du monde.

La série de manuscrits mis au jour dans les grottes de Qumran témoigne de l'abondante activité littéraire du judaïsme au Ier siècle. Ces documents sont toujours d'inspiration religieuse. Les textes de l'Ancien Testament, ou Torah, sont les plus anciennes copies qui nous soient parvenues. Les apocryphes, c'est-à-dire les textes n'ayant pas été reconnus par les autorités religieuse, et, donc, non incorporés dans l'Ancien Testament, ont permis de reconstituer la formation historique de ce livre, qui est à la base du Livre saint des juifs et des chrétiens. S'ils ne font pas partie des écritures canoniques juives, certains ont quand même été préservés par des Églises chrétiennes. Enfin, les textes les plus passionnants concernent la réglementation en vigueur dans la communauté de Qumran. Au total, avec plus de 100 000 fragments, on a quelque 900 manuscrits, qui sont de loin les plus anciens manuscrits hébreux connus au monde.

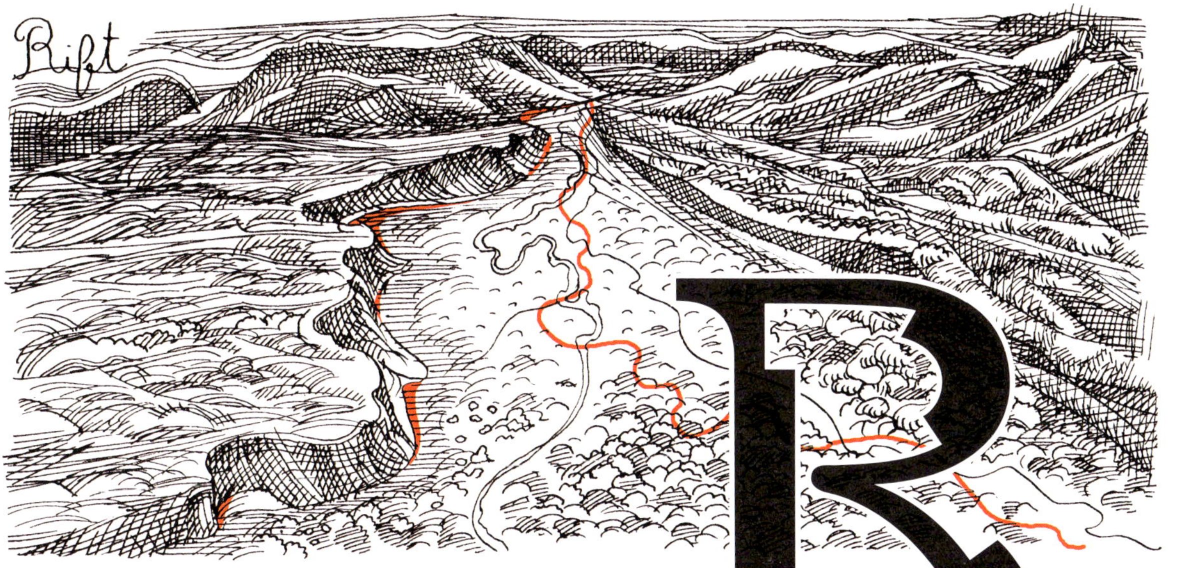

R

Ramesseum

Grand temple de Ramsès II, célébrant la fonction royale. Ramsès II est, de fait, le dernier des grands pharaons d'Égypte, et son règne (1279-1213 avant notre ère) est exceptionnellement long. Le temple est construit sur la rive ouest du Nil, non loin de Deir el-Bahari et de la Vallée des Rois, juste à la limite du désert et de la zone cultivée. Il recouvre en partie le temple de son père Sethi Ier. C'est sans doute l'édifice le plus imposant de la nécropole thébaine. Dans une des cours, aujourd'hui à l'air libre, trônait une gigantesque statue du pharaon (17 mètres de haut et 7 mètres d'envergure). On peut encore la voir gisant brisée sur le sol du temple, image forte de la ruine en Égypte pharaonique.

Ramsès II
(1304-1213 avant notre ère)

Pharaon de la XIXe dynastie (1296-1186 avant notre ère), il est à la fois un grand conquérant et un grand bâtisseur. Sous son règne, les frontières égyptiennes s'étendent du Soudan à la Syrie et il construit partout des sanctuaires ou des temples magnifiques comme celui d'Abou-Simbel, dans le sud du pays. Il fait inscrire son nom sur la plupart des temples égyptiens et multiplie des bas-reliefs et des sculptures le glorifiant.

Raqqa

Ville de la dynastie des Abbassides (750-1258) située à 160 km à l'est d'Alep, en Syrie. Construite sur une ville séleucide, elle est occupée par les Romains puis par les Byzantins. Fondée en 772, Raqqa suit le même modèle quasi circulaire que Bagdad. Quelques années plus tard, le puissant calife abbasside Haroun al-Rachid, héros des *Mille et Une Nuits*, y transfère sa capitale et entreprend d'immenses travaux. En 1258, Bagdad et Raqqa sont dévastés par les Mongols. Les ruines de cette dernière sont suffisamment expressives pour témoigner de la splendeur de la cité dans cette première période d'expansion de l'Islam. Elle offre l'image d'une civilisation raffinée dont les contes des *Mille et Une Nuits* nous rappellent le souvenir.
* *Voir page 151.*

Ravenne

Aujourd'hui en Italie, tout près de la mer Adriatique et de l'embouchure du Pô, Ravenne est une ville étrusque. Elle passe sous domination romaine au début du IIe siècle avant notre ère et sert de base de départ à Jules César pour marcher sur Rome, en 49 avant notre ère. Pour ce faire, il franchit le Rubicon. César aurait alors dit : « *Alea jacta est* », ("Le sort en est jeté"). Et, de là, il aurait conquis Rome et mis fin aux guerres civiles qui entachaient la République romaine. Depuis lors, « franchir le Rubicon » signifie prendre une décision audacieuse. En 404, Ravenne devient la capitale de l'Empire romain d'Occident jusqu'à sa chute, en 476. Elle remplace alors Rome, tombée sous le joug « barbare ». En 493, les Ostrogoths s'emparent de Ravenne, jusqu'à ce qu'en 540 elle devienne la résidence des exarques de Byzance, représentants personnels de l'empereur byzantin. Au milieu du VIIIe siècle, la ville est prise par les Lombards, puis par le roi franc Pépin le Bref qui l'offre au Saint-Siège. La ville change de mains plusieurs fois mais ne retrouvera jamais sa puissance antique. Ravenne est célèbre pour ses monuments byzantins et plus particulièrement pour ses mosaïques du haut Moyen Âge.

Rawlinson, Henry (1810-1895)

Diplomate et orientaliste britannique, il parvint à déchiffrer l'écriture cunéiforme au milieu du XIXe siècle.

* *Voir page 140.*

Reinach, Salomon (1858-1932)

Archéologue français, mais aussi épigraphiste, historien d'art et des religions, et homme de terrain. Il est surtout célèbre pour avoir dirigé pendant trente ans le musée d'Archéologie nationale, à Saint-Germain-en-Laye : aménagement des salles, multiplication des catalogues et des inventaires, compilation des répertoires de statues... Bref, il en a fait un véritable outil de connaissance pour les chercheurs. Par son œuvre d'une extraordinaire ampleur et diversité, il a participé à l'essor de l'archéologie scientifique française aussi bien en France qu'en Grèce ou en Orient.

Relevé topographique

Carte en trois dimensions du terrain de fouilles. Instrument indispensable à tout chantier, elle permet de relever toutes les couches et objets trouvés en fouille, qui pourront alors être replacés dans un site virtuel reconstitué sur ordinateur. Le topographe utilise un GPS, pour avoir les coordonnées exactes du site, et un théodolite, ou lunette à viseur, pour noter les points précis du terrain. Disposant ainsi d'une représentation du relief et de tous les éléments qui s'y trouvent, il obtient une vue imprenable, en trois dimensions, de son site.

* *Voir pages 101, 107, 129, 168, 200.*

Rift

Grande fracture terrestre (plus de 6 000 km) qui traverse l'Afrique en zigzag depuis le Liban jusqu'au Mozambique. Elle est causée par la rencontre de trois plaques tectoniques. Passionnante à plusieurs titres, on y a découvert le plus grand nombre de restes fossiles d'hominidés. Il ne s'agit pas d'un site privilégié d'habitat, mais bien plutôt d'un endroit extraordinaire pour la conservation des vestiges et leur mise au jour. En s'écartant, le Rift a littéralement retourné la terre et laissé apparaître des dépôts stratigraphiques jusqu'alors inaccessibles, puisque enterrés au fil des millénaires à plusieurs centaines de mètres.

* *Voir pages 18, 19, 21, 24.*

Rome

Capitale de l'Empire romain. Les premiers habitants du site s'installent autour d'une île du Tibre, à une vingtaine de kilomètres de son embouchure et à un endroit où le fleuve est aisément franchissable. Au début du Ier millénaire avant notre ère, le site est constitué de cabanes d'éleveurs et d'agriculteurs installées sur le Palatin. Avec l'arrivée des Étrusques, au VIIe siècle avant notre ère, une première petite ville se développe : on attribue à leur dernier grand roi, Tarquin le Superbe, la construction du temple de Jupiter sur le Capitole et du grand collecteur, ou égout, la *Cloaca Maxima*. Vers 509 avant notre ère, il semblerait que Rome ne soit plus gouvernée par les Étrusques, bien qu'elle subisse encore en partie leur influence. S'amorce alors la période républicaine de la ville, dont il reste peu de vestiges. C'est pourtant à cette époque, qui se termine avec l'avènement d'Auguste, en 31 avant notre ère, que Rome impose sa loi sur toute la péninsule et au pourtour méditerranéen. Les empereurs n'auront de cesse de l'embellir en la couvrant de monuments plus grandioses les uns que les autres : forums, thermes, théâtres, arcs de triomphe, palais… rien n'est assez beau pour la Ville Éternelle. Dès sa fondation, la population ne cesse de croître et de s'entasser dans des *insulae*, sorte de HLM à plusieurs étages. À partir du IVe siècle, la Rome chrétienne commence à édifier les grandes basiliques Saint-Pierre, Saint-Paul et Sainte-Marie-Majeure. De grandes voies arrivent dans la ville par des portes monumentales, marquant ainsi les différentes étapes de l'expansion de la ville antique qui approche un million d'habitants au IIIe siècle.

* *Voir pages 11, 123, 127, 128, 129, 130, 131, 133, 135.*

Rouffignac, grotte de

La grotte de Rouffignac est l'une des plus grandes grottes ornées du monde. Située en Dordogne, elle est surtout connue pour ses dessins de mammouths et de rhinocéros laineux datés de la période magdalénienne (17000-10000).

* *Voir page 45.*

Ruiz Lhuillier, Alberto

Archéologue mexicain.

* *Voir pages 179, 181.*

S

Saba

Le royaume de Saba, quasi mythique, est le plus souvent situé en Arabie du Sud ou en Éthiopie. Il est surtout connu pour sa reine qui aurait, dit la légende, rencontré le roi Salomon.

* *Voir page 190.*

Sahelanthropus tchadensis

(voir Toumaï)

* *Voir pages 17, 20.*

Saint-Sauveur-in-Chora

Petite église perdue dans les hauteurs d'Istanbul, elle est construite au Ve siècle de notre ère. Au XIVe siècle, elle est restaurée et couverte de fresques et de mosaïques de tradition orthodoxe, avec des images peu connues dans nos pays de tradition catholique. Grâce aux musulmans, qui transforment l'église en mosquée au XVIe siècle et recouvrent tous les murs d'une peinture blanche à la chaux, les fresques sont conservées jusqu'au milieu du XXe siècle, date à laquelle elles ont été redécouvertes.

Salomon

Roi des Hébreux au Xe siècle avant notre ère.

* *Voir pages 190, 191.*

Samarcande

Ville d'Ouzbékistan. Samarcande est fondée au VIe siècle avant notre ère sous le nom d'Afrasyab. Carrefour géographique à la frontière des mondes turc et persan, elle fait alors partie de l'empire des Perses Achéménides (648-331 avant notre ère). Au IIIe siècle de notre ère, elle est déjà une des places les plus importantes pour le commerce de la soie.

Conquise par les Arabes en 712, elle brille particulièrement sous le règne des Samanides, dynastie iranienne qui reprend le pouvoir en Perse entre le IXe et le XIe siècle. Samarcande devient alors le premier centre de fabrication du papier du monde musulman, avant d'être conquise par les Turcs puis rasée par l'invasion mongole de Genghis Khan en 1220. Grâce aux efforts de Tamerlan (1336-1405), qui la reconstruit, elle devient à nouveau capitale jusqu'à la fin du XVe siècle. Les monuments que l'on peut aujourd'hui admirer à Samarcande datent de cette époque.

Depuis l'invasion russe, en 1868, une ville moderne s'est développée juste à côté de l'ancienne

Samarcande qui, elle, est classée au Patrimoine mondial de l'Unesco.

* *Voir pages 143, 151.*

Samarra

Le site de Samarra est occupé depuis le IIe millénaire avant notre ère, mais c'est à l'époque du califat des Abbassides (750-1258 de notre ère) que la ville connaît son heure de gloire. En 834, le calife Al Mutasim (833-842), fils d'Haroun al-Rachid des *Mille et Une Nuits*, en fait sa capitale et la nomme *Surra man ra'a*, « heureux celui qui la voit ». Huit califes s'y succèdent avant que Samarra cède sa place de capitale à Bagdad, en 892. La ville, rapidement abandonnée, est aujourd'hui une bourgade.

À Samarra, les califes construisent sans retenue : palais, jardins, maisons, mosquées, casernes s'étendent sur des dizaines d'hectares. C'est un des sites archéologiques les plus étendus du monde. Elle est construite en brique crue, en brique cuite et en pisé. On dénombre plus de 5 000 bâtiments. Avec son minaret hélicoïdal (en forme d'hélice) de 50 mètres de haut, la mosquée d'Al Mutawakkil, construite au IXe siècle, est remarquable à plus d'un titre : tout d'abord par la beauté et la finesse de sa réalisation, mais peut-être aussi parce que les premiers voyageurs l'ont assimilée aux ziggurats mésopotamiennes et, plus précisément, à la tour de Babel. La cité est classée au Patrimoine mondial par l'Unesco.

San Agustin

Le parc archéologique de San Agustin, inscrit au Patrimoine mondial de l'Unesco, est un ensemble de monuments religieux et de sculptures mégalithiques au cœur des Andes colombiennes. Dans un paysage exubérant se dressent plus de 300 sculptures monumentales figurant des divinités et des animaux mythiques. Les artistes de San Agustin ont sculpté les roches volcaniques (le tuf et l'andésite) avec une grande maîtrise. Disposées à l'entrée de chambres funéraires, certaines de ces sculptures montrent un important souci de réalisme, alors que d'autres sont tout à fait abstraites. San Agustin atteint son apogée entre le Ier et le VIIIe siècle.

Sanctuaire

Édifice consacré aux cérémonies religieuses. Pour les juifs, il s'agit de la partie la plus secrète du temple de Jérusalem. Pour les chrétiens, c'est l'endroit de l'église où l'autel est construit...

* *Voir pages 56, 83, 88, 134, 135.*

Saqqarah

Saqqarah est la nécropole de la région de Memphis, capitale des pharaons de l'Ancien Empire (2700-2200 avant notre ère) située à l'embouchure du delta du Nil. Les premiers pharaons s'y font enterrer dans des mastabas, blocs rectangulaires assez imposants. Vers 2600, Imhotep, l'architecte du pharaon Djéser, décide d'y élever la tombe de son roi en superposant plusieurs mastabas du plus grand au plus petit : c'est la naissance de la première pyramide. Dite à degrés, elle fait figure d'ancêtre des pyramides de Chéops, Chéphren et Mykérinos, construites plus tard sur le plateau de Gizeh. La nécropole royale est abandonnée au Moyen Empire (2050-1785 avant notre ère) au profit de Thèbes, en haute Égypte, la nouvelle capitale. Sous le Nouvel Empire (1500-1000 avant notre ère), et plus exactement sous les XVIIIe et XIXe dynasties, Memphis redevient une ville importante et les nobles se font à nouveau enterrer à Saqqarah, dans de somptueuses tombes surplombées de temples funéraires. Enfin, c'est aussi à Saqqarah que l'on trouve les tombes des taureaux sacrés Apis, dont le culte était rendu à Memphis.

* *Voir page 82.*

Sarcophage

Sarcophage vient de l'adjectif grec *sarcophagos,* « qui mange les chairs » et qui devient, par extension, le tombeau. En Égypte ancienne, le sarcophage est nommé *neb ânkh*, ce qui signifie littéralement « maître de la vie » ; sa forme symbolise une barque, car le défunt et les dieux qui l'accompagnent doivent pouvoir circuler sur le Nil pour accéder au monde des morts et y gagner l'immortalité.

* *Voir pages 84, 88, 89, 90, 91, 159, 162, 182, 184.*

Sargon d'Akkad

Fondateur du plus ancien empire connu. Vivant entre les XXIVe et XXIIIe siècles, Sargon parvient à réunir sous son contrôle les principales cités sumériennes qui se partageaient alors le pouvoir en Mésopotamie.

Sarzec, Ernest de (1832-1901)

Diplomate et archéologue français, il perpétue la tradition des consuls-archéologues. En 1877, alors qu'il est en poste à Bassora, il est conduit sur le site de Tello, informé de la découverte de statues issues de fouilles clandestines. Jugeant le site prometteur, il engage les premiers travaux de sa poche et fouille ainsi de 1877 à 1900. Il mènera onze campagnes de fouilles sur trois des multiples tells, ou monticules artificiels, du site qui définissaient l'emplacement d'une ancienne cité. Il met ainsi au jour la ville sainte de Girsu, appelée aujourd'hui Tello, où il découvre un peuple oublié de tous, les Sumériens, à qui l'ont doit l'invention de l'écriture.

Sassanides

Dynastie perse qui règne sur l'Iran de 224 à 651. Elle représente l'accomplissement de la civilisation Perse, du point de vue tant artistique que politique et religieux. Son influence culturelle se fera sentir jusqu'à l'Europe de l'Ouest, l'Afrique et l'Inde. Les sources dont on dispose ne sont pas très nombreuses : quelques inscriptions rupestres des débuts de la dynastie, les textes des historiens arméniens, la littérature arabo-persane postérieure et des sites archéologiques riches mais encore peu étudiés. Néanmoins, les recherches nous apprennent que la dynastie sassanide a un grand sens de l'administration, des échanges internationaux et de l'exploitation agricole.

La religion des Sassanides est le zoroastrisme, une religion hénothéiste avec un dieu principal, Ahura Mazda, créateur du ciel et de la terre, et des divinités secondaires comme Anahita, déesse de la Guerre et de la Fécondité, et Mithra, dieu du Soleil et de la Justice. Cette religion a été prophétisée par Zarathoustra, dont le nom grec est Zoroastre. Ce dernier prêchait un dualisme reposant sur la bataille entre le Bien et le Mal, la Lumière et les Ténèbres.

L'arrivée des conquérants arabes au milieu du VIIe siècle provoque la chute des Sassanides. On note alors une progressive diminution de la culture perse sur tout le monde eurasiatique. Une exception s'impose au sujet de Mithra, introduit à Rome au Ier siècle de notre ère par les légions en poste en Orient. Il y prendra une place prépondérante aux premiers siècles de l'ère chrétienne jusqu'à ce que le mithraïsme soit lui aussi supplanté par une religion monothéiste, le christianisme. Mithra a donc « perdu » ce combat contre Jésus, mais partout, dans le monde romain, on retrouve des *mithraeum*, témoins de son pouvoir de séduction.

* *Voir pages 137, 138, 147, 149, 151.*

Sceau
Empreinte destinée à garantir l'authenticité d'un document, telle une signature. Le terme désigne également l'objet qui permet de réaliser cette empreinte. Il existe des sceaux à encre ou en creux. Ces derniers impriment un relief sur une pâte molle, qui va durcir rapidement comme de la cire chauffée ou de l'argile humide.

* *Voir pages 70, 79.*

Schliemann, Heinrich (1822-1890)
Aventurier et archéologue allemand du XIXe siècle. On lui doit, entre autres, la découverte de la mythique ville de Troie.

* *Voir pages 94, 95, 96, 97, 98, 100, 101, 102, 103, 104, 105, 106.*

Scythes
Les chercheurs regroupent sous ce même nom des peuples nomades très différents d'origine indo-européenne. Ils vivaient de l'Ukraine à l'actuelle frontière russo-chinoise entre le VIIe et le IIIe siècle avant notre ère ; les Assyriens parlent des Scythes dès le VIIe siècle.

L'historien grec Hérodote (484-420) avait une connaissance un peu plus approfondie de leurs modes de vie. Il nous dit, par exemple, qu'ils avaient un panthéon comparable à celui des Grecs ; qu'ils étaient des cavaliers hors pair ; qu'ils maniaient l'épée avec brio... L'archéologie, elle, ajoute peu de chose à ce tableau, si ce n'est qu'ils enterraient leurs morts sous de grands tumuli, ou tertres funéraires, parfois très richement pourvus. Ils laissent une idée d'un ensemble de peuples guerriers, vaillants, à la fois sans merci mais aimant les arts...

De nombreux groupes ethniques se sont réclamés d'une ascendance scythe : les Kazakhs, les Yakoutes et les Pachtouns d'Asie centrale, mais aussi les Hongrois, les Croates d'Europe centrale ou les Serbes.

* *Voir page 144.*

Sédentaire
Le sédentaire s'oppose au nomade, car il vit en un endroit fixe. Les hommes sont devenus sédentaires au Néolithique. Avec l'apparition de l'agriculture, ils ont dû entretenir leurs champs, semer et récolter et se sont donc attachés à une terre. Au Proche-Orient, la sédentarisation a précédé l'agriculture, car les hommes disposaient d'assez de ressources pour ne pas avoir à se déplacer quotidiennement. Les plus anciennes traces de villages, donc d'hommes ayant vécu en groupe, datent d'il y a 12 000 ans.

Sédiment
Le sédiment est le résultat de l'usure des roches, due à l'action du vent, des pluies, des glaciers... Les sédiments se déposent en formant des couches de terre que l'archéologue identifie et peut dater les unes par rapport aux autres.

* *Voir pages 12, 28, 159.*

Ségeste
Ville principale des Élymes, peuple que Thucydide (homme politique et historien athénien du Ve siècle avant notre ère) dit descendre des Troyens mais qui, en réalité, viendraient d'Anatolie. Leur langue n'a jamais été déchiffrée, quoiqu'ils aient écrit en caractères grecs. Ségeste est aujourd'hui un des plus beaux sites archéologiques de Sicile, notamment grâce à son théâtre, construit au IVe siècle avant notre ère, qui domine toute la plaine environnante. Ses ruines montrent une très forte influence grecque due aux relations commerciales entretenues avec la Grèce classique.

Elle est finalement détruite par les Vandales au ve siècle de notre ère.

Séleucides

Dynastie grecque issue de Séleucos Ier, un général d'Alexandre le Grand. À l'instar de Ptolémée en Égypte, il est un des diadoques d'Alexandre, c'est-à-dire un de ses successeurs. Il prend à sa charge l'empire d'Asie, formé par les territoires orientaux qui s'étendent de la Syrie à l'Indus. Les Séleucides règnent ainsi sur la Babylonie, la Mésopotamie et l'Iran antique, dans la continuité des Achéménides, jusqu'au IIe siècle avant notre ère. En 65 avant notre ère, ce qui restait de l'empire d'Alexandre devient province romaine.

* *Voir page 145.*

Séleucie du Tigre

Ville grecque fondée par Séleucos Ier vers 300 avant notre ère.

* *Voir page 149.*

Sélinonte

Magnifique site sur la côte sud de la Sicile, fondé au VIIe siècle avant notre ère. C'est une ville prospère, notamment grâce à la région agricole qui l'environne et au commerce avec les riches Carthaginois du continent africain. Carthage la détruit vers 409 avant notre ère.

Sémite

« Sémite », terme apparu au XIXe siècle, vient de Sem, l'un des fils de Noé, que l'on connaît par les récits de la Bible.

Les philologues, spécialistes des langues, qualifie ainsi un ensemble de peuples utilisant, ou ayant utilisé, une langue sémitique dont la caractéristique principale est la prédominance de racines des mots à trois consonnes. Les locuteurs de ces langues regroupent plusieurs peuples aux origines ethniques différentes.

L'akkadien, langue sémitique qui donnera le babylonien, l'assyrien et bien d'autres langues orientales, domine au Proche-Orient pendant toute l'Antiquité. Les langues sémitiques qui existent encore aujourd'hui sont l'araméen, dite langue du Christ, l'arabe, l'hébreux et l'éthiopien.

* *Voir page 118.*

Sépulture

Endroit où l'on enterre les morts. Synonyme de tombeau, elle est la dernière demeure éternelle.

* *Voir pages 84, 104, 119, 158, 159, 160, 169, 185.*

Serapeum

Tombeau des taureaux Apis, découvert par Auguste Mariette à Saqqarah. Inauguré sous la XVIIIe dynastie, le Serapeum se développe surtout sous le règne des Ramsès (1300-1000 avant notre ère).

* *Voir pages 82, 83, 84.*

Sérapis

Divinité gréco-égyptienne.

Seth

Dans la mythologie égyptienne, Seth est le frère maléfique d'Osiris.

* *Voir page 91.*

Sijilmassa

Ville médiévale importante du Sud marocain. Aujourd'hui, les ruines de la cité antique apparaissent çà et là sous la ville de Rissani. Cité marchande où faisaient halte les caravanes venant d'Afrique noire pour rejoindre la Méditerranée, elle bat monnaie, grande première dans cette région d'Afrique. Par ses pistes passaient l'or, l'ivoire, les plumes d'autruche, mais également les esclaves. Elle continue à être une place commerciale forte jusqu'au XIVe siècle, époque où les voies de circulation et les biens échangés se modifient. Aucune fouille d'envergure n'a, à ce jour, été réalisée.

Silex

Le silex est une roche sédimentaire très dure, constituée de calcédoine, une cousine du quartz, et d'impuretés comme les oxydes qui lui donnent une grande variété de couleurs. On le trouve le plus souvent à l'intérieur de couches de craie ou de calcaire, sous forme de petits nœuds extrêmement compacts appelés nodules. Cette roche cassante a des mécanismes de fracture particulièrement favorables au débitage, c'est-à-dire à la taille d'un outil. Avec un peu d'entraînement, il est possible de tailler le silex et de lui donner la forme voulue. On reconnaît les différentes étapes de la Préhistoire grâce aux techniques de débitage, donc de taille, plus ou moins élaborées. C'est également en frottant le silex contre une pyrite, ou « pierre à feu », que les hommes préhistoriques ont appris à faire le feu.
Encore aujourd'hui, les hommes continuent de ramasser des outils en silex taillé, qui apparaissent dans les champs au gré d'un labour ou d'un gros orage. Longtemps, ils leur ont attribué une origine surnaturelle en considérant ces objets aux formes singulières comme le résultat de la foudre. Jusqu'à la fin du XIXe siècle, ces « pierres à foudre » sont ainsi soigneusement collectées pour leurs vertus magiques ou curatives. Imaginer autre chose était de l'ordre du délire. Envisager une humanité antérieure aux temps historiques, un âge où les hommes auraient taillé la pierre pour s'en faire des outils, était alors impensable. Lorsqu'en 1844 Jacques Boucher de Perthes découvre, dans la Somme, des outils en silex mélangés à des os de grands mammifères disparus, il réussit à faire admettre avec beaucoup de difficultés et de railleries l'existence d'un homme préhistorique. Grâce aux fouilles archéologiques, on sait aujourd'hui que, pendant la Préhistoire, les hommes ont fabriqué un grand nombre de leurs outils et de leurs armes à partir du silex.

* *Voir pages 30, 63.*

Sipán

Village du nord du Pérou dans lequel l'anthropologue Walter Alva a découvert la tombe du « seigneur de Sipán ».

* *Voir pages 153, 157, 160, 162.*

Site (archéologique)

Lieu d'accumulation de vestiges laissés par des hommes du passé. Il peut s'agir d'abris, de sites de plein air, de villas, de temples, de villages, de tombes, de villes… On les trouve en prospectant ou au hasard des travaux d'aménagement tels que les parkings souterrains, les constructions d'immeubles, les tracés d'autoroutes…

* *Voir page 18 (ce mot se retrouve dans tous les chapitres).*

Sparte

Ville du Péloponnèse. Entre le VIIe et le IVe siècle avant notre ère, elle est, avec Athènes et Thèbes, l'une des principales cités-États du monde grec. Elle est très tôt une puissance militaire et prend la tête des forces grecques pendant les guerres contre les Mèdes. L'éducation y est obligatoire, collective et organisée par la cité. Les Spartiates doivent être disciplinés, efficaces, et travailler à la prospérité de la cité. D'ailleurs, dans la langue française, « spartiate » signifie quelque chose ou quelqu'un d'austère, de frugal, de rigide… Connue comme la plus puissante de l'époque, l'armée de Sparte perd son hégémonie et sera finalement détruite par les Goths à la fin du IVe siècle de notre ère.

* *Voir page 94.*

Spéléologie

Activité consistant à repérer, explorer, étudier et cartographier les cavités souterraines comme les grottes. La découverte de grottes ornées est souvent le fait de spéléologues aventureux partis à la recherche de nouveaux réseaux souterrains.

* *Voir page 49.*

Sphinx

Créature fantastique avec un buste de femme, un corps de lion et des ailes d'oiseau. Dans la mythologie grecque, le sphinx ou la sphinge ravage les champs et terrorise la population de Béotie, une région de Grèce centrale. Le régent de Thèbes promit la main de la reine-veuve Jocaste à qui parviendrait à le débarrasser de ce fléau. Or, cette créature déclara que si quelqu'un réussissait à résoudre une énigme qu'elle avait apprise des Muses, elle s'en irait : « Quel est l'être pourvu de la voix qui a d'abord quatre jambes, puis deux et enfin, trois ? » Beaucoup périrent après avoir donné une mauvaise réponse. Œdipe, lui, trouva la solution : il s'agissait de l'homme aux trois stades de sa vie (l'enfance, l'âge adulte et la vieillesse). Il se maria avec Jocaste mais ignorait qu'elle était sa mère...

Sphinx est aussi le nom donné à une sculpture égyptienne. La plus connue est la gardienne du site de Gizeh, taillée dans une colline naturelle qui fournissait une partie des blocs destinés à la construction des grandes pyramides. Les archéologues supposent qu'elle est plus ancienne que Chéops et Chéphren, car les traces d'érosion sur le Sphinx semblent être beaucoup plus importantes que celles des monuments avoisinants. Par ailleurs, les dégradations de son nez ne sont pas dues à Obélix ni au tapis d'Aladin, mais à un cheikh qui lui tira dessus au canon, au milieu du XIVe siècle.

* *Voir page 82.*

Solutréen, Solutré

Avant-dernière phase du Paléolithique supérieur (35000-11000), le Solutréen (22000-17000) est un nom créé à partir du site préhistorique éponyme, situé au pied de la roche de Solutré, en Saône-et-Loire. Il correspond à une période extrêmement froide, le pic de la dernière glaciation. Les Solutréens ont fait preuve d'une grande maîtrise des techniques de taille et en particulier du façonnage au percuteur tendre (comme l'os). Les pièces bifaciales, taillées sur les deux faces, étaient retouchées par pression et non plus par frappe, ce qui affine le résultat. Parfois, les silex étaient chauffés pour améliorer leurs propriétés mécaniques. Les outils les plus caractéristiques de cette phase sont les « feuilles de laurier » et les pointes à cran.

Par ailleurs, les Solutréens sont les inventeurs du propulseur, qui servait à envoyer leur lance avec plus de force, et de l'aiguille à chas, c'est-à-dire de l'aiguille percée d'un trou pour enfiler le fil. Ils utilisaient beaucoup les matières dures animales comme les os et les bois de renne. L'art rupestre solutréen est connu par la frise sculptée du Roc-de-Sers et une partie des peintures de la grotte Cosquer. Certaines peintures de Lascaux pourraient également être solutréennes.

* *Voir pages 45, 47.*

Sondage

En archéologie, un sondage est un puits d'environ 2 m² que l'on creuse pour confirmer ou infirmer l'existence d'un site archéologique ou de couches

stratigraphiques intéressantes. Si le résultat est positif, on ouvre alors une aire de fouille.
* *Voir pages 120, 196.*

Sterkfontein

Site préhistorique et paléoanthropologique en Afrique du Sud. Les chercheurs y ont trouvé de nombreux fossiles d'hominidés très anciens ainsi que des vestiges d'industries lithiques du Paléolithique inférieur (2,8 millions d'années à 300 000 ans).

Stonehenge

Célèbre site archéologique anglais qui a suscité de nombreux fantasmes autour de son architecture. Au début du IIe millénaire, le site est formé d'une butte à l'intérieur de laquelle se trouvaient plusieurs dizaines de tombes en pierre. Trois cents ans plus tard, un double cercle de 75 pierres est dressé au-dessus. Enfin, vers 1500 avant notre ère, il prend la forme que nous lui connaissons aujourd'hui, c'est-à-dire celle d'un cercle de 30 mètres de diamètre, constitué d'une trentaine de pierres d'environ 5 mètres de haut, dressées et alignées. Ces alignements auraient été orientés en fonction du soleil et de la lune. S'agissait-il d'un sanctuaire ? d'un observatoire astronomique ? La signification de ce type de construction monumentale que l'on trouve en Europe de l'Ouest et particulièrement en Bretagne, est encore mal connue.

Strabon

Géographe grec du Ier siècle avant notre ère. Il laisse une *Géographie* en 17 volumes qui réhabilite notamment les récits d'Homère sur le plan géographique, décrit le droit romain des différentes cités, analyse la romanisation de la Gaule... Il participe également à l'élaboration de la liste des Sept Merveilles du monde antique. Il est la figure type du géographe antique.
* *Voir pages 82, 95.*

Stratigraphie

Étude de la succession des couches de terre, ou sédiments, déposées les unes sur les autres au fil du temps. Les couches stratigraphiques sont datées et permettent de situer chronologiquement les vestiges qu'elles contiennent. Les couches les plus profondes sont ainsi les plus anciennes puisque les plus anciennement déposées. Cette méthode de datation est toutefois relative : des bouleversements peuvent être provoqués par la pluie, des tremblements de terre, des failles, des terriers ou même par des constructions en sous-sol. Une coupe stratigraphique peut être comparée à un millefeuille. L'archéologue reconnaît les différentes couches grâce à leur texture et à leur couleur et relève toutes les informations qu'elles contiennent : altitude, nature du sédiment, vestiges anthropiques (d'origine humaine)... En cas de doute sur leur nature, il peut aller étudier la coupe et constater à quel niveau il se trouve par rapport à d'autres endroits du site déjà fouillés.
* *Voir pages 12, 19, 50, 101, 127, 128, 129, 130, 135,*

Stuc

Enduit naturel à base de chaux. On s'en sert depuis l'Antiquité pour recouvrir murs et plafonds et y apposer des décors.
* *Voir pages 149, 179, 180, 184.*

Stupa

Monument indien représentant Bouddha et commémorant sa mort. Il témoigne de l'expansion du bouddhisme dans toute l'Asie. Le stupa proviendrait du tumulus, ou monticule funéraire, et n'aurait d'abord été qu'un tas de pierres renfermant une relique de Bouddha. Au fil du temps, les stupas ne contiennent plus ni reliques ni objets, mais exposent simplement la doctrine bouddhique.

Sumériens

Les Sumériens sont les habitants du pays de Sumer, en basse Mésopotamie. Ils règnent sur ce territoire à différentes périodes entre les IVe et IIe millénaires. La question de leur origine fait débat. Le fait que leur langue, encore mal connue, n'ait été ni sémitique ni indo-européenne, contrairement aux autres langues de la région, ajoute au mystère de leur origine. Il est probable que leur capitale, au moins pour le IIIe millénaire, ait été Uruk, la ville du roi légendaire Gilgamesh.
L'administration sumérienne fonctionnait par le système des cités-États, c'est-à-dire que chaque ville était gouvernée par une sorte de prince et dominait tout le territoire alentour.
Les Sumériens amorcent le principe d'une autorité centrale gérant la politique et l'économie, mais aussi la religion ; ils inventent l'écriture cunéiforme, développent une société hiérarchisée et fondent des villes. Pour gérer cette économie naissante, ils mettent en place un système comptable de gestion, prenant comme système de numération la base 60, alors que nous utilisons la base 10. Ils excellent aussi dans la lecture des astres, en médecine et inventent la voûte en architecture. Cette dernière n'est pas encore tout à fait au point, mais elle est utilisée dans des constructions exceptionnelles comme dans le cimetière royal d'Ur.
* *Voir pages 64, 68, 71, 140.*

Suse

Située dans le sud de l'Iran, elle est la capitale de l'Élam puis celle des Perses Achéménides. Explorée dans les années 1880 par les Français Marcel et Jeanne Dieulafoy, elle n'est fouillée qu'à partir de 1897, par Jacques de Morgan. Le nom de Suse nous est connu, car une partie du produit des fouilles est visible au musée du Louvre dans le département des Antiquités orientales. Depuis 1993, le site est étudié par une délégation iranienne.
Suse, sans aucun doute l'une des plus anciennes villes du monde, aurait été fondée il y a 5 500 ans. Dans les niveaux de cette époque apparaissent des documents de comptabilité, auxquels s'ajoutent toutes sortes de documents écrits ; l'écriture est inventée non loin de là. Les relations d'échange avec les plus proches voisins se nouent à cette époque et sont visibles à travers les objets présents dans le registre archéologique. En 646 avant notre ère, le roi assyrien Assurbanipal fait raser la ville et reprend le contrôle de la Babylonie. En 520 avant notre ère, relevée de ses ruines, Suse est choisie par Darius le Grand pour être une des capitales des Perses Achéménides. Le roi y fit élever, entre autres, une terrasse de 13 hectares et une salle d'audience ou Apadana, pour recevoir tous les ressortissants de l'Empire. Elles sont décorées de bas-reliefs sculptés et de briques émaillées figurant des archers et des tributaires en file d'attente. On entrait dans cet ensemble par une porte monumentale flanquée de deux statues colossales du roi. En 331 avant notre ère, conquise par les Grecs d'Alexandre, Suse ne retrouvera jamais son indépendance et sera abandonnée définitivement au XIIIe siècle de notre ère.
* *Voir pages 143, 146.*

Sutton Hoo

Site archéologique anglo-saxon. Un cimetière avec de multiples tumuli, ou tertres funéraires, y a été découvert et, dans l'un d'eux, un bateau-tombe daté du VIIe siècle. Son intérêt archéologique résulte du fait que le haut Moyen Âge anglais est très mal connu. Or, ce tombeau contient beaucoup d'informations et de pièces de grande valeur. Au vu du matériel retrouvé dans la tombe, les archéologues ont pensé que le défunt était probablement un roi. D'autres ont avancé la théorie selon laquelle cette manière de se faire enterrer se serait développée pour contrer les débuts d'expansion du christianisme. Ainsi, les païens de haute caste auraient cherché à rendre leur croyance plus séduisante pour les populations en mettant en place des rites d'enterrement chaque fois plus élaborés. La plupart des bateaux-tombes ont été découverts en Scandinavie et sont, de ce fait, attribués aux Vikings.

Syracuse

Ville grecque située en Sicile. Pendant la Grèce classique, Syracuse est la deuxième cité du monde méditerranéen. Entre Rome et Carthage, elle est au cœur des guerres puniques (on les appelle ainsi car phénicien se dit *poeni* en latin et les Carthaginois descendaient des Phéniciens). Ces guerres opposèrent Romains et Carthaginois aux IIIᵉ et IIᵉ siècles. C'est d'ailleurs à l'occasion de la deuxième guerre punique qu'Archimède se révéla être un ingénieur de génie. Tite-Live raconte qu'il a réaménagé les remparts, construit des meurtrières et de multiples machines de guerre. Mais les Romains prennent finalement la ville et la grande Syracuse est détruite, en 212 avant notre ère. Au Moyen Âge, elle est alternativement prise par les Sarrasins et les Normands, puis dominée par le Saint-Empire romain germanique, où elle retrouve un peu de sa splendeur. La ville est belle et mérite d'être visitée à plus d'un titre. La cathédrale, par exemple, est un incontournable des promenades méditerranéennes. Pour la bâtir, les architectes se sont appuyés sur un temple grec dédié à Athéna, construit au IIIᵉ siècle avant notre ère. Les colonnes doriques du péristyle ont été encastrées dans l'enceinte murale, tandis que le mur de la cella a été percé de huit arches de chaque côté pour obtenir une église à trois nefs. On retrouve là deux notions essentielles : l'une est le réemploi systématique des matériaux de construction dès l'Antiquité, l'autre est le fait que l'on construise le plus souvent les nouveaux lieux saints sur des lieux saints plus anciens. C'est sans doute un moyen de conserver le caractère sacré du lieu, mais aussi d'attirer et de convertir les anciens fidèles.

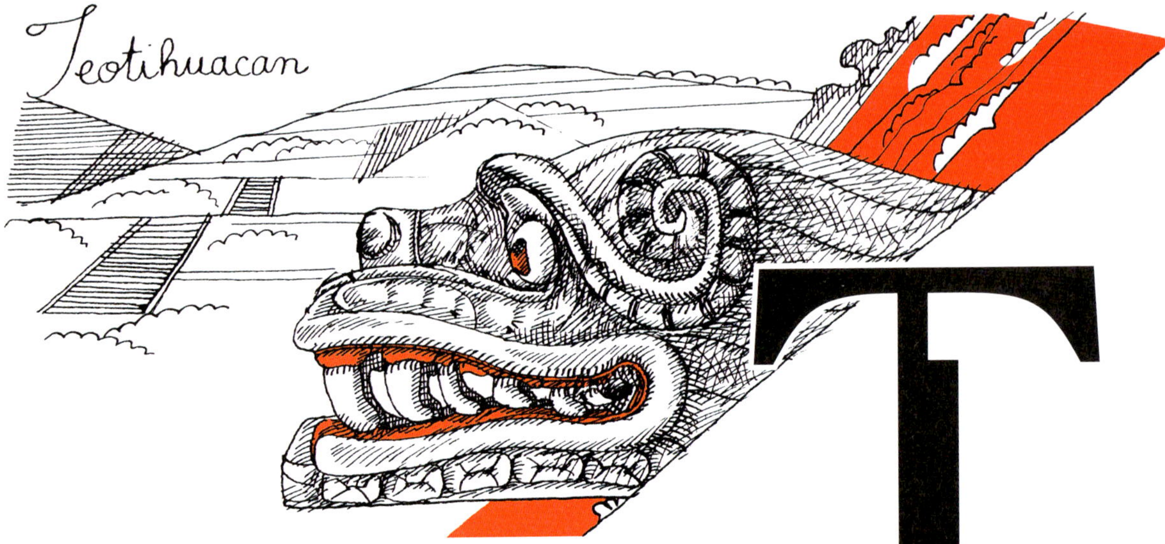

T

Tablettes

Supports d'écriture dans tout l'Orient antique. Le plus souvent en argile, elles étaient incisées dans la terre encore humide.

* *Voir pages 12, 61, 62, 64, 69, 70, 105, 109, 110, 138, 139, 140, 141, 142, 143.*

Tahuantinsuyu ou Tawantinsuyu

Nom indigène de l'Empire inca. Celui-ci était divisé en quatre régions, chacune gouvernée par un des membres de la famille royale. De Cuzco, la capitale, partait un réseau routier qui traversait tout l'Empire. Au XIVe siècle, il s'étendait depuis les frontières de l'Équateur et de la Colombie jusqu'au centre du Chili et de l'Argentine. Plus de 40 000 km de routes incas sillonnent ces trois pays. Constitué en moins d'un siècle, cet empire est singulier dans l'histoire de l'Amérique précolombienne pour avoir intégré dans un même État de multiples populations hétérogènes. Bien que les Incas eussent imposé le quechua comme langue officielle, on parlait plus de 700 langues différentes dans l'Empire.

* *Voir page 155.*

Tanis

Cité du delta du Nil, fondée par une dynastie de pharaons sur un site occupé dès l'Ancien Empire (2650-2150 avant notre ère). Elle doit sa célébrité à deux raisons majeures : elle est tout d'abord le lieu où est cachée l'arche d'alliance dans *Les Aventuriers de l'arche perdue*, premier volet des Indiana Jones. Ensuite, on y a découvert une nécropole avec les tombes des rois Psousennès Ier et Sheshonq II, respectivement de la XXIe et de la XXIIe dynastie (1070-715 avant notre ère). Avec celui de Tout Ankh Amon, de la XVIIIe dynastie (1550-1292 avant notre ère), ce sont les seuls trésors royaux retrouvés intacts. Tout ce que l'on sait de la ville est que les pharaons tanites voulaient en faire une capitale sur le modèle de Thèbes, la capitale du Sud, mais elle n'a jamais atteint ni la splendeur ni la longévité de cette dernière.

Taormine

Ville grecque fondée au IVe siècle avant notre ère, au pied de l'Etna. Fortifiée à l'époque byzantine, elle est une des dernières cités de Sicile à résister à l'invasion arabe, jusqu'en 902. La ville actuelle suit le tracé grec originel.

Tautavel

Commune des Pyrénées-Orientales dans laquelle ont été découverts des fossiles d'hominidés datés de 300 000 à 450 000 ans et qui appartiennent au genre *Homo erectus*. Ils sont associés à un matériel lithique datant du Paléolithique moyen (300000-35000).

* *Voir page 29.*

Teilhard de Chardin, Pierre (1881-1955)

Théologien, géologue et paléontologue français. Il est le codécouvreur du Sinanthrope ou homme de Pékin, un *Homo erectus* trouvé à Choukoutien dans les années 1920. Ses travaux établissent l'existence du Paléolithique en Asie.

Lors d'un troisième voyage en Chine, il s'arrête sur les côtes de Somalie où il acquiert la certitude que l'Afrique est le berceau de l'humanité ou, du moins, que c'est là que l'on trouvera les premières traces de l'homme : intuition géniale qui sera confirmée, quelques années, plus tard par la découverte des Australopithèques et d'autres hominidés en Afrique.

Jésuite à l'âge de 18 ans et connu pour avoir une vision à la fois évolutionniste et spiritualiste, il est la preuve qu'un scientifique peut également être un homme de foi.

Tell

Terme d'origine arabe qui désigne au Proche-Orient une butte artificielle. Elle résulte de l'accumulation de ruines recouvertes de sable ou de terre apportés par le vent. La plupart des noms de sites archéologiques proche-orientaux commencent ainsi par le mot « tell ».

Témoin

Butte artificielle créée par les archéologues au cours de leurs fouilles. Elle est constituée de toutes les couches stratigraphiques du terrain avant qu'il ne soit fouillé. Certains morceaux de stratigraphie pourront ainsi être étudiés plus tard si de nouvelles questions ou méthodes se présentent à l'archéologue.

Temple

Lieu de culte. Les plus anciens temples connus sont mésopotamiens et remontent aux Ve et IVe millénaires ; en Égypte, ce sont les temples funéraires des pyramides de l'Ancien Empire (2650-2150 avant notre ère). Les plus célèbres d'entre eux sont ceux qui ont été consacrés non pas aux rois mais aux dieux, comme ceux de Louqsor et Karnak, construits au Nouvel Empire (1500-1000 avant notre ère). En Iran ancien, il y a très peu de temples mais plutôt des autels dédiés au feu. La civilisation minoenne, la plus ancienne civilisation européenne, ne connaît a priori pas de temple. Il semblerait, néanmoins, que les grottes crétoises aient fait office de lieu de culte. En Inde, la plupart des sanctuaires que l'on a retrouvés sont creusés dans la falaise. Borobudur, à Java, et Angkor, au Cambodge, sont les modèles de temples-montagnes propres à l'Asie du Sud-Est. En Chine, les pagodes faisaient office de lieux de culte, d'écrins pour les reliques, mais également de lieux de rencontre. Les plus anciens temples américains sont situés au Pérou et en Bolivie et datent du Ier millénaire avant notre ère. En Amérique centrale, les Mayas sont les premiers à construire des temples en pierre, au début de notre ère. Enfin, les Romains imitent le temple grec qu'ils alourdissent un peu et qui devient, au Moyen Âge, le modèle de l'église chrétienne.

* *Voir pages 11, 75, 76, 82, 84, 86, 97, 111, 127, 128, 130, 133, 143, 146, 155, 157, 160, 178, 179, 181, 182, 188, 190.*

Tenochtitlan

Prestigieuse capitale aztèque située sous l'actuelle ville de Mexico. Entièrement détruite par les Espagnols, on la connaît un peu grâce aux chroniqueurs, aux gravures représentant quelques monuments et aux fouilles archéologiques menées au centre de la ville actuelle.

Sur la base de légendes locales et du calendrier aztèque, on suppose qu'elle a été fondée au XIVe siècle, soit très peu de temps avant l'arrivée des Espagnols. Les chercheurs estiment que les Aztèques s'installent dans ces marécages hostiles que sont les alentours du lac de Texcoco, parce que tous les sites plus propices sont occupés par des tribus plus puissantes qui les rejettent. La situation ne semble pas les déranger outre mesure puisqu'ils pratiquent très vite la culture sur *chinampas*, des radeaux d'osier couverts de limon, permettant d'accroître la surface cultivable. Assez rapidement, ils prennent le pas sur les populations voisines et Mexico-Tenochtitlan devient la capitale de l'Empire aztèque.

Teotihuacan

Ville antique sise à plus de 2 000 m d'altitude, à 48 km de Mexico. Teotihuacan est la cité des dieux par excellence.

Pour les habitants de Teotihuacan, c'est là que le soleil et la lune seraient apparus. C'est donc à cet endroit qu'aurait débuté leur parcours quotidien dans le firmament, constituant ainsi l'explication du jour et de la nuit. Teotihuacan est, de ce fait, l'un des sites les plus impressionnants du Mexique, avec ses pyramides du Soleil et de la Lune qui dominent un paysage très ouvert. Il est peu d'exemple de véritable ville en Amérique précolombienne, mais celle-ci en est bel et bien un. Elle commence à être construite deux siècles avant le début de notre ère. Elle arbore non seulement un grand nombre de temples, de palais et de bâtiments publics, sans doute d'ordre administratif, mais surtout elle a révélé l'existence de quartiers d'habitation qui l'élèvent ainsi au rang de cité.

On ne sait pas très bien comment Teotihuacan se développe, au point de devenir une métropole incontournable dans l'Amérique centrale précolombienne, ni pourquoi elle disparaît de la scène. En revanche, ce que l'on sait avec certitude, c'est qu'elle était à la tête d'un très puissant réseau d'échanges. Elle semble indépendante et n'appartenir à aucun groupe culturel précolombien. Son identité se matérialise dans les styles qu'elle adopte en architecture, en sculpture, dans la peinture murale et la céramique.

La ville entretient des relations diplomatiques étroites avec certaines villes mayas et avec Monte Alban, la capitale . Vers le VIe siècle, un gigantesque incendie puis une période de pillage et de fermeture de temples mettent un terme au développement de cette cité des dieux. Très récemment, les archéologues ont découvert un tunnel, construit avant le début de notre ère, sous la pyramide de la divinité Quetzalcoatl, le serpent à plumes...

* *Voir page 185.*

Tertre

Un site archéologique se repère souvent par l'existence d'un tertre, une accumulation de vestiges d'origine humaine, recouvert de terre ou de sable. Il sert notamment de point de repère géographique aux habitants des déserts.

Dû à l'activité des hommes, le tertre se rencontre sur tous les continents et il est désigné dans beaucoup de langues : « tell » en arabe, « tépé » en iranien, « daro » en hindou. L'origine de cette accumulation vient de la façon dont vivaient nos ancêtres dès qu'ils cessaient d'être nomades. Avec l'agriculture et l'élevage, l'homme se sédentarise et la cabane remplace la hutte provisoire, le village remplace le campement. Les villages grandissent ou sont abandonnés, mais ils laissent tous des tertres résultant de l'accumulation des débris d'occupation. Les constructions sont le plus souvent en terre et on les pilonne pour en construire de nouvelles par-dessus. Il en va de même pour les lieux de culte qui sont systématiquement construits au même endroit afin de fidéliser la « clientèle », et ce quelles que soient les religions. Pour l'archéologue, c'est une grande joie, car il lui est alors possible de se faire une idée de l'évolution de l'habitat, du village ou de la ville. On dit d'un tertre qu'il est funéraire quand il couvre une tombe. On retrouve ces tertres surtout dans des endroits secs et désertiques, où l'homme n'a pas eu le loisir de remodeler le paysage.

* *Voir page 166.*

Testament (Ancien)

Pour les chrétiens, c'est l'ensemble des écrits de la Bible antérieurs à la vie de Jésus qui est, elle, consignée dans le Nouveau Testament.

L'Ancien Testament comprend les livres de la Bible hébraïque auxquels les chrétiens ont ajouté d'autres livres, considérés comme secondaires par les juifs.

* *Voir pages 16, 138, 190.*

Thèbes

Il existe deux célèbres cités de Thèbes, l'une grecque et l'autre égyptienne.

La Thèbes grecque, patrie d'Hercule et d'Œdipe, est une ville ancienne de Béotie, dans laquelle se déroulent de nombreux récits mythologiques. La ville historique de Thèbes, tout d'abord mycénienne, devient le centre d'une confédération de bourgades au VIIe siècle avant notre ère, et, au VIe siècle, elle s'oppose à Athènes, sa rivale. Au Ve siècle, elle s'allie aux Perses. Puis, au IVe siècle, elle se range du côté d'Athènes contre Sparte. Alexandre le Grand la détruit, mais la ville survit jusqu'à la conquête romaine. Archéologiquement, il reste peu de traces de cette ville au passé mouvementé, dont le nom reste toutefois dans les mémoires.

La Thèbes égyptienne, appelée ainsi par les Grecs, est une cité de haute Égypte. Elle est la capitale des plus grands pharaons, entre 2000 et 1000 avant notre ère. Elle est constituée par l'union de trois bourgades : Karnak au nord, Louqsor au sud et Ouaset à l'est du Nil.

Depuis la XIIe dynastie, soit au Ier siècle du IIe millénaire, Amon, le créateur, devient la divinité de la ville et, par la suite, le dieu de l'État. Thèbes atteint alors son apogée. On est sous la XVIIIe dynastie avec comme grandes figures régnantes Aménophis III, son fils Akhenaton ou Aménophis IV, la reine Hatchepsout et son beau-fils Thoutmosis III. Presque tous ces pharaons embelliront la ville et les temples, et graveront dans la pierre leur passage en ce bas monde.

Si, pour des raisons stratégiques, les Ramessides de la XIXe dynastie installent leurs résidences dans le delta, Thèbes demeure la capitale officielle, qu'ils continuent d'enrichir. Finalement, les villes du Nord prendront le pas sur la grande capitale du Sud, mais celle-ci restera la capitale religieuse de l'Empire jusqu'à ce que les Assyriens la saccagent, au VIIe siècle avant notre ère.

Théodolite

Instrument de précision qui permet de mesurer les distances à partir d'un point fixe et donc d'avoir toutes les coordonnées spatiales d'un objet ou d'un monument relevé dans une fouille.

Grâce au théodolite, on peut dessiner une carte ou un paysage en trois dimensions avec une grande précision.

Thermes

Du grec *thermos*, « chaud ». Les Romains désignaient ainsi les bains publics qui existaient à Rome dès l'époque d'Auguste (63 avant notre ère – 14 après notre ère). Leur nombre augmente à partir du IIIe siècle de notre ère : on en retrouve alors dans toutes les villes de l'Empire.

La structure des thermes varie beaucoup, mais un certain nombre de salles sont toujours identifiables : l'*apodyterium*, ou vestiaire, dans lequel les vêtements sont confiés aux bons soins des esclaves ; dans le *frigidarium*, ou bain froid, se trouve la piscine, souvent à l'air libre ; le *tepidarium*, ou salle tiède, sert à s'acclimater à la chaleur avant d'entrer dans le *caldarium*, ou salle chaude, où l'on se baigne dans des bassins d'eau chaude. À ces bains sont toujours associés le *laconicum* et le *sudatorium*, où l'on prend des bains de vapeur humides pour les uns, secs pour les autres. Les pièces sont chauffées grâce à un système d'air chaud provenant d'un grand foyer en sous-sol, foyer d'une cinquantaine de centimètres de haut formé par des piles de briques.

Les grands thermes sont des endroits où l'on se retrouve pour discuter, notamment les notables romains. On ne sait pas très bien s'ils sont mixtes ou s'ils fonctionnent par tranches horaires. Toujours est-il qu'en 117 l'empereur romain Hadrien impose, par décret, la séparation des sexes dans les bains.

* *Voir page 127.*

Thermoluminescence

Méthode de datation absolue, en général utilisée pour dater la terre cuite, ou céramique, ainsi que les fours, les foyers, les laves... Certains cristaux comme le quartz ou le feldspath, contenus dans l'argile, accumulent de l'énergie au cours du temps, sous forme d'électrons. Cette énergie provient de l'irradiation naturelle du lieu où ils se trouvent. Lorsque l'on chauffe une poterie à une température dépassant 500 °C, elle libère une lumière qui est toute l'énergie que l'argile a accumulée. Une fois refroidie, l'accumulation recommence. Pour pouvoir dater la cuisson d'un objet en terre cuite, il suffit de l'exposer à nouveau à une température supérieure à 500 °C, afin qu'elle libère l'énergie accumulée depuis sa dernière exposition à la chaleur, soit lors de sa fabrication. Ainsi, en mesurant la quantité de lumière émise par un calcul connu des physiciens, on peut savoir à quand remonte sa cuisson.

Cette méthode ne peut dater des objets ayant plus de 700 000 ans.

Thésée

Héros athénien, il est au centre de beaucoup de légendes dont notamment celle de sa victoire sur le Minotaure.

* *Voir pages 108, 112.*

Thor

Dieu du Tonnerre dans la mythologie germanique et scandinave. Fils d'Odin, il est le plus vénéré de tous. Avec son marteau, il crée la foudre.

* *Voir page 171.*

Thoutmosis III

Pharaon de la XVIIIe dynastie (1550-1300 avant notre ère). Thoutmosis III, qui règne au XVe siècle, étend les frontières de son empire jusqu'à l'Euphrate, à l'est de la Syrie, et au-delà de la quatrième cataracte, au sud de la Nubie. Grand bâtisseur, il intervient aussi sur tous les grands temples du

Nouvel Empire (1550-1000 avant notre ère), dont celui de Karnak.
* *Voir page 86.*

Tiahuanaco (ou Tiwanaku)

Nom d'une ville et d'une culture préincaïques. Influente sur les Andes centrales, l'actuel nord du Chili et l'ouest de la Bolivie, entre le Vᵉ et le XIᵉ siècle, Tiahuanaco offre une architecture soignée qui peut être considérée comme l'ancêtre de l'architecture inca.
Le site archéologique principal, ou cité du Soleil, est constitué de nombreux édifices cérémoniels dont les principaux sont le Kalasasaya, une vaste enceinte fermée, la pyramide à sept degrés d'Akapana et la porte du Soleil. Dans la pyramide avait été conçu un système de canalisations menant l'eau à son sommet pour qu'elle se déverse ensuite d'un étage à l'autre, créant ainsi une impression de majesté. Des monolithes anthropomorphes, c'est-à-dire des grandes pierres de forme humaine, jalonnent le site. On pourrait les rapprocher des *moaï* de l'île de Pâques.
Certains chercheurs s'attachent à démontrer la très haute antiquité du site, en se fondant notamment sur des constructions qui pourraient être des quais et qui se trouvent à une bonne distance du lac. Or, on estime que le lac aurait bordé ce site il y a 15 000 ans. Les recherches se poursuivent.

Tierradentro

Site éponyme de la culture Tierradentro (du VIIᵉ siècle à la conquête espagnole), dans les Andes colombiennes. Étendu sur 150 km² autour de San Andrès de Pisimbala, Tierradentro est remarquable par ses hypogées, ou tombes souterraines, creusées dans le tuf volcanique : un escalier droit ou en spirale donne accès à une chambre funéraire simple ou agrémentée de niches ; des colonnes sculptées figurent parfois des personnages humains. Les parois des tombes ont été peintes en blanc et recouvertes de motifs géométriques rouges, noirs ou ocres : le décor est gai et peu solennel. Les cendres des défunts les plus importants ont, semble-t-il, été enfouies dans des urnes funéraires. Par ailleurs, une trentaine de statues monolithes éparpillées sur toute cette aire archéologique font penser au style de San Agustin, un site archéologique voisin. En revanche, les statues de Tierradentro ne semblent pas être directement associées aux tombes.

Tigre

Un des principaux fleuves du Proche-Orient. Avec l'Euphrate, il enserre une vaste région qui, dans l'Antiquité, était surnommée la Mésopotamie, dans l'Irak actuel.
* *Voir pages 68, 140.*

Tikal

Isolé au beau milieu de la forêt du Petén, au Guatemala, Tikal est l'un des plus grands sites mayas. Capitale politique, il connaît son plus grand développement entre 250 et 950.
Les inscriptions retrouvées dans la région font état de nombreuses alliances et conflits avec d'autres cités-États mayas, comme Uaxactun ou Calakmul.
La zone résidentielle de la « cité » a été évaluée à une soixantaine de kilomètres carrés et la zone monumentale mesure à peu près 16 km². Celle-ci compte plus de 300 constructions : des pyramides surmontées de temples culminant à plus de 50 mètres, des temples aux formes les plus diverses, des terrains de jeu de balle, des palais, des plates-formes cérémonielles, des autels, des tombes, des stèles… Tant et si bien que les ruines de Tikal ont servi de toile de fond à une base rebelle

dans l'épisode IV de *La Guerre des étoiles*, de George Lucas, ou encore de source d'inspiration, pour la forme des pyramides, dans *Apocalypto*, de Mel Gibson. Tikal a tout pour faire rêver. Ses pyramides sur lesquelles grimpe une végétation luxuriante donnent l'image d'un paradis perdu, d'une civilisation oubliée et cachée dans la jungle.

Tirynthe

Ville au sud de Mycènes, dans le Péloponnèse, construite sur un éperon rocheux difficilement prenable. Selon la légende, Hercule y rentrait après chacun de ses « travaux ».
Site mycénien d'importance entre 1550 et 1050, il est détruit dans la première moitié du Vᵉ siècle avant notre ère. Les fouilles commencent avec Heinrich Schliemann, en 1884, et se poursuivent encore aujourd'hui.

* *Voir page 104.*

Tivoli

Tivoli est le lieu de villégiature des riches Romains de l'Empire (27 avant notre ère – 476 après pour l'Empire romain d'Occident) : plus de deux cents villas antiques y ont ainsi été mises au jour.
Situé à moins de 30 km de Rome, Tivoli est très étendu. On s'y promène aujourd'hui pour aller flâner dans les jardins de la villa d'Hadrien (76-138 de notre ère), l'empereur qui aimait les belles-lettres. Elle est constituée d'un théâtre grec, d'une palestre, sorte de gymnase, d'un palais impérial, de deux bibliothèques, d'une galerie de peinture, de grands bains, d'un temple dédié à Sérapis... le tout formant une synthèse de tous les styles d'architecture que l'empereur avait eu l'occasion d'admirer pendant ses voyages.

Toltèques

Peuple venu du nord du Mexique qui apparaît dans le registre archéologique du centre du pays, vers le IXᵉ siècle de notre ère. La capitale toltèque, Tula, semble avoir été fondée à cette même période, par un peuple de nomades en voie de sédentarisation.
Les Aztèques, qui se veulent leurs successeurs directs, partagent avec lui un certain nombre de caractéristiques dont une partie de leur panthéon. La religion toltèque était dualiste avec deux figures opposées : Quetzalcoatl, le serpent à plumes, et Tezcatlipoca, le dieu de la Guerre. La tradition mythologique veut que ce dernier ait contraint Quetzalcoatl à l'exil, événement qui correspond à l'installation des Toltèques au Yucatán, en plein territoire maya. Cette installation se lit parfaitement dans les sites archéologiques mayas comme Chichen Itza, qui devient alors un important centre religieux. Une véritable civilisation dite tolteco-maya s'y développe ainsi dès la fin du Xᵉ siècle. Cet État disparaît à la fin du XIIᵉ siècle, après avoir dominé le Mexique central et le Yucatán. La chute de Tula et de la société toltèque ouvre la voie à l'expansion aztèque, population nomade venant également du nord du pays. L'arrivée de Cortés est vue par les Aztèques comme le retour de Quetzalcoatl, de retour de son exil forcé.

* *Voir page 177.*

Torque

Collier porté par les populations celtiques et par les Scythes. En forme d'anneau non fermé et parfois torsadé, il est forgé d'une seule pièce en bronze, en fer ou en or. Il semblerait qu'il ait été un attribut des guerriers, mais on le reconnaît aussi sur plusieurs statues de divinités.

* *Voir page 121.*

Toumaï

Le plus vieil hominidé connu à ce jour, du genre

Sahelanthropus tchadensis (7 millions d'années). Toumaï présente des caractères plus proches du rameau humain que de celui des chimpanzés ou des gorilles. Il était très probablement plus bipède que grimpeur...

* *Voir pages 17, 20, 22, 39.*

Tout Ankh Amon

Pharaon de la XVIIIe dynastie, dont le nom signifie « l'image vivante du dieu Amon ». Il est le fils d'Akhenaton l'hérétique.

* *Voir pages 81, 84, 86, 89, 159.*

Tracéologie

Étude des traces laissées sur les outils. Par l'expérimentation, les archéologues ont taillé eux-mêmes des outils en silex et s'en sont servis de multiples façons. Puis ils ont comparé les traces laissées sur leurs outils avec celles que l'on a retrouvées sur les objets archéologiques, ce qui leur a permis de comprendre comment ces derniers ont été fabriqués et dans quels buts.

Trésor

Amas d'or, d'argent, de choses précieuses mises en lieu sûr. On appelle aussi « trésor » l'endroit où sont conservés les reliques, les objets précieux et les ornements dans une église. Par extension, le Trésor public, ou simplement le Trésor, est l'institution chargée de l'administration de l'argent public. Le trésor le plus connu de l'Antiquité est celui de la ligue de Délos, formée au ve siècle avant notre ère par l'alliance des cités et des îles grecques afin de lutter contre les Perses.

* *Voir pages 13, 67, 88, 101, 102, 103, 105, 123, 153, 154, 157, 158, 191.*

Troie

Cité légendaire d'Asie Mineure. Elle est décrite par le poète Homère dans l'*Iliade*.

* *Voir pages 93, 94, 95, 96, 97, 98, 100, 101, 102, 103, 105.*

Truelle

Empruntée au maçon, elle est un des outils de l'archéologue. En fonction du sol et du sédiment que l'on fouille, l'archéologue utilise différents types d'outils qui peuvent aller du bulldozer au grattoir des dentistes.

Tula

Capitale (800-1150) des Toltèques, située au nord-ouest de la ville de Mexico. Elle est un centre méso-américain typique, construit autour d'une place centrale fermée par des pyramides destinées à honorer les dieux. Quetzalcoatl, le serpent à plumes, y est particulièrement vénéré. Sur une des pyramides qui porte son nom, quatre gigantesques statues de guerriers supportaient le toit d'une salle. On les appelle aujourd'hui les Atlantes. C'est de Tula que les Toltèques auraient envahi le sud du Mexique et particulièrement le Yucatán, pour soumettre les cités mayas.

Tumulus (ou tertre)

Monticule artificiel de terre et de pierres destiné à recevoir une ou plusieurs tombes. On retrouve l'inhumation en tumulus partout dans le monde depuis l'époque néolithique (9000-3000).

* *Voir pages 118, 119, 168.*

Typologie

Catalogue dans lequel tous les objets archéologiques sont classés par types. Chaque type lithique (du grec *lithos*, « pierre ») ou céramique correspond à une époque et à une région. Lorsque l'archéologue trouve un tesson de céramique, il cherche dans le catalogue le dessin le plus proche, voire identique, pour savoir de quelle céramique, a priori déjà répertoriée, il provient. Grâce à la typologie, on peut en effet retrouver la forme complète de la poterie à partir d'un simple fragment. Les typologies ont été constituées petit à petit, depuis le début de l'histoire de l'archéologie. Certaines régions ont des typologies complètes ; d'autres, moins étudiées, sont parcellaires et nécessitent de plus amples recherches pour être complétées.

Ugarit

Cité du Levant, c'est-à-dire à l'est de la mer Méditerranée qui correspond aux territoires actuels de la Syrie, du Liban, d'Israël, de la Palestine et de la Jordanie. Ugarit, aujourd'hui cachée sous la ville syrienne de Ras Shamra, était la capitale d'un ancien royaume situé au débouché d'une des routes qui reliaient la Méditerranée à la Mésopotamie. À son apogée au IIe millénaire, elle est à la frontière de l'Empire hittite. La ville est détruite au XIIe siècle avant notre ère par une invasion des « peuples de la mer », population qui rançonne toutes les côtes orientales de la Méditerranée. Elle ne sera réoccupée que tardivement, par des éleveurs de chèvres.

Ulysse

Héros grec de la guerre de Troie, contée par Homère dans l'*Iliade*. L'*Odyssée*, l'autre célèbre texte d'Homère, raconte comment Ulysse vivra de multiples péripéties avant de pouvoir rentrer chez lui, à Ithaque.

Ur

Cité-État sumérienne située dans le sud de la Mésopotamie et découverte par J. E. Taylor en 1854.
* *Voir pages 59, 60, 61, 64, 65, 67, 68, 69, 70, 71.*

Urartu

Royaume fondé vers le IXe siècle avant notre ère, sur le plateau arménien autour du lac de Van (actuelle Turquie).
Dans la Bible, cet État est mentionné à plusieurs reprises sous le nom d'Ararat et plus précisément sous celui de « monts d'Ararat ». C'est là que se serait finalement échouée l'arche de Noé. À son apogée, au milieu du VIIIe siècle, il s'étendait jusqu'à la Géorgie.
Le terme «Urartu» vient probablement des Assyriens, leurs ennemis de toujours.
Ce royaume disparaît du registre archéologique au VIe siècle avant notre ère, laissant la place aux Arméniens. C'est du moins ce que semblent dire les inscriptions laissées par les Perses Achéménides, contemporains de cette transition, qui les désignaient sous le nom d'Armina.

Uruk

Cité-État sumérienne du Sud mésopotamien. Fondée au IVe millénaire, Uruk est considérée comme l'une des plus anciennes villes du monde.

L'écriture cunéiforme y aurait été inventée. Elle est notamment la ville du roi mythique Gilgamesh. Habitée jusqu'aux alentours de l'ère chrétienne, Uruk est un des derniers lieux où survécut l'antique tradition sumérienne. Elle est, de ce fait, la mémoire de la Mésopotamie.

* *Voir pages 62, 70.*

Uxmal

Site maya du Yucatán, florissant aux IXᵉ et Xᵉ siècles. Il est représentatif du style Puuc, qui se reconnaît à la partie supérieure des façades de monuments très décorée par rapport à une première assise complètement nue. Les données archéologiques sont insuffisantes pour en dire beaucoup plus, malgré le bon état du site, qui a été soigneusement restauré. Il est d'ailleurs le plus visité de la région.

Souffrant d'un déficit en eau, Uxmal est longtemps resté à l'écart des peuplements, jusqu'à ce que les Mayas parviennent à construire des citernes souterraines de stockage. À partir du IXᵉ siècle, il devient une capitale régionale sous l'influence de Chichen Itza, sa voisine. Dès le XIᵉ siècle, plus aucun monument n'y est construit et, si l'on sent une influence toltèque, les nouveaux venus, Uxmal ne semble plus occuper qu'une place très secondaire dans la région.

V W

Vallée des Rois

La Vallée des Rois est une faille rocheuse dans la chaîne de montagnes libyenne, débouchant sur la rive est de la vallée du Nil à la hauteur de Louqsor, en haute Égypte.

Son nom est célèbre car elle abrite les tombes de nombreux pharaons du Nouvel Empire (1500-1000 avant notre ère), dont celle du jeune Tout Ankh Amon. La richesse de sa tombe, violée en partie durant l'Antiquité, laisse supposer le contenu des tombeaux des grands pharaons comme Ramsès II ou Thoutmosis III, complètement pillés. La Vallée des Rois était pourtant gardée par des troupes d'élite qui surveillaient le site depuis les hautes falaises environnantes. À la fin du Nouvel Empire, l'économie égyptienne s'écroule, entraînant la chute du pouvoir royal. Les pilleurs de tombes semblent alors se multiplier.

Plus de soixante tombes ont été identifiées, mais seules vingt-sept d'entre elles sont considérées comme des sépultures royales. Les autres n'ont pas pu être caractérisées ou appartenaient à des nobles. Les deux reines qui ont véritablement régné, Hatchepsout et Taousert, y sont également enterrées. Parfois, les épouses royales ont été inhumées avec leur époux, mais à partir du pharaon Ramsès Ier, soit à la fin du XIVe siècle avant notre ère, la Vallée des Reines est ouverte, et c'est là que se trouvent leurs dernières demeures.

* *Voir pages 81, 86, 89.*

Vallée des Reines

Située dans la montagne libyenne, non loin de la Vallée des Rois, sur la rive est du Nil, elle est la nécropole des épouses royales, des filles et parfois des princes des XIXe et XXe dynasties (1300-1000 avant notre ère).

Plus de 80 tombeaux y ont été creusés, dont notamment celui de Néfertari, la grande épouse royale de Ramsès II. Il lui fit construire non seulement la plus belle des tombes de la Vallée des Reines, mais aussi un temple à Abou Simbel.

Véies

Cité étrusque située à 20 km de Rome. Elle est le point de départ de la conquête romaine des villes étrusques situées plus au nord. Nous sommes en 396 avant notre ère. Véies, entourée de remparts, était reliée aux autres villes par un vaste réseau routier qui, paradoxalement, facilita leur annexion.

L'architecture civile a été peu étudiée ; seules les nécropoles creusées hors les villes nous sont bien connues.

Vestiges

Les vestiges sont tous les éléments qui peuvent aider l'archéologue à reconstituer le passé : outils, ossements, ruines, pollen, restes de foyers...

* *Voir pages 11, 13, 61, 63, 65, 93, 95, 111, 117, 118, 125, 130, 141, 146, 151, 157, 159, 168, 188, 189, 193, 200.*

Vikings

Les Vikings sont des marins, explorateurs, marchands ou pillards scandinaves ayant vécu entre les VIIIe et XIe siècles de notre ère.

* *Voir pages 165, 166, 167, 168, 169, 170, 171, 173, 174, 175.*

Villa

Nom romain qui désignait tout autant des fermes que des maisons de campagne ou des résidences situées dans les faubourgs des villes, à l'orée de la « campagne ».

* *Voir page 188.*

Vilnius

Capitale de la Lituanie. En novembre 2001, des ouvriers en charge de creuser une tranchée dans la zone industrielle de Vilnius ramènent à la surface une grande quantité d'ossements humains. Les archéologues expertisent le chantier et pensent d'abord qu'il s'agit d'exécutions qui datent de l'époque soviétique... jusqu'à ce qu'apparaissent des pièces et des boutons à l'effigie de Napoléon. Très vite, ils se rendent à l'évidence : ils ont devant eux la Grande Armée de Napoléon ou plus exactement ce qu'il en reste.

L'histoire avait retenu qu'après leur fuite de Moscou les soldats avaient été décimés par des maladies. La Grande Armée ne comptait alors plus que quelques milliers d'hommes sur les plusieurs centaines de milliers qui avaient quitté la France, des mois auparavant. Mais on ignorait où et comment ils avaient disparu. C'est ainsi qu'en 2001 on découvrit que, abandonnés par leurs chefs, les soldats avaient été ravagés par le typhus ou étaient morts de froid à cause des températures avoisinant les -30 °C. Arrivés sur les lieux, les Russes s'étaient empressés de tuer les survivants et d'enterrer les morts dans un immense charnier pour éviter tout risque d'épidémie. On venait ainsi de retrouver les soldats de Napoléon perdus il y a deux siècles à peine. L'archéologie permet donc aussi de connaître le passé récent, a priori archivé.

Vix, cratère de

En 1953, un archéologue amateur, instituteur de formation, découvre la sépulture de Vix, une tombe datée de 500 avant notre ère et recouverte d'un tumulus de pierres et de terre. Cette tombe a beaucoup marqué la communauté scientifique car on y a trouvé un énorme vase en bronze, d'origine grecque, qui révéla l'existence d'un commerce entre la Grèce et la Gaule à cette époque.

* *Voir pages 120, 123, 124.*

Volubilis

Site romain non loin de Meknès, au Maroc. Si une bourgade apparaît à partir du IIIe siècle avant notre ère, ce n'est qu'avec l'annexion de l'Afrique du Nord à l'Empire romain qu'une ville se développe au Ier siècle de notre ère. Construite sur un oppidum, elle devient la capitale régionale de l'administration romaine et ses habitants, de ce fait, sont des citoyens à part entière. On y trouvait un forum, des thermes, un aqueduc, des fontaines publiques, un arc de triomphe, mais aussi un *cardo* et un *decumanus*, qui sont les deux voies principales, orientées nord-sud et est-ouest, caractéristiques des villes de l'Empire. Lorsque les Romains se retirent, au IIIe siècle, le mode de vie change. L'aqueduc cesse d'être entretenu et la ville se rapproche de la rivière. Avec l'invasion des Vandales, au Ve siècle, un point d'arrêt définitif est marqué à l'expansion de la cité. Au tout début du VIIIe siècle, tout le Maghreb est conquis par les Arabes, qui imposent l'islam. En 789, Idriss, un descendant de Fatima, la fille aimée de Mahomet, s'enfuit de Bagdad et s'installe à Volubilis où il se fait reconnaître comme roi par les Berbères d'Afrique du Nord. C'est la naissance du Maroc, deuxième État musulman juste après l'Andalousie. Idriss Ier, roi du Maroc, est d'ailleurs enterré à Moulay Idriss, en face de Volubilis.

W

Walkyries

Dans la mythologie nordique, ces femmes guerrières assistent Odin, le dieu des dieux.

* *Voir page 171.*

Woolley, Sir Leonard (1880-1960)

Égyptologue et orientaliste britannique. Leonard Woolley met au jour la nécropole d'Ur, l'une des plus impressionnantes découvertes du XXe siècle. Ses recherches font remonter au IVe millénaire la civilisation en Mésopotamie. Avant de se consacrer au Sud mésopotamien, ou pays de Sumer, il effectue plusieurs missions en Égypte et au Proche-Orient. Archéologique, son travail répond aussi aux exigences de l'époque en matière d'espionnage pour l'Intelligence Service, basé à Londres. Pendant la Seconde Guerre mondiale, il est lieutenant-colonel et obtient du général Eisenhower l'interdiction de bombarder les bâtiments abritant des œuvres d'art, où qu'ils soient.

* *Voir pages 63, 65.*

XYZ

Xénioi

Association formée à Athènes en 1810 par des artistes et des architectes, amateurs de l'Antiquité grecque. Il s'agit d'un groupe d'amis qui se rencontrent à Rome, étape obligée du grand tour que tous les lettrés fortunés réalisent en Orient. Les chercheurs considèrent que c'est la première association internationale d'archéologues. Elle est pourtant prétexte à beaucoup de pillages : sous couvert d'une étude rigoureuse des monuments, au moment où les marbres du Parthénon quittent Athènes pour Londres, les Xénioi détachent les frises des temples d'Égine et d'Apollon à Bassae et les vendent respectivement à la glyptothèque de Munich et au British Museum, à Londres. Ils participent ainsi à leur manière au développement du pillage systématique des antiquités égyptiennes, grecques et orientales par les puissances occidentales.

Xi'an

Capitale de la province du Shaanxi et site archéologique chinois formé par l'ensemble funéraire de l'empereur Qin Shi Huangdi (IIIe siècle avant notre ère).

En 1974, alors que des paysans creusent un puits, une armée de soldats plus grands que nature apparaît dans la tranchée, des soldats de terre cuite. Rapidement, des fouilles commencent et de larges bâtiments sont édifiés pour les protéger. On y trouve plusieurs centaines de fantassins, d'archers, de cavaliers, de généraux... chacun arborant un visage différent ; les artistes de l'époque ont assemblé de multiples éléments pour composer leurs visages. Ils portent tous une arme en bronze. Depuis cette première découverte, beaucoup d'autres fosses ont été mises au jour. L'une d'elles contient des milliers d'armures en pierre d'une finesse inégalée. Une autre, appelée la « fosse aux juges », renferme des notables, des scribes, des hommes de loi... L'empereur aurait souhaité être entouré par-delà la mort et avoir ainsi les moyens d'affronter l'éternité. Sa tombe personnelle n'a pas encore été fouillée, mais les sources historiques racontent mille merveilles sur ce que l'on est censé y découvrir. Quelque 48 concubines auraient été enterrées vivantes à ses côtés. La solitude ou l'idée même que ses proches pouvaient lui survivre lui posait manifestement un problème.

D'après un historien chinois, il aurait fallu plus de 700 000 hommes pour construire ce tombeau, somptueux palais regorgeant de richesses et bordé d'une mer de mercure.
Aujourd'hui, l'État chinois dit vouloir attendre le développement de technologies qui garantissent la préservation de la dépouille de l'empereur. Il est, par ailleurs, probable que de nombreux pièges attendent leurs prochaines victimes. Les archéologues ont dans l'idée qu'il leur faudra d'abord déjouer cette machine infernale avant de pouvoir poursuivre leurs fouilles.

Y

Yaxchilan

Site maya construit sur les rives du fleuve Usumacinta, à la frontière actuelle du Mexique et du Guatemala. On peut dire que Yaxchilan dominait la cité voisine de Bonampak, qu'elle était alliée à Tikal et avait pour rivale Palenque. Comme dans tous les sites de l'époque classique (300-900 de notre ère), les constructions sont faites de bases pyramidales surmontées de temples. Le site, caché en partie par la forêt et protégé par des singes hurleurs qui reçoivent le visiteur avec moult cris, constitue sans aucun doute l'apogée de l'art du relief amérindien : les bâtiments et stèles sont recouverts de bas-reliefs d'une richesse et d'une expressivité hors du commun. Comme ses voisins, le site est abandonné au IXe siècle.

Yémen

Région du sud de l'Arabie surnommée *Arabia Felix*, « l'Arabie Heureuse ». Elle est opposée à « l'Arabie Désertique », ou *Arabia Deserta*, du centre de la péninsule, ou encore à « l'Arabie de Pierre », ou *Arabia Petraea*, du Nord, qui était le royaume des Nabatéens, avec Petra comme capitale. Les premières découvertes archéologiques eurent lieu dans les années 1830. Les fouilles ont révélé que des royaumes s'y sont constitués, comme celui de Saba, dès le milieu du Ier millénaire avant notre ère.
L'Arabie du Sud semble avoir tiré sa richesse du commerce de l'encens pendant l'Antiquité. La grande prospérité de la région se situe entre le IIIe siècle avant notre ère et le IIe siècle de notre ère. Mais les routes commerciales qui relient l'Inde au monde méditerranéen ne passent bientôt plus par le Yémen ; la région tombe petit à petit dans l'oubli. En 628, les Yéménites s'intègrent à l'Empire musulman et leur ancienne civilisation s'efface devant l'Islam.

* *Voir page 190.*

Z

Zapotèques

Groupe culturel et linguistique précolombien établi sur les hauts plateaux de l'État d'Oaxaca, au Mexique. Monte Alban, qu'ils occupent entre le VIIIe siècle avant notre ère et le IXe siècle de la nôtre, est l'un des sites les plus connus. Les Zapotèques mettent au point un système de calendrier et d'écriture primitif, avec des signes ou glyphes qui restent indéchiffrables aujourd'hui. Ces innovations sont certainement dues aux liens privilégiés qu'ils entretenaient avec les Olmèques. L'originalité de leur art s'exprime avant tout dans leur céramique figurant des êtres humains. L'architecture du site de Monte Alban est typique des centres cérémoniels précolombiens, à cette exception notable qu'il n'y a quasiment pas de sculptures ou de bas-reliefs sur les temples, ce qui donne à ce site monumental un aspect froid et sévère.

Zeus

Maître des dieux grecs et dieu du Ciel. Marié à sa sœur Héra, déesse du Mariage à qui il est sans cesse infidèle, il est aussi le père de nombreux dieux.

* *Voir pages 105, 108, 146.*

Ziggurat

Édifice religieux mésopotamien. La ziggurat est formée de plusieurs degrés qui se rétrécissent au fur et à mesure que le monument s'élève pour supporter un temple construit en son sommet.

* *Voir pages 60, 61, 65, 67.*

Zimbabwe (le Grand)

Ancienne cité d'Afrique méridionale fondée par le peuple shona. Elle fut autrefois le centre de plusieurs royaumes qui couvraient le Zimbabwe et le Mozambique d'aujourd'hui. Le site, au centre d'une région agricole, est occupé dès le Ve siècle avant notre ère. Mais les vestiges de la cité proprement dite sont, eux, datés entre le XIe et le XVe siècle. Forteresse de pierres sèches, elle couvrait une superficie de 7 km^2 à son apogée. On y dénombre plus de 300 structures. Les nombreux objets d'importation retrouvés dans le site et provenant d'Iran, d'Inde et de Chine, témoignent de relations commerciales fortes avec les territoires du nord de l'océan Indien. Manifestement ville commerciale, elle aurait été abandonnée par l'épuisement des mines d'or de la région.

* *Voir pages 188, 189, 190, 191, 193.*

Anne Rose de Fontainieu

Docteur en archéologie précolombienne, elle fouille en France, au Proche-Orient et surtout en Amérique du Sud. C'est là qu'elle fait sa thèse sur le développement des sociétés hiérarchisées aux temps précolombiens et remet en cause le tout-puissant concept de chefferie. Elle découvre aussi, sur la côte pacifique équatorienne, un site de grande ampleur, qu'elle fouille un temps au sein d'une équipe du CNRS. Construit quelques siècles avant la conquête espagnole, il compte plusieurs dizaines de monticules artificiels, dont un, au moins, cachait en son sein un grand monument, encore à l'étude.

Depuis 2006, elle réalise des projets éditoriaux traitant aussi bien d'archéologie que d'histoire de l'art. Elle conçoit notamment l'application iPad pour le musée du Louvre, écrit le parcours jeunesse du Louvre-Lens et commence chez Gallimard Jeunesse/Giboulées une série de petites biographies archéologiques en BD, publiées en avant-première dans une revue pour enfants.

Aurore Callias

Issue de l'École Estienne, elle a étudié la scénographie à l'École de la Cambre, à Bruxelles. Auteur et illustratrice de livres pour la jeunesse, elle signe aussi la création graphique de pop-ups.

Chez Gallimard Jeunesse/Giboulées, elle a illustré : *Lumignons*, *Le Bal de la Saint-Valentin*, *La Belle au bois dormant* (« Le Petit Théâtre d'ombres »), *Ma folle semaine avec Papyrus*, *Pourquoi les hommes se disputent-ils à propos de Dieu ?*, *Quand un animal te regarde*, *Regarder le paysage*.

Elle a également écrit et illustré : *Camping aztèque dans une armoire normande*.

Actuellement, elle illustre en BD les petites biographies archéologiques d'Anne Rose de Fontainieu.

Vue du Parthénon au XIXe siècle, Grèce. © Fonds de dotation Clémentine de Talleyrand Périgord.

Crédits iconographiques

45 Léon Laval, Marcel Ravidat, Jacques Marsal, L'Abbé Breuil à Montignac, photographie © Jérome Chatin/Gamma Rapho. **46** Peintures rupestres, troupeaux d'animaux, 1500 avant J.-C. Lascaux © Akg-images. **47** Main négative, 25 000 avant J.-C. Grotte de Cosquer © Jean Clottes. **47** Pingouin, 25 000 avant J.-C. Grotte de Chauvet © Jean Clottes. **49** La Venus de Willendorf, statuette de calcaire, 23 000 av. J.-C., dim. 11 cm. Vienne, Musée d'Histoire naturelle © Luisa Ricciarini/Leemage. **51** Main négative, 25 000 avant J.-C. Grotte de Cosquer © Jean Clottes. **52** Les lions, 25 000 avant J.-C. Grotte de Chauvet © Jean Clottes. **60** Vue aérienne du site de Mugayyar, ancienne ville de la Mésopotamie, photographie © Archives Gallimard. **61** La Tour de Babel, détail, Pieter Brueghel, 1563. Vienne Kunsthistorisches Museum © Electa/Leemage. L'étendard d'Ur, détail d'une mosaïque provenant du cimetière royal d'Ur en Iraq, vers 2600-2400 avant J.-C. Londres. The British Museum © Aisa/Leemage. L'ordonnateur du sacrifice, détail d'une fresque du Palais de Zimrili, Mésopotamie, XVIIIe siècle avant J.-C. provenant de Mari. Paris, musée du Louvre © Photo Josse/Leemage. **62** Leonard Woolley examinant une statue votive, photographie. British Museum de Londres © Dist RMN/The Trustees of the British Museum. **66** Casque en or, art sumérien entre 2650-2550 avant J.-C., tombe de Meskalamdug. Bagdad, National Iraq Museum © Akg-images Gobelet en or de la reine Puabi provenant de la tombe royale de Ur, IIIe millénaire avant J.-C. Bagdad, National Iraq Museum © De Agostini/Leemage. Bélier dans un buisson découvert dans une des tombes royales du cimetière d'Ur. The British Museum © Dist RMN/The trustees of the British Museum. L'étendard d'Ur, détail d'une mosaïque provenant du cimetière royal d'Ur en Iraq, vers 2600-2400 avant J.-C. Londres, The British Museum. © Aisa/Leemage. Collier et parures en or et lapis-lazuli, vers 2900-2200 avant J.-C. provenant du site de Ur. Paris, Musée du Louvre © Hervé Lewandowski/RMN. Tête en or de taureau décorant une harpe. Provenant des tombes royales d'Ur, vers 2500 avant J.-C. Bagdad, National Iraq Museum © De Agostini/Leemage. **68** L'étendard d'Ur, détail d'une mosaïque provenant du cimetière royal d'Ur en Iraq, vers 2600 -2400 avant J.-C. Londres, The British Museum. © Aisa/Leemage. Tête en or de taureau décorant une harpe, provenant des tombes royales d'Ur, vers 2500 avant J.-C. Bagdad, National Iraq Museum © De Agostini/Leemage. **69** Tablette économique époque d'Uruk, provenant du site de Tello, vers 2900-2200. Paris, musée du Louvre © RMN/Droits réservés. **71** Fouille d'Ur, photographie de 1930. © Fonds de dotation Clémentine de Talleyrand Périgord. **78** Mohenjo-Daro, Pakistan, 2000 an avant J.-C. © World Religions Photo Library/The Bridgeman art Library. Buste de roi prêtre en bois, vers 2000 av. J.-C. provenant du site de Mohenjo-Daro au Pakistan. Karachi, Musée National du Pakistan © Aisa/Leemage. **79** Sceau-cylindre décoré de bovins et inscription harappéenne, époque paléo-élamite (Iran). Paris, musée du Louvre, Paris © RMN/Gérard Blot. **80** Sphinx, gravure XIXe siècle. Archives Gallimard. **87** Ouverture de la tombe de Tout Ankh Amon par Carter éberlué en 1922, photographie. Archives Gallimard. **88** Objet trouvés dans la tombe de Tout Ankh Amon, 1922, photographie. Archives Gallimard. **89** Carter devant le sarcophage ouvert, 1922, photographie. Archives Gallimard. **96** Journal des fouilles d'Henri Schliemann 1870-1871, catalogue bibliothèque Gemedius, Athènes. Archives Gallimard. **99** Portrait de Schliemann, 1822-1890. Archives Gallimard. **100** Ouvriers fouillant en Crète, photographie. Archives Gallimard. **107** Rhyton en forme de tête de taureau de l'époque minoenne, provenant du Palais de Cnossos en Crète, 1550-1500 avant J.-C. © Luisa Ricciarini/Leemage. **113** La Parisienne, Cnossos, Musée d'Héraklion. 1500-1450 avant J.-C. Archives Gallimard. **114** et **117** Casque de bronze celte trouvé dans la Tamise, 250-50 avant J.-C. British Museum. Archives Gallimard. **121** Vue du cratère en bronze de Vix datant du VIe siècle avant J.-C. Musée archéologique de Chatillon sur Seine © Photo Josse Leemage. **130 131** Temple de Mithra © Collection Dagli Orti /The Art Archive. **132** Vue d'une partie du Palais des Césars, gravure de Barbault. Archives Gallimard. **134** Grotte des Lupercales © AFP. **146** Monnaie de Demetrius. DR. **148** © Fonds de dotation Clémentine de Talleyrand Périgord. **154** Le Machu Picchu, détail © Patrick Bard/Signatures. **158** Le Temple du soleil, Huaca del sol, pyramide de la civilisation Mochica près de Trujillo © Aurélia Frey/Akg-images. **163** Huaco érotique, culture Mochica, Pérou © Museo Larco Herrera Lima/Collection Dagli Orti /Picture Desk. **164** Morceau d'un bateau viking découvert en 1904 lors des fouilles à Oseberg datant de 1904, photographie. Archives Gallimard. **166** Le bateau d'Oseberg datant d'environ 835 ap. J.-C. Musée des navires vikings d'Oslo en Norvège © De Agostini/Leemage. Détails. © Fonds de dotation Clémentine de Talleyrand Périgord pour le cheval. Sceaux et tonneaux provenant du bateau. Oslo, Musée des bateaux vikings. Archives et clichés Gallimard. **176** Temple des Inscriptions, Palenque, Mexique. Archives Gallimard/Dagli orti. **183** Moulage de la dalle du sarcophage de la tombe de Pacal, hauteur: 3,72 m, crypte du temple des Inscriptions à Palenque datée de 683. Musée National Anthopologique Mexique © Collection Dagli Orti/Gianni Dagli Orti/Picture Desk. **184** Écriture maya. Fac-similé du codex de Dresde. Archives Gallimard. **194** Découverte des bas-reliefs du pavillon soviétique présenté à Paris en 1937 au château de Baillet-en-France, 2009. Œuvres de Joseph Tchaïkov © Denis Gliskman/Inrap. **198** Bas-reliefs du Pavillon soviétique présenté à Paris à l'occasion de l'exposition internationale des Arts et Techniques de la Vie en 1937 © Jean François Deroubaix/Gamma-Rapho. Les pages non créditées sont des pages composites réalisées par Aurore Callias à l'aide des archives Gallimard, Fonds de dotation Clémentine de Talleyrand Périgord et Aurore Callias.

ISBN : 978-2-07-062683-0
Dépôt légal : septembre 2012
Numéro d'édition : 168337
Loi n° 49956 du 16 juillet 1949 sur
les publications destinées à la jeunesse
Photogravure de IGS-CP
Imprimé en Espagne par Egedsa

Chronologie des découvertes

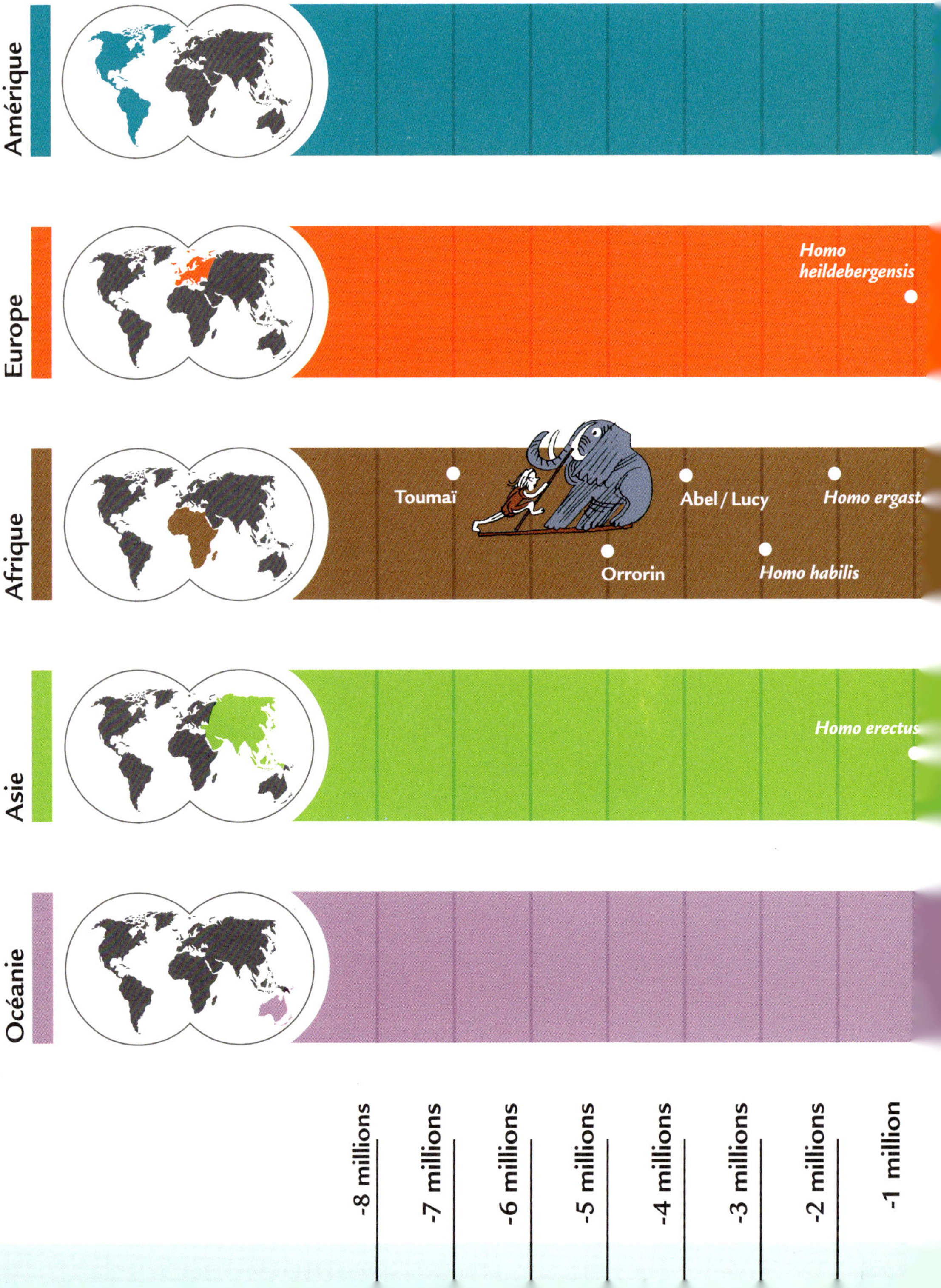